U0578952

权威·前沿·原创

皮书系列为
"十二五""十三五""十四五"时期国家重点出版物出版专项规划项目

BLUE BOOK

智库成果出版与传播平台

智能财富管理论坛书系
Intelligence Wealth Management Forum Books

投资蓝皮书
BLUE BOOK OF INVESTMENT

中国 ESG 投资发展报告
（2024）

ANNUAL REPORT ON THE DEVELOPMENT OF
ESG INVESTMENT IN CHINA (2024)

主　编／何德旭　毛振华
副主编／冯永晟　闫文涛　叶文煌

社会科学文献出版社
SOCIAL SCIENCES ACADEMIC PRESS（CHINA）

图书在版编目（CIP）数据

中国 ESG 投资发展报告. 2024 / 何德旭，毛振华主编；
冯永晟，闫文涛，叶文煌副主编. --北京：社会科学文
献出版社，2024.11. --（投资蓝皮书）. --ISBN 978
-7-5228-4439-8

Ⅰ. X196

中国国家版本馆 CIP 数据核字第 2024DP1120 号

投资蓝皮书

中国 ESG 投资发展报告（2024）

主　　编 / 何德旭　毛振华
副 主 编 / 冯永晟　闫文涛　叶文煌

出 版 人 / 冀祥德
组稿编辑 / 恽　薇
责任编辑 / 孔庆梅　史晓琳　冯咏梅　胡　楠
文稿编辑 / 梁荣琳
责任印制 / 王京美

出　　版 / 社会科学文献出版社 · 经济与管理分社（010）59367226
　　　　　　地址：北京市北三环中路甲 29 号院华龙大厦　邮编：100029
　　　　　　网址：www.ssap.com.cn
发　　行 / 社会科学文献出版社（010）59367028
印　　装 / 天津千鹤文化传播有限公司

规　　格 / 开本：787mm×1092mm　1/16
　　　　　　印张：20.5　字数：306 千字
版　　次 / 2024 年 11 月第 1 版　2024 年 11 月第 1 次印刷
书　　号 / ISBN 978-7-5228-4439-8
定　　价 / 158.00 元

读者服务电话：4008918866

《中国 ESG 投资发展报告（2024）》
编 委 会

主要编撰者简介

何德旭　中国社会科学院财经战略研究院院长、研究员；中国社会科学院大学商学院院长、教授、博士生导师。西南财经大学和国家信息中心博士后研究人员。兼任国家社会科学基金学科评审组专家、中国金融学会常务理事兼副秘书长、中国财政学会常务理事兼学术委员、中国现代金融学会常务理事兼学术委员、中国成本研究会会长。曾赴美国科罗拉多大学和南加利福尼亚大学访问，享受国务院政府特殊津贴，入选中宣部文化名家暨"四个一批"人才工程。在《中国社会科学》《经济研究》《管理世界》等国内权威期刊上发表学术论文多篇。主持完成国家社会科学基金重大项目、国家社会科学基金重点项目、中国社会科学院重大项目等十余项国家级和省部级重大课题的研究，多项研究成果获省部级优秀科研成果奖。

毛振华　中诚信集团创始人、董事长，中诚信国际信用评级有限责任公司首席经济学家、中国人民大学经济研究所联席所长、中国宏观经济论坛（CMF）联席主席、武汉大学董辅礽经济社会发展研究院院长。兼任武汉大学、中国人民大学和中国社会科学院研究生院教授、博士生导师。曾先后在湖北省统计局、湖北省委政策研究室、海南省政府研究中心、国务院研究室等单位从事经济研究工作。

冯永晟　经济学博士，中国社会科学院工业经济研究所研究员，中国社会科学院能源经济研究中心副主任，主要研究领域为产业经济、气候变化、

ESG。在《财贸经济》《经济研究》《中国工业经济》《数量经济与技术经济研究》《经济学动态》等期刊上发表论文数十篇；出版著作多部。认真履行中国社会科学院决策支持职责，多份成果得到中央或部委领导批示。

闫文涛 中国人民大学经济学博士，智能财富管理论坛秘书长、北京市东城区立鼎金融与发展研究院院长。曾任中诚信征信有限公司总裁、中诚信国际信用评级有限责任公司董事总经理，主要研究领域为财富管理、资产管理、信用风险管理和信用科技。

叶文煌 兴业基金管理有限公司党委书记、董事长。曾任兴业银行深圳分行副行长，成都分行副行长，总行资产托管部副总经理、总经理。深耕金融行业 30 余年，在资产管理、资产托管等业务领域具有全面深入的理解和丰富的管理实践经验。

摘　要

《中国 ESG 投资发展报告（2024）》延续了推动 ESG 投资与实体产业融合发展的研究视角，重点探讨了 ESG 投资对新质生产力发展的重要促进作用。本报告指出，助力新质生产力发展是 ESG 投资的重要使命；尽管国际 ESG 投资发展形势出现一定分化，但基本趋势不变；国内 ESG 投资则取得了积极进展，报告对我国 ESG 投资发展的形势与挑战进行了专门的系统梳理。同时，本报告在上一年基础上，延续了相对稳定同时又有所变化的产业选择标准，将能源电力、油气、ESG 基金、农业等产业作为重点分析对象，介绍相关产业 ESG 投资的发展情况，剖析问题并提出建议。在专题篇中，本报告专门介绍了供应链金融科技在 ESG 投资体系中的价值与应用，这是 ESG 投资与新质生产力融合发展的典型体现。

报告指出，ESG 投资作为一种创新的投资理念和策略，正以其独特的优势为新质生产力的发展注入强大动力，ESG 投资与新质生产力的结合正成为推动经济发展的重要力量。首先，ESG 投资注重环境、社会和治理因素，与新质生产力的发展理念高度契合。新质生产力强调以创新为核心，推动经济向高质量、可持续方向发展。ESG 投资通过引导资金流向环保、社会责任良好的企业，促进了资源的优化配置，推动了产业的绿色转型，为新质生产力的发展提供了有力支持。例如，在能源领域，ESG 投资促使企业加大对清洁能源的研发和应用，推动了能源结构的优化，提高了能源利用效率，这正是新质生产力在能源领域的具体体现。其次，ESG 投资也注重社会因素，关注员工权益、社区发展等，有助于营造良好的社会环境，为新质

生产力的发展提供稳定的社会基础。再次，公司治理的改善能够提高企业的决策效率和创新能力，进一步激发新质生产力的潜力。ESG 投资与新质生产力的结合，将为经济的可持续发展注入新的动力，推动社会向更加绿色、和谐、创新的方向迈进。

2023~2024 年，国内 ESG 投资规模持续增长，各类机构积极参与，产品类型不断丰富，显示出 ESG 理念正逐渐被市场广泛认同，同时 ESG 信息披露不断普及，政策标准体系初步建立，也为 ESG 投资提供了有力支持。ESG 投资的成效也在不断显现，特别是帮助企业控制投资风险，并助力"双碳"目标实现，ESG 表现良好的企业往往具备更强的财务稳定性和可持续发展能力，为投资者带来可持续回报。此外 ESG 投资还促进了绿色产业发展，带来了积极的社会影响和品牌效应。国内 ESG 投资表现出一些新的趋势，包括投资规模不断增长、投资工具持续创新、主流投资策略逐渐形成、生态初步建立和信息披露质效进一步提升等。同时，国内 ESG 投资发展仍面临一些挑战，如法律法规需完善、评价标准建设亟待统一、部分企业 ESG 数据缺乏以及 ESG 专业人才短缺等。未来的中国 ESG 投资发展主要集中于几个方向，包括重塑商业逻辑、依靠 AI 技术推动 ESG 投资发展、推动国内 ESG 投资与国际接轨、实现 ESG 投资议题多元化发展，以及进一步普及 ESG 投资教育等。

报告分析了重点产业的 ESG 投资情况。能源电力行业 ESG 投资推动了行业的加速转型，能源电力企业普遍将 ESG 投资作为促进行业转型的重要工具，将"温室气体排放""绿色技术、产品与服务"等作为 ESG 重要性议题。油气行业更加主动地拥抱 ESG 理念，从治理、战略、融资、管理和赋能五个方面创新 ESG 实践，提升 ESG 绩效。农业领域内 ESG 投资价值凸显，投资者应更加关注企业 ESG 价值核算数据，引导资金流向具备高质量可持续发展前景的农业企业。ESG 基金在可持续发展中发挥着越来越重要的作用，而且这一趋势将继续增长；尽管 ESG 基金短期收益表现较弱，但长期回报表现较好。

为进一步推进 ESG 投资发展，要进一步完善 ESG 制度建设，并推动科技应用。加大供应链金融科技应用，在靠近供应链网络中心位置的企业的加持下，向上影响供应商，向下影响经销商，以及企业本身加强 ESG 治理，既有利于整个产业链企业的 ESG 投资，也有助于产业链整体更好地发展新质生产力。同时，还应高度关注 ESG 评级建设和应用，我国上市公司的 ESG 信息披露水平和 ESG 评级表现相较 2022 年均有较大提升；上市公司需要关注国内外 ESG 政策制度要求和信息披露标准，识别自身不足和加强数据收集能力。各级监管方、证券交易所、ESG 评级机构、ESG 数据供应商等多方需要发挥各自优势，持续构建具有中国特色的 ESG 评级指标与体系，让 ESG 投资成为助推中国与国际社会发展可持续经济、贸易合作的新渠道。

关键词： ESG 投资　新质生产力　ESG 基金　ESG 评级　供应链金融科技

目 录 ⟩

I 总报告

II 产业篇

Ⅲ 专题篇

皮书数据库阅读**使用指南**

总报告

B.1
以 ESG 投资促进新质生产力发展

冯永晟 闫文涛 史玙新 邓小泽*

摘　要: 本报告主要探讨 ESG 投资对新质生产力发展的重要作用,新质生产力以创新为核心驱动力,具有创新性、融合性和可持续性等特征,而 ESG 投资在投资决策中充分考虑企业的环境、社会和治理表现。ESG 投资与新质生产力内涵一致,主要通过推动科技创新、促进产业升级、加强风险管理和培养创新人才等方式促进新质生产力发展。国外 ESG 投资出现分化,欧洲监管趋严,美国震荡前行,但信息披露标准化、投资可持续性等基本趋势不变。中国 ESG 投资取得规模增长等积极进展,但也面临法律法规不完善等挑战。在产业方面,电力、油气和农业等行业的 ESG 投资至关重要,供应链金融科技在 ESG 投资体系中具有重要价值。为推动 ESG 投资发展,需加强相关制度建设,包括完善法律法规、建立统一评价标准、加强监管等。

* 冯永晟,经济学博士,中国社会科学院工业经济研究所研究员、能源经济研究中心副主任,主要研究领域为产业经济、气候变化、ESG;闫文涛,经济学博士,智能财富管理论坛秘书长,北京市东城区立鼎金融与发展研究院院长,主要研究领域为财富管理、资产管理、信用风险管理和信用科技;史玙新,中国社会科学院大学硕士研究生,主要研究领域为电力行业碳减排;邓小泽,中国社会科学院大学硕士研究生,主要研究领域为能源电力经济学。

关键词： ESG 投资　新质生产力　供应链金融科技

在当今全球经济格局深刻变革的时代，新质生产力的崛起成为推动经济持续发展的关键力量。新质生产力以创新为核心，强调科技进步、数字化转型、绿色发展和可持续性。党的二十届三中全会强调，要健全因地制宜发展新质生产力体制机制。ESG 投资作为一种创新的投资理念和策略，正以其独特的优势为新质生产力的发展注入强大动力，ESG 投资与新质生产力的结合成为推动经济发展的重要力量。首先，ESG 投资注重环境、社会和治理因素，与新质生产力的发展理念高度契合。新质生产力强调以创新为核心，推动经济向高质量、可持续方向发展。ESG 投资通过引导资金流向环保、社会责任履行情况良好的企业，促进了资源的优化配置，推动了产业的绿色转型，为新质生产力的发展提供了有力支撑。例如，在能源领域，ESG 投资促使企业加大对清洁能源的研发和应用力度，优化了能源结构，提高了能源利用效率，这正是新质生产力在能源领域的具体体现。其次，ESG 投资也注重社会因素，关注员工权益、社区发展等，有助于营造良好的社会环境，为新质生产力的发展提供稳定的社会基础。最后，治理因素的改善能够提高企业的决策效率和创新能力，进一步激发新质生产力的潜力。ESG 投资与新质生产力的结合，将为经济的可持续发展注入新的动力，推动社会向更加绿色、和谐、创新的方向迈进。我们应充分认识到这一趋势，积极推动ESG 投资与新质生产力的融合，为实现经济高质量发展和可持续发展的目标而努力。

一　助力新质生产力发展是 ESG 投资的重要使命

新质生产力是指在新一轮科技革命和产业变革背景下，以创新为核心驱动力，以数字化、智能化、绿色化为主要特征，具有高附加值、高效益、高成长性的新型生产力。新质生产力具有以下几个突出特征。一是创新性。新质生产力的发展离不开科技创新的支撑，包括人工智能、大数据、区块链、生物技术等前沿技术的应用，不断推动产业升级和经济增长方式的转变。二是融合性。新质生产力强调不同产业之间的融合发展，如制造业与服务业的融合、实体经济与数字经济的融合等，通过产业融合创造新的商业模式和经济增长点。三是可持续性。新质生产力注重资源的高效利用和环境保护，以绿色发展为导向，实现经济、社会和环境的协调发展。

ESG 投资即环境（Environmental）、社会（Social）和治理（Governance）投资，是一种在投资决策过程中充分考虑企业在环境、社会和治理方面表现的投资理念。与传统投资相比，ESG 投资具有以下显著特点。首先，注重长期价值。ESG 投资不仅仅关注企业的短期财务业绩，还着眼于企业的可持续发展能力，通过评估企业在环境、社会和治理方面的风险与机遇，为投资者提供更全面、更长远的投资视角。其次，强调社会责任。ESG 投资要求企业在追求经济效益的同时，积极履行社会责任，关注环境保护、员工权益、社区发展等问题，推动企业与社会的和谐共生。最后，具有风险防范功能。良好的 ESG 表现有助于企业降低运营风险、提升品牌形象、增强市场竞争力，从而给投资者带来更稳定的回报。

ESG 投资与新质生产力在内涵上具有高度一致性。ESG 投资强调环境、社会和治理三个维度，注重企业的可持续发展和长期价值创造。这与新质生产力以创新为核心驱动力、追求绿色发展和高效益的特征不谋而合。新质生产力依托科技创新，如人工智能、大数据等，推动产业升级和经济增长方式转变，而 ESG 投资也积极支持那些在环保技术创新、社会责任担当方面表现出色的企业。同时，新质生产力强调可持续性，致力于实现经济、社会和环境的协调发展，这与 ESG 投资对环境和社会因素的考量相呼应。二者共同致力于打造一个更加公平、可持续且富有创新活力的经济发展模式，为未来的经济增长和社会进步奠定了坚实基础。

ESG 投资通过四种方式促进新质生产力发展。第一，推动科技创新。ESG 投资可以为科技创新企业提供资金支持，鼓励企业加大研发投入，推动技术创新。例如，在清洁能源、节能环保、生物医药等领域，ESG 投资可以引导资金流向具有创新潜力的企业，加速新技术、新产品的研发和推广，为新质生产力的发展提供技术动力。第二，促进产业升级。ESG 投资有助于推动传统产业向绿色、智能、高端方向转型升级。通过对企业在环境、社会和治理方面的要求，促使企业加大技术改造和创新力度，提高资源利用效率，减少环境污染，提升产品质量和附加值。同时，ESG 投资也可以引导资金流向新兴产业，如新能源、新材料、数字经济等，培育新的经济增长点，促进产业结构优化升级。第三，加强风险管理。新质生产力的发展往往伴随较高的风险，如技术风险、市场风险、环境风险等。ESG 投资可以帮助投资者更好地识别和评估企业在环境、社会和治理方面的风险，制定相应的风险管理策略，降低投资风险。同时，企业通过加强 ESG 管理，也可以提高自身的抗风险能力，保障新质生产力的稳定发展。第四，培养创新人才。新质生产力的发展离不开高素质的创新人才。ESG 投资可以通过支持教育、培训等社会项目，培养具有创新精神和社会责任感的人才。同时，良好的 ESG 表现也可以吸引更多优秀人才加入企业，为企业的创新发展提供人才保障。

二 国外 ESG 投资分化下的基本趋势不变

总体而言，2023~2024 年，国外 ESG 投资出现了分化，但长期发展趋势并未发生根本性变化。政治因素、监管加强以及市场对 ESG 投资的重新审视等，在很大程度上影响了 ESG 投资的发展路径，但伴随全球对可持续发展的关注度不断提高，ESG 投资的长期趋势依然稳定，只是各个国家和地区均在努力探索适合自身的发展模式，以实现经济、社会和环境的协调发展，从而使全球的 ESG 投资表现出一定程度的分化特征。

（一）欧洲：ESG 投资监管趋严

欧洲掀起了新一轮 ESG 投资规则收紧的浪潮，以解决"漂绿"问题，以法国和英国为典型代表，而且这一趋势将持续，更多欧洲国家会出台严格的 ESG 投资标准。

法国的新版社会责任投资（ISR）标签于 2024 年 3 月正式生效，该标签实施了更严格的 ESG 筛选标准，包括禁止投资煤炭、石油、天然气等化石燃料。从 2025 年起，在新版 ISR 标签下运营的基金，将禁止投资任何启动新的碳氢化合物勘探、开采或炼油项目的公司，以及开采煤炭或非常规资源的公司，并且须将至少 15% 的资金投向拥有与《巴黎协定》目标相符且制订了能源转型计划的公司，这一比例还将逐步提高。这一重大监管收紧旨在提高散户投资者对相关问题的认知，并消除"漂绿"风险，从而导致大批 ESG 基金可能出售持有的化石燃料股份，重塑欧洲大陆的基金价值。

英国金融行为监管局（FCA）于 2023 年 11 月发布了新版《可持续发展披露要求（SDR）和投资标签》，引入 4 个具有可持续发展目标的投资标签，代表不同的可持续发展目标和投资方式。其中，"可持续发展披露要求"部分于 2024 年 5 月底正式生效。该要求引入了多个标签以帮助消费者区分投资产品的可持续性目标和投资方式，要求企业宣传必须公正明确且与产品或服务的可持续性特征一致，至少 70% 的资金需按对应战略进行日常投资，并持续按要求披露，如必须披露产品中持有其他任何资产的原因等。

（二）美国：ESG 投资震荡前行

美国 ESG 投资在政治因素的影响下似乎有所退潮或波动。ESG 投资在美国因两党斗争被作为政治化工具，民主党倾向于支持 ESG 投资，而共和党则持反对态度，这种政治分歧导致 ESG 投资政策上的争议和冲突。

2024 年是美国大选年，这种冲突更趋明显，一个标志性事件是，贝莱德 CEO 拉里·芬克在年度致投资者函中所体现的投资方向转向。2022 年和 2023 年他均强调了气候转型及转型金融，但 2024 年完全绕开 ESG，并提出"能源实用主义"，从投资的实际性角度，认可在能源的一些转型领域，尤其是"棕色"领域（如油气行业）的投资回报。尽管他随后表示贝莱德并未改变在 ESG 问题上的立场，但在美国反 ESG 运动愈演愈烈的背景下，这仍被广泛认为是 ESG 投资受到影响的表现。

此外，美国 30 多个州实施或提出了限制 ESG 的法案，总数超过 100 项。例如，在共和党占绝对主导的俄克拉何马州，一个待批准的法案甚至要求禁止州政府招标时使用 ESG 等作为标准，想拿下州政府合同的企业也必须声明在对员工进行招聘和评估时没有参照个人 ESG 情况。

当然，反 ESG 投资运动作为政治因素的结果，本身存在明显的局限性。例如，忽视 ESG 因素可能会导致企业面临环境和社会风险，进而影响其长期价值。此外，ESG 投资也可以为投资者提供更多的选择，满足不同投资者的需求。总的来说，美国的反 ESG 投资运动反映了 ESG 投资领域存在的争议和分歧。

（三）共同趋势不变

尽管出现分化，但全球 ESG 投资发展的几个基本趋势并未动摇。

第一，信息披露标准化。随着 ESG 投资的发展，信息披露的标准化和规范化将成为趋势。各国政府和监管机构可能会加强 ESG 信息披露的法律法规建设，推动建立全球统一的 ESG 信息披露标准，提高 ESG 信息的可比性和可靠性。企业需要更加注重 ESG 信息披露的质量和透明度，以满足投资者和监管机构的要求。

第二，可持续投资增加。随着对可持续发展的关注增加，越来越多的投资者把 ESG 因素纳入投资决策中。这将导致更多的资金流向符合 ESG 标准的企业和项目，推动可持续投资的增长。欧洲的可持续投资市场预计将继续扩大，投资者对绿色债券、可持续基金等产品的需求可能会增长。

第三，数字化转型加速。数字化技术将在 ESG 投资中发挥更大的作用。通过大数据、人工智能等技术，投资者可以更好地评估企业面临的 ESG 风险和机会，提高投资决策的准确性。同时，数字化也将促进 ESG 数据的收集、分析和共享，提高市场透明度。

第四，影响力投资兴起。影响力投资是指在产生积极社会影响和环境影响的同时，也追求财务回报的投资。在欧洲，越来越多的投资者开始关注影响力投资，将资金投向能够解决社会问题和环境问题的企业及项目。这一趋势预计还将持续。

第五，与企业战略深度融合。ESG 因素将进一步与企业战略深度融合。企业将不仅仅是为了满足监管要求而关注 ESG，还会将其作为提升竞争力和长期价值的重要手段。企业将加强 ESG 管理，制定明确的 ESG 目标和战略，并将其融入业务运营中。

三　中国 ESG 投资取得积极进展

总体来看，中国的 ESG 投资取得了积极进展。一是 ESG 投资规模增长。中国 ESG 投资规模持续增长，2023 年创历史新高，各类机构积极参与，涉及公募基金、银行理财、券商资管产品以及私募股权基金等不同领域。二是产品日益丰富。ESG 投资产品涵盖债券、基金、理财等多个领域，包括 ESG 主题主动型基金、泛 ESG 主题主动型基金、ESG 主题指数型基金、泛 ESG 主题指数型基金、ESG 债券、ESG 理财等。三是理念逐渐被认同。投资者开始将 ESG 因素纳入投资决策，国内已有近 140 家机构签署了负责任投资原则（PRI），企业也开始重视自身在环境、社会和治理方面的表现。四是信息披露普及。发布独立 ESG/社会责任报告的 A 股上市公司数量整体呈现上升趋势，2023 年上半年，全部 A 股上市公司中有 1738 家独立披露了 ESG/社会责任报告，披露企业数量同比上涨 22.14%。五是政策标准体系初步建立。国家及监管机构制定了相关政策和标准，如国务院国资委发布指导意见，财政部发布征求意见稿，国家市场监督管理总局等部门印发行动计划，中国有色金属工业协会发布行业 ESG 信息披露标准，等等。六是投资成效显著。ESG 投资有助于控制投资风险，促进企业高质量发展，如降低由环境、社会和治理因素引发的投资风险，提升企业的环境、社会和治理表现，助力"双碳"目标落实，等等。

尽管如此，ESG 投资也面临不少挑战。一是法律法规需完善。相关法律法规尚不健全，存在法律空白和监管漏洞，一些企业在追求经济效益时忽视环境和社会影响，损害投资者利益和社会可持续发展。二是评价标准亟待

统一。国内 ESG 评价标准多样，评价体系不统一，不同评价机构采用不同标准，导致评价结果差异较大，增大了投资者选择的难度，降低了市场公平性和透明度。三是部分企业 ESG 数据相对缺乏。部分企业尚未充分认识到 ESG 数据的重要性，缺乏主动披露动力，且缺乏统一披露标准，导致数据不完整、质量参差不齐，增大了投资者评估的难度，制约了 ESG 投资的发展。四是 ESG 投资专业人才较为欠缺。ESG 投资涉及多个领域的知识和技能，国内相关教育和培训体系不完善，导致专业人才供给不足，难以满足市场需求，制约了 ESG 投资的深入发展。

四　ESG 投资推动产业新质生产力发展

支持基础性行业的转型发展是 ESG 投资的重要任务，特别是电力、油气和农业等行业，同时应重视供应链金融在完善 ESG 投资体系中的重要作用。

（一）电力行业

电力行业作为国民经济的重要支柱，其发展与新质生产力的培育密切相关。ESG 投资强调环境、社会和治理三个维度的综合考量，与电力行业的可持续发展需求高度契合。

在环境方面，电力行业 ESG 投资注重推动能源结构的优化，加大对可再生能源的投资力度，如太阳能、风能、水能等。这些清洁能源的发展不仅有助于减少温室气体排放，降低对环境的负面影响，而且能够推动电力行业向低碳、绿色的方向发展。例如，投资建设更多的太阳能电站和风力发电场，可以提高清洁能源在电力供应中的比例，降低对传统化石能源的依赖，从而实现能源的可持续供应。

在社会方面，ESG 投资也关注电力行业的社会责任。其中，包括确保电力供应的稳定性和可靠性，以满足社会经济发展和人民生活的需求。此外，电力企业还应积极参与社会公益事业，如支持当地社区的发展、提供电力教育和培训等，以提升企业的社会形象和声誉。例如，一些电力公司通过开展电力扶贫项目，为偏远地区提供电力接入服务，改善当地居民的生活条件，体现了企业的社会责任。

在治理方面，ESG 投资要求电力企业建立健全的治理结构，提高决策的透明度和公正性，加强内部控制和风险管理。良好的治理结构有助于企业提高运营效率，确保企业的可持续发展。例如，企业建立有效的董事会和管理层监督机制，能够更好地应对市场变化和挑战，做出适应企业长期发展的决策。

电力行业 ESG 投资与新质生产力的发展紧密相连。新质生产力以科技创新为核心，具备高科技、高效能、高质量等特征，符合新发展理念和高质量发展要求。在电力行业，ESG 投资推动了技术创新，促进了智能电网、储能技术、能源互联网等新兴技术的发展和应用。这些技术的创新不仅提高了电力系统的效率和稳定性，而且为电力行业的可持续发展提供了有力支持。例如，智能电网的应用可以实现电力的高效传输和分配，减少能源损耗；储能技术的发展可以解决可再生能源的间歇性问题，提高能源的利用效率；能源互联网的建设可以促进能源的互联互通，实现能源的优化配置。这些技术创新都是新质生产力的具体体现，将推动电力行业向更加智能化、高效化的方向发展。

电力行业 ESG 投资也有助于培育新兴产业和未来产业。随着能源转型的加速，氢能、新型储能等新兴产业在电力行业中的地位日益重要。ESG 投资可以为这些新兴产业提供资金支持，促进其发展壮大，从而为电力行业的未来发展注入新的动力。例如，投资氢能产业可以推动氢能在电力领域的应用，如氢能发电、氢能燃料电池等，为实现零碳能源目标提供新的途径。

此外，电力行业 ESG 投资还有助于深入推进数字经济的创新发展。数字经济与电力行业的融合日益紧密，通过大数据、人工智能等技术的应用，电力企业可以实现对电力生产、传输和消费的实时监测与优化管理，提高电力系统的智能化水平。例如，利用大数据分析技术，电力企业可以更好地预测电力需求，优化电力调度，提高电力供应的可靠性和稳定性。

然而，目前电力行业 ESG 投资仍面临一些挑战。例如，部分电力企业对 ESG 理念的认识不足，缺乏主动开展 ESG 投资的动力；ESG 评价标准的不统一也给投资者带来了困惑，影响了 ESG 投资的决策效率；一些新兴技术的成本较高，限制了其在电力行业的广泛应用。

为了推动电力行业 ESG 投资的发展，政府、企业和社会各方应共同努力。政府应加强政策引导，完善相关法律法规，制定统一的 ESG 评价标准，为电力行业 ESG 投资提供良好的政策环境；电力企业应增强 ESG 意识，积极主动地开展 ESG 投资，加强技术创新和管理创新，提高企业的可持续发展能力；社会各方应加强对电力行业 ESG 投资的宣传和推广，提高公众对 ESG 投资的认识和理解，引导更多的资金投向电力行业 ESG 投资领域。

总之，ESG 投资是推动电力行业实现新质生产力发展的重要途径。通过加大对可再生能源、智能电网、储能技术等领域的投资，电力行业可以实现能源结构的优化、技术创新的推动和社会责任的履行，为经济社会的可持续发展提供坚实的电力保障。在未来的发展中，应充分认识到电力行业 ESG 投资的重要性，积极应对挑战，抓住机遇，推动电力行业向更加绿色、智能、高效的方向发展，为实现高质量发展目标做出贡献。

（二）油气行业

在当今全球能源转型的大背景下，油气行业 ESG 投资与新质生产力的发展紧密相连。ESG 投资理念强调环境、社会和治理因素在投资决策中的重要性，而新质生产力则以科技创新为核心，追求高效能、高质量和可持续发展。油气行业通过践行 ESG 投资，有望实现向新质生产力的转型，为行业的可持续发展注入新的动力。

在环境方面，油气行业 ESG 投资致力于减少碳排放和环境污染。随着全球对气候变化的关注度不断提高，油气企业积极采取措施，加大对清洁能源的研发和投资力度，提高能源利用效率，减少温室气体排放。例如，投资于碳捕集、利用和封存（CCUS）技术，有助于降低油气生产过程中的碳排放。同时，加强对废弃物的管理和处理，保护生态环境，也是 ESG 投资的重要内容。

在社会方面，油气行业 ESG 投资注重员工权益、社区发展和社会责任。保障员工的安全与健康，提供良好的工作条件和培训机会，是企业的基本责任。此外，油气企业积极参与社区建设，支持当地教育、医疗、文化等事业的发展，促进社区的和谐与稳定。例如，通过开展公益活动、捐赠物资等方式，为社区提供帮助和支持。

在治理方面，健全的治理结构和有效的管理方式是油气企业实现 ESG 目标的关键。企业应加强内部控制，提高决策的透明度和公正性，确保合规经营。同时，应积极回应利益相关者的关切，加强与各方的沟通和合作。

新质生产力的发展要求油气行业不断创新，提升技术水平和运营效率。ESG 投资为油气企业的技术创新提供了支持。例如，投资于数字化技术，实现油气生产的智能化管理，提高生产效率和安全性。同时，推动油气行业与新能源、新材料等领域融合发展，拓展业务边界，实现多元化发展。

此外，油气行业 ESG 投资还能够吸引更多长期、稳定的资金投入，提升企业的竞争力和市场价值。投资者越来越关注企业的 ESG 表现，具备良好 ESG 声誉的油气企业更容易获得资金支持。

然而，油气行业在 ESG 投资和新质生产力发展方面仍面临一些挑战，如转型成本较高、技术创新难度大等。但随着政策支持和技术进步，这些挑战将逐步得到解决。

总之，油气行业 ESG 投资与新质生产力的发展相辅相成。通过践行 ESG 理念，油气企业能够实现可持续发展，为经济社会的发展做出积极贡献。未来，油气行业应继续加大 ESG 投资力度，推动技术创新，提升治理水平，实现向新质生产力的转型，为全球能源转型和可持续发展目标的实现贡献力量。

（三）农业

农业作为国家的基础产业，其可持续发展对国家的经济、社会和环境具有重要意义。近年来，ESG 投资理念在农业领域的应用逐渐受到关注，ESG

投资有望为农业的可持续发展提供新的动力。农业 ESG 投资注重环境、社会和治理三个方面的因素。

在环境方面，ESG 投资旨在降低农业生产对环境的负面影响，推动农业向绿色、低碳、循环的方向发展。例如，支持农业企业采用生态农业技术，减少化肥、农药的使用，降低土壤污染和水资源消耗；投资于农业废弃物的资源化利用项目，促进农业生态系统的良性循环。

在社会方面，ESG 投资关注农民的权益保障、农村社区的发展以及食品安全等问题。通过投资支持农业产业化发展，提高农民的收入水平，提高农民的生活质量；促进农村教育、医疗等基础设施建设，推动农村社区繁荣发展；鼓励农业企业加强食品安全管理，确保农产品的质量安全，满足消费者对健康食品的需求。

在治理方面，ESG 投资要求农业企业建立健全的治理结构，提高决策的透明度和公正性，加强内部控制和风险管理。同时，鼓励农业企业积极履行社会责任，关注员工的福利和发展，推动农业企业与利益相关者和谐共处。

农业 ESG 投资具有重要的意义和价值。首先，有助于推动农业的可持续发展，实现农业生产与生态环境和谐共生。其次，通过关注社会问题，农业 ESG 投资可以促进农村地区的稳定和发展，缩小城乡差距，实现社会公平。此外，良好的 ESG 表现可以提升农业企业的竞争力和品牌形象，吸引更多的投资和更大的市场份额。

然而，农业 ESG 投资也面临一些挑战。例如，农业生产的特殊性使得环境和社会数据的收集与评估较为困难，缺乏统一的 ESG 标准和评价体系。此外，农业企业的盈利能力相对较弱，可能会影响投资者的积极性。

为了推动农业 ESG 投资的发展，政府、企业和投资者应共同努力。政府可以出台相关政策，引导和支持农业 ESG 投资，建立健全的 ESG 标准和评价体系；企业应增强 ESG 意识，积极改善自身的 ESG 表现，加强信息披露；投资者应将 ESG 因素纳入投资决策，加大对农业 ESG 项目的投资力度。

总之，ESG 投资是实现农业可持续发展的重要途径，有助于推动农业产业的转型和升级。通过各方的共同努力，ESG 投资将给农业的未来发展带来积极的影响，为实现经济、社会和环境的可持续发展做出贡献。

（四）供应链金融科技与 ESG 投资体系

在当今的经济环境下，供应链金融科技在 ESG 投资体系中具有重要的应用价值。ESG 投资作为一种关注环境、社会和治理因素的投资理念，旨在实现经济、社会和环境的可持续发展，而供应链金融科技的发展为 ESG 投资提供了有力的支持和实现途径。

供应链金融科技能够帮助企业优化运营管理，提升供应链的稳定性和持续性。通过大数据、云计算、物联网、区块链等技术的应用，企业可以更好地掌握供应链中的物流、资金流和信息流，从而更加精准地评估供应链中各个环节的风险和可持续性。例如，通过物联网技术，企业可以实时监测供应链中货物的运输情况和环境影响，以确保供应链的运营符合 ESG 标准。

同时，供应链金融科技也是推动 ESG 应用的重要载体。企业可以借助供应链金融科技，将 ESG 理念传导至供应链网络中的各个企业。通过信息化建设和数字化管理，企业可以引导供应商和经销商加强 ESG 管理，共同推动整个供应链的可持续发展。例如，企业可以通过供应链金融平台，要求供应商提供 ESG 评级报告，并优先与 ESG 表现良好的供应商合作，从而推动供应商改善 ESG 表现。

此外，ESG 投资者可以借助供应链金融及科技应用提升资源分配效果。通过供应链金融科技，ESG 投资者能够将资源配置从单个企业延伸到企业供销网络各利益相关方，丰富 ESG 投资的内涵和外延。例如，通过供应链票据贴现进行绿色信贷投放，能够将绿色企业或项目信贷向绿色供应链信贷转变，实现资源的优化配置。

供应链金融科技还能助力 ESG 投资者深入供应链交易细节。传统的基于企业或项目 ESG 评价的投资存在局限性，而供应链金融科技的应用能够扩大信息覆盖范围，提高数据质量，实现智能化投资。例如，利用大数据和云计算技术，能够处理更多供应链利益相关方的经营信息，形成对企业 ESG

评价的支撑；通过物联网和区块链技术，能够验证数据来源，确保数据加密和安全传输，提高 ESG 相关数据的可靠性和可信度。

总之，供应链金融科技在 ESG 投资体系中具有重要的应用价值。它不仅能够帮助企业提升供应链的稳定性和可持续性，推动 ESG 理念在供应链网络中的传导和应用，而且能够提升 ESG 投资的资源分配效果，深入供应链交易细节，提高 ESG 投资的质量和效率。随着技术的不断发展和应用，供应链金融科技将在 ESG 投资体系中发挥更大的作用，为实现经济、社会和环境的可持续发展做出更大的贡献。

（五）加强 ESG 投资制度建设

ESG 投资作为一种可持续的投资理念，对实现经济、社会和环境的协调发展具有重要意义。为了推动 ESG 投资更好地促进新质生产力的发展，加强 ESG 投资制度建设至关重要。

首先，政府应发挥主导作用，完善相关法律法规。制定明确的 ESG 投资政策和法规，为 ESG 投资提供法律保障。明确企业在 ESG 方面的责任和义务，加大对企业的监管和惩罚力度，确保企业在追求经济效益的同时，充分考虑环境、社会和治理因素。例如，出台相关法律，要求企业披露详细的 ESG 信息，对虚假披露或违规行为进行严厉惩处。

其次，建立统一的 ESG 评价标准体系。目前，市场上存在多种 ESG 评价标准，缺乏统一性和可比性。政府应牵头组织相关机构和专家，制定一套符合我国国情和市场需求的 ESG 评价标准，明确评价指标、权重和方法，提高评价结果的可信度和可比性。同时，加强与国际标准的对接和协调，推动我国 ESG 评价标准的国际化。

再次，加大监管力度，确保 ESG 投资制度的有效实施。监管机构应加强对 ESG 投资产品的审核和备案管理，规范市场秩序，防止"假 ESG"产品的出现。建立健全 ESG 信息披露制度，要求企业定期披露 ESG 报告，提高信息透明度，让投资者能够准确了解企业的 ESG 表现。同时，加强对企业 ESG 实践的监督检查，对表现优秀的企业给予奖励和支持，对不达标的企业进行督促整改。

推动金融机构在 ESG 投资制度建设中发挥积极作用。鼓励金融机构将 ESG 因素纳入投资决策过程，创新 ESG 金融产品和服务，如发行 ESG 债券、推出 ESG 基金等。加强对金融机构的培训和指导，提高其对 ESG 投资的认识能力。同时，建立金融机构 ESG 绩效评估机制，激励金融机构积极参与 ESG 投资。

加强投资者教育，提高投资者对 ESG 投资的认识和理解。通过开展宣传活动、举办培训课程等方式，向投资者普及 ESG 投资的理念、方法和优势，引导投资者将 ESG 因素纳入投资决策的重要考量因素。同时，鼓励投资者通过股东投票等方式，积极参与企业的 ESG 实践。

最后，加强国际合作与交流。ESG 投资是一个全球性的议题，需要各国共同努力。我国应积极参与国际 ESG 投资合作与交流，学习借鉴国际先进经验和做法，推动我国 ESG 投资制度不断完善。同时，加强与国际组织、其他国家和地区的合作，共同推动全球 ESG 投资的发展。

总之，推动 ESG 投资制度建设需要政府、企业、金融机构和投资者等各方的共同努力。通过完善法律法规、建立统一标准、加强监管、推动金融创新、加强投资者教育和国际合作等措施，构建一个更加完善的 ESG 投资制度体系，促进 ESG 投资健康发展，为实现经济、社会和环境的可持续发展做出贡献。

参考文献

财政部：《企业可持续披露准则——基本准则（征求意见稿）》，2024 年 5 月。

IMA 管理会计师协会、北京金融发展促进中心、中央财经大学可持续准则研究中心：《城市 ESG 投资发展指数 2022 研究报告》，2023 年 6 月。

联合资信评估股份有限公司：《2023 年交通行业 ESG 评级分析报告》，2023 年 12 月。

联合资信评估股份有限公司：《2023 年汽车制造行业 ESG 评级分析报告》，2023 年

12 月。

彭博行业研究：《全球 ESG 2023 年展望》，2023 年 8 月。

商道咨询：《A 股上市公司 2022 年度 ESG 信息披露统计研究报告》，2023 年 8 月。

社会价值投资联盟（深圳）、华夏基金管理有限公司：《2023 中国 ESG 投资发展创新白皮书》，2023 年 12 月。

孙俊秀、谭伟杰、郭峰：《中国主流 ESG 评级的再评估》，《财经研究》2024 年第 5 期。

中国企业管理研究会社会责任与可持续发展专业委员会、北京融智企业社会责任研究院、国网能源研究院有限公司：《中国上市公司 ESG 研究报告（2023）》，2023 年 9 月。

中国企业管理研究会社会责任与可持续发展专业委员会、北京融智企业社会责任研究院、国网能源研究院有限公司：《中国上市公司 ESG 研究报告（2024）》，2024 年 9 月。

B.2
中国 ESG 投资发展形势与挑战

张旺燕　王为鹏　吴昊*

摘　要：　本报告全面系统阐述了中国 ESG 投资发展中面临的形势与挑战，包括中国 ESG 投资领域的现状、成效、最新趋势、存在的问题及未来展望，为 ESG 投资领域的从业者和研究者提供了参考。本报告梳理了中国 ESG 投资现状，发现中国 ESG 投资规模持续增长，各类机构积极参与，产品类型不断丰富，显示出 ESG 理念正逐渐被市场广泛认同，同时 ESG 信息披露不断普及，政策标准体系初步建立，也为 ESG 投资提供了有力支持。本报告还发现 ESG 投资有助于控制投资风险，促进企业高质量发展，并助力"双碳"目标实现，ESG 表现良好的企业往往具备更强的财务稳定性和可持续发展能力，为投资者带来可持续回报，此外 ESG 投资还促进了绿色产业发展，带来了积极的社会影响和品牌效应。中国 ESG 投资具有投资规模不断增长、投资产品持续创新、形成主流策略、生态初步建立和信息披露质效进一步提升等趋势，揭示了未来 ESG 发展方向，但是中国 ESG 投资仍面临一些挑战，如法律法规需完善、评价标准建设亟待统一、部分企业缺乏 ESG 数据以及 ESG 投资专业人才短缺等。在未来，ESG 投资将面临一些新变化，如 ESG 投资将重塑商业逻辑、AI 技术推动 ESG 投资发展、中国 ESG 投资与国际接轨、ESG 投资助力"五篇大文章"、ESG 投资议题多元化发展以及 ESG 投资教育进一步普及等，这为后续中国 ESG 投资的发展提供了理论思路。

---

* 张旺燕，硕士，南京银行公司金融部副总经理，主要研究领域为 ESG、绿色金融、转型金融、环境信息披露等；王为鹏，硕士，南京银行公司金融部绿色金融部经理，主要研究领域为 ESG、绿色金融、碳金融等；吴昊，博士，南京银行公司金融部绿色金融部产品经理，主要研究领域为 ESG、绿色金融产品创新等。

关键词： ESG 投资　ESG 信息披露　ESG 投资产品

一　中国 ESG 投资发展现状

（一）ESG 投资现状

1. ESG 投资规模持续增长

随着全球对可持续发展和企业社会责任的关注日益增强，越来越多的投资者开始认识到企业的长期价值不仅取决于其财务绩效，还与其在"环境、社会和治理"（ESG）方面的表现密切相关。因此，投资者纷纷将资金投入到符合 ESG 标准的企业和项目中，以期获得更好的长期回报。

近年来全球 ESG 投资的规模持续增长。以中国为例，2023 年，中国 ESG 政策和市场继续平稳有序发展，呈现出以碳达峰碳中和为焦点、以信息披露和产品增长为抓手、保险行业整体加速的特征，涉及公募基金、银行理财、券商资产管理产品以及私募股权基金等不同领域。2023 年，中国 ESG 市场规模仍然保持较高速增长态势，根据商道融绿数据，截至 2023 年三季度末，中国 ESG 投资规模达 33.06 万亿元，创历史新高，较 2022 年增长 34.4%，近 3 年复合增长率达 34.02%，保持快速增长态势。

2. ESG 投资产品日益丰富

为了满足投资者对 ESG 投资的需求，金融机构和资产管理公司纷纷推出了多样化的 ESG 投资产品，这些产品涵盖了基金、债券、理财等多个领域，为投资者提供了丰富的选择。

（1）ESG 基金

ESG 基金是指在投资决策中考虑环境、社会和公司治理等因素的基金。根据投资标的和投资方式的不同，权益类 ESG 基金可分为四个主要类别。

一是 ESG 主题主动型基金，这类基金采取主动投资方式，涵盖环境保护、社会责任和公司治理三个领域。基金的投研团队会构建一个 ESG 评价体系，并设置细分议题权重，通过 ESG 整合、正面筛选和负面筛选等方式来确定符合条件的投资标的。这类基金的主要特点是管理人会主动选择股票和择时投资。

二是泛 ESG 主题主动型基金，与 ESG 主题主动型基金相比，泛 ESG 主题主动型基金可能只覆盖 ESG 中的一到两个维度作为投资主题，结合行业及个股情况来确定投资标的。这类基金也采取主动投资方式，由管理人决定投资的具体股票。

三是 ESG 主题指数型基金，这类基金是指数型基金，主要采取被动投资方式，即跟踪 ESG 投资领域的市值类、行业类、主题类和智能贝塔类指数。它们通常不涉及主动选股，而是投资于反映 ESG 标准的指数。

四是泛 ESG 主题指数型基金，泛 ESG 主题指数型基金与 ESG 主题指数型基金相似，但它们跟踪的是只涵盖一到两个 ESG 因素的指数。这类基金同样采用被动投资策略。

（2）ESG 债券

在债券领域，ESG 债券作为一种专门用于资助环境友好型项目的债券产品，近年来在市场上受到了广泛欢迎。ESG 债券主要分为以下几类。

一是绿色债券（Green Bond），专注于环境项目，如可再生能源、能效改进和清洁交通。

二是社会债券（Social Bond），用于资助具有社会效益的项目，如住房、教育和医疗保健。

三是可持续发展债券（Sustainable Bond），结合了绿色债券和社会债券的特点，用于同时实现环境和社会目标。

四是可持续发展挂钩债券（Sustainability-linked Bonds），与发行人实现特定可持续发展目标挂钩，例如减少温室气体排放。

（3）ESG 理财

2018 年，中国银行理财机构开始发行 ESG 主题理财产品，并逐步形成一定规模。从发行情况来看，根据中国理财网披露的数据，2019 年至 2023

年上半年，中国发行的 ESG 银行理财产品数量分别为 13 只、44 只、73 只、138 只和 67 只，2021 年和 2022 年新发行 ESG 银行理财产品规模均超过 600 亿元，2023 年上半年合计募集资金超 260 亿元，比较来看，2023 年 ESG 主题理财产品发行数量和规模略有放缓。从存续情况来看，截至 2023 年 6 月末，ESG 主题理财产品存续规模达 1586 亿元，同比增长 51.29%（见图 1）。

ESG 理财产品类型以固定收益类 ESG 理财产品为主，数量最多，存续数量占比为 75%；混合类 ESG 理财产品存续数量占比为 24%，位居次位；权益类 ESG 理财产品相对较少，存续数量占比仅为 1%。从规模来看，截至 2023 年 6 月末，固定收益类 ESG 主题理财产品存续数量占比为 73.6%，混合类 ESG 主题理财产品存续数量占比为 26.3%，其他类别 ESG 主题理财产品存续数量占比为 0.1%，基本与 ESG 理财产品数量结构一致。总体来看，ESG 理财产品类型与主体理财产品类型比较相似，均以固定收益类产品为主，权益类产品占比非常低。

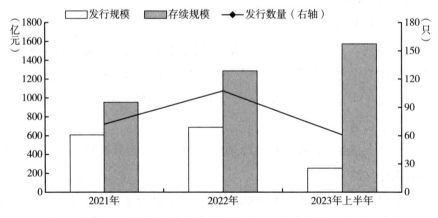

图 1　中国 ESG 理财产品发行和存续情况（2021 年至 2023 年上半年）

（4）其他 ESG 产品

除了传统的基金、债券和理财产品外，一些创新性的 ESG 投资产品也不断涌现。例如，社会责任投资（SRI）作为一种衡量企业在社会责任方面表现的指标，已经被广泛应用于投资决策中。此外，还有一些基于区块链技术的 ESG 投资产品正在开发中，这些产品将利用区块链的透明性和可追溯性来提高 ESG 投资的效率和可信度。

3. ESG 理念逐渐被市场认同

过去 ESG 投资往往被视为一种边缘化的投资概念，难以得到主流市场的认可，然而，随着全球对可持续发展和企业社会责任的关注日益增强，ESG 理念开始逐渐被市场认同。

在投资者层面，投资者开始将 ESG 因素纳入其投资决策中。一项针对全球投资者的调查显示，超过 60%的受访者表示他们在选择投资项目时会考虑 ESG 因素，这表明 ESG 因素已经成为投资者评估企业长期价值的重要指标之一。在中国市场，ESG 投资同样呈现出显著增长趋势，截至2023 年 7 月底，中国已有近 140 家机构签署了负责任投资原则（PRI），这一数字相比上年同期增长了 16 家（见图 2）。这些机构主要为资产所有者、资产管理机构和第三方服务机构等（见表 1），其中中国公募基金公司的加入尤为引人注目，从 2017 年的 2 家增至 2023 年的 25 家且大多数为大型基金公司，这一变化标志着中国投资者在全球负责任投资进程中的地位日益提高。

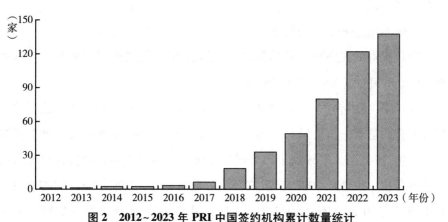

图 2　2012~2023 年 PRI 中国签约机构累计数量统计

注：统计时间截至 2023 年 7 月 31 日。
资料来源：PRI 官网，财新数据。

表1　PRI 中国各类型机构签约情况（2019~2023 年）

单位：家

机构类型	2019 年	2020 年	2021 年	2022 年	2023 年
资产所有者	1	1	2	0	0
资产管理机构	10	12	24	31	8
第三方服务机构	4	3	5	11	8
总计	15	16	31	42	16

注：统计时间截至 2023 年 7 月 31 日。

资料来源：PRI 官网，财新数据。

在企业层面，越来越多的企业开始重视其在环境、社会和治理方面的表现。企业逐渐认识到，良好的 ESG 表现不仅有助于提升企业形象和品牌价值，还能带来长期的经济效益，通过加强环境管理、履行社会责任和完善治理结构，企业可以降低运营成本、提高员工满意度和忠诚度、提升客户信任度等，从而实现可持续发展。因此，企业开始积极履行社会责任，关注环境保护、公益事业和社区发展等方面，以回馈社会、提升企业形象和品牌价值，改善其在 ESG 方面的表现，并将其作为提升企业竞争力的重要手段。

4. ESG 信息披露不断普及

ESG 投资的发展离不开信息披露，随着 ESG 信息披露不断普及，越来越多的企业开始主动披露其 ESG 信息。

近年来，发布独立 ESG 及企业社会责任报告的 A 股上市公司数量整体呈现上升趋势，上市公司对 ESG 监管政策和自身 ESG 管理的关注度有所提高。本报告对近 15 年 A 股上市公司发布独立 ESG 及企业社会责任报告的情况进行分析，发现从 2007 年至 2022 年的数值上看，信息披露比例均值波动基本维持在 20%~25%。2022 年，A 股一共有 1438 家上市公司披露了 ESG 及企业社会责任报告，披露率为 28.65%。

截至 2023 年 6 月底，全部 A 股上市公司中有 1738 家独立披露了 ESG 及企业社会责任报告，披露企业数量同比上涨 22.14%；其中，上交所上市公司有 971 家，同比上涨 14.78%；深交所上市公司有 764 家，同比增加了 32.41%。在企业属性层面，国有企业的 ESG 及企业社会责任信息披露率显著领先，中央国有企业的 ESG 相关信息披露率达 73.5%，优于其他类型的企业；随后为地方国有企业（50.32%）和公众企业（41.95%）。在行业属性层面，已有 7 类行业中的上市公司 ESG 及企业社会责任报告披露率在 50% 以上，其中金融业上市公司的披露率已超 90%，此外，与上年同期披露企业数量相比，所有行业均实现了披露企业数量的提升。

5. ESG 政策标准体系初步建立

近年来，国家和监管机构开始制定与 ESG 相关的政策和标准，以推动 ESG 投资的发展，逐步建立 ESG 政策标准体系。

在政策制度层面，国务院国资委发布了《关于新时代中央企业高标准履行社会责任的指导意见》，将 ESG 工作纳入新时代中央企业社会责任工作统筹管理，要求中央企业在经济、社会和环境可持续发展方面发挥表率作用；财政部发布了《企业可持续披露准则——基本准则（征求意见稿）》，旨在规范企业可持续发展信息披露，推动国家统一的可持续披露准则体系建设；国家市场监管总局会同中央网信办、国家发展改革委等 18 部门联合印发《贯彻实施〈国家标准化发展纲要〉行动计划（2024—2025 年）》，其中提及了碳中和、环境保护与修复等 ESG 议题的标准提升问题。

在 ESG 标准层面，随着 ESG 理念的普及，中国开始建立和完善 ESG 信息披露标准，如《企业环境、社会、治理（ESG）信息披露指南》等，这些标准为企业提供了 ESG 信息披露的框架和指导，提高了信息披露的质量和可比性。例如，中国有色金属工业协会发布了首个面向有色金属行业的 ESG 信息披露标准——《有色金属企业环境、社会及治理（ESG）信息披露指南》，该标准于 2024 年 9 月 1 日生效，旨在推动企业风险管理和可持续发展。

（二）ESG 投资成效

1. 有效控制投资风险

ESG 投资通过关注企业在环境、社会和治理方面的表现，为投资者提

供了更为全面的风险评估体系，从而有助于有效控制风险。

（1）环境因素的风险控制

环境因素是ESG投资中不可忽视的一部分，ESG投资进一步降低因环境问题而引发的投资风险。一是ESG投资倾向于低碳技术、可再生能源、节能减排项目等，这些投资具有较低的环境风险。二是ESG投资在投资前对公司的环境管理政策、碳排放、资源使用（如水和能源）及污染控制措施进行彻底评估，检查公司或项目的环境影响评估报告，以了解其对生态系统和气候变化的潜在影响。三是ESG投资定期监测跟踪投资对象的环境表现，确保其持续符合环保标准，同时要求公司定期披露环境影响数据，检查其环境政策的执行情况。四是ESG投资运用气候情景分析来评估公司在不同气候变化情景下的财务和运营表现。

（2）社会因素的风险控制

社会因素主要涉及企业与员工、消费者、供应商等利益相关方的关系，良好的社会关系有助于企业建立稳定的业务合作关系和消费者群体，从而降低市场风险。ESG投资关注企业是否注重员工福利和劳动权益保护，是否通过提供合理的薪酬、完善的福利制度和良好的工作环境吸引了大量优秀人才，这在投资中可有效降低因劳动力问题而引发的业务中断风险。

（3）治理因素的风险控制

治理因素主要关注企业的内部管理结构和决策机制，良好的治理结构有助于确保企业决策的合法性和合规性，降低因管理不善而引发的法律风险。ESG投资会重点开展治理结构审查，检查公司的治理结构，包括董事会的独立性、董事会的组成、管理层薪酬和股东权益保护，同时评估公司政策和程序，评估公司的合规政策、反贿赂和反腐败措施，确保公司治理符合最佳实践，从而进一步降低治理风险。

ESG投资通过关注企业在环境、社会和治理方面的表现，为投资者提供了更为全面的风险评估和管理体系。该体系有助于投资者更好地识别潜在的投资风险，还能在一定程度上降低因环境、社会和治理问题而引发的投资风险，从而保障投资者的长期收益。

2. 促进企业高质量发展

ESG 投资除关注企业的短期财务绩效外，更强调企业的长期可持续发展能力，引入 ESG 投资理念，企业可以更加注重自身在环境、社会和治理方面的表现，从而提升自身的竞争力和可持续发展能力。

（1）环境表现的提升

在环境方面，ESG 投资鼓励企业采取更加环保的生产方式和节能减排措施，降低企业的生产成本和环境风险，还能提升企业的品牌形象和市场竞争力。例如某新能源汽车企业通过引入先进的电池技术和优化生产流程，大大降低了汽车生产过程中的碳排放和能源消耗，进一步提升了环境表现。

（2）社会表现的提升

在社会方面，ESG 投资强调企业与员工、消费者、供应商等利益相关方的和谐关系。通过注重员工福利、消费者权益保护和供应商合作关系的建立，企业可以赢得更广泛的社会认同和支持，从而提升自身的市场竞争力。以某电子产品制造商为例，该企业一直注重员工福利和劳动权益保护，通过提供合理的薪酬、完善的福利制度和良好的工作环境，提升了企业的研发能力和生产效率，还有效提高了消费者对企业的信任度和忠诚度，吸引了大量优秀人才。

（3）治理表现的提升

在治理方面，ESG 投资要求企业建立完善的内部管理结构和决策机制，注重企业治理的透明性、公正性和合规性，企业可以提升自身的决策效率和风险管理能力，从而保障企业的长期稳定发展。如某知名互联网企业通过建立完善的内部控制机制和独立的审计委员会，确保了企业决策的合法性和合规性，提升了内部治理表现。

ESG 投资通过关注企业在环境、社会和治理方面的表现，鼓励企业采取更加环保、社会和治理友好的发展方式，这不仅有助于降低企业的生产成本和环境风险，还能提升企业的品牌形象、市场竞争力和可持续发展能力。

3. 助力"双碳"目标落实

随着全球对气候变化问题的日益关注，实现"双碳"目标（即碳达峰和碳中和目标）已成为全球共识。ESG 投资作为关注环境、社会和治理因素的投资方式，在助力"双碳"目标落实方面发挥着重要作用。

（1）推动绿色产业发展

中国对可持续发展和环境保护重视程度日益提高，ESG 投资已成为推动绿色产业发展的重要力量。一是 ESG 投资理念强调环境、社会和治理的可持续性，这促使金融机构开发更多基于 ESG 投资理念的金融产品，如绿色债券、绿色信贷等，为绿色产业提供融资支持。例如，汇丰中国宣布助推粤港澳大湾区产业升级和绿色转型，通过提升可持续发展信贷基金额度，提供更多融资支持；渣打银行加大绿色和可持续金融业务相关产品的推出力度，这些都直接促进了绿色产业的发展。二是 ESG 投资强化标杆示范引领，将 ESG 披露和评级情况良好的企业纳入信贷、外贸、消费等政策支持范围，发挥示范带头作用，激励更多企业参与到绿色产业的发展中来。三是 ESG 投资还通过政策支持，如助力绿色金融改革创新试验区的建设，为产业绿色转型发展提供有力支持。

（2）促进企业碳减排

ESG 投资理念强调企业在追求经济效益的同时，也要考虑其对环境、社会和治理的影响，这种理念促使企业重新审视其发展策略和运营模式，特别是在碳减排方面。具体来说，ESG 投资对促进企业碳减排的作用体现在以下几个方面。一是环境绩效的提升，企业通过降低碳排放、提高能源利用效率、推动资源回收利用等措施，实现环境绩效的提升，这些措施不仅有助于减少企业对环境的负面影响，同时也符合 ESG 投资理念中对环境保护的要求。

二是技术创新和绿色化转型，企业积极践行"双碳"目标，通过技术创新和绿色化转型，如节能降碳减排技术创新等，积累绿色发展的有益经验，提升长期价值。此类举措有助于企业在保持经济效益的同时，实现碳减排目标。

（3）引导社会资本流向低碳领域

ESG 投资通过关注企业在环境方面的表现，引导社会资本流向低碳领域，进一步扩大低碳领域的投资规模和激发市场活力，从而推动"双碳"目标的实现。例如某基金公司通过发行 ESG 主题的基金产品，积极引导投资者关注低碳领域的投资机会，该类基金产品的推出为投资者提供了更多的投资选择，有效增加了低碳领域的资金供给和市场活力。

ESG 投资在助力"双碳"目标落实方面发挥着重要作用，ESG 投资降低了企业的碳排放强度和环境风险，提升了企业的环保形象和品牌价值，同时也有助于增加低碳领域的投资规模和市场活力，从而推动"双碳"目标的实现。

（三）中国 ESG 投资最新趋势

1. ESG 投资规模不断增长

随着中国投资者对 ESG 投资的认可度不断提高，ESG 投资规模将不断增长。一方面，中国资本市场的发展为 ESG 投资提供了广阔的空间，近年来，中国股票市场、债券市场等资本市场规模不断扩大，为 ESG 投资提供了丰富的投资标的。另一方面，中国投资者的投资理念和风险偏好也在发生变化，越来越多的投资者开始关注企业长期价值和社会责任，愿意将资金投向具有良好 ESG 表现的企业。

根据某知名金融机构的数据，过去几年间，中国 ESG 投资规模实现了快速增长。以公募基金为例，截至 2023 年底，中国 ESG 主题公募基金的数量已超过 100 只，规模超过千亿元。预计未来几年，随着中国资本市场的发展和投资者对 ESG 投资的认可度进一步提高，ESG 投资规模将不断保持快速增长的态势。

2. ESG 投资产品持续创新

为了满足不同投资者的需求和风险偏好，中国金融机构不断推出新的 ESG 投资产品。一些公募基金公司推出了 ESG 主题指数基金和 ETF（交易所交易基金）产品，为投资者提供了便捷的投资渠道，这些产品通过跟踪特定的 ESG 指数或投资组合，实现了对具有良好 ESG 表现企业的集中投资。据统计，目前市场上已经有超过 50 只 ESG 主题指数基金和 ETF 产品，涵盖

了不同的行业和领域。

除了传统的金融产品外，一些创新的 ESG 投资工具也在不断涌现。目前，中国已经有多家金融机构开始涉足碳金融市场，推出了相关的碳金融产品和服务，如碳排放权、碳汇等逐渐成为投资者关注的新热点，这些产品通过将碳排放权等环境权益转化为可交易的金融资产，为投资者提供了新的投资选择和风险管理工具。未来围绕 ESG 投资，各类产品将更加丰富。

3. ESG 投资形成主流策略

全球可持续投资联盟（Global Sustainable Investment Alliance，GSIA）对市场上投资机构的 ESG 投资策略进行了统计、分析和归类，目前 ESG 投资策略主要分为三大类七种，包括 ESG 整合策略、正面筛选策略、负面筛选策略、标准筛选策略、可持续主题投资策略、企业参与及股东行动策略、影响力及社区投资策略。

随着 ESG 信息披露和评价体系的完善，ESG 投资策略未来将形成 2~3 种主流策略。例如 ESG 整合策略的运用将不断增加，这种策略系统化地将 ESG 因素整合到传统财务和估值分析过程中，以及投资的尽职调查和分析环节当中，从而反映投资的价值、风险和收益潜力，并提供全面的投资分析视角，预计将继续被大多投资者接受。此外，企业参与及股东行动策略也得到更多的应用，投资者通过行使股东权利来影响企业行为，实现 ESG 投资目标，如要求公司充分披露 ESG 信息、投票支持有助于促进 ESG 目标实现的相关决议等，这种策略通过激励、督促持股公司更好地开展 ESG 实践，体现了投资者对企业管理层的影响力，也是未来 ESG 投资策略中的重要组成部分。

虽然 ESG 投资策略各具特点，但共同指向了"可持续发展和社会责任"这一核心目标，未来 ESG 投资的主流策略将更加注重综合考量环境、社会和公司治理因素，进一步提高投资决策的全面性和影响力，以实现可持续的投资回报和社会效益。

4. ESG 投资生态初步建立

在中国，ESG 投资的生态系统正在逐步建立和完善。政府、监管机构、投资者、企业以及第三方服务机构等多方主体共同参与，推动了 ESG 投资理念在中国的普及和实践。

政府方面，国家发改委、生态环境部等部门相继出台了一系列政策，鼓励企业加强环境保护和履行社会责任，为 ESG 投资提供了政策支持和引导。例如，国家发改委发布的《绿色产业指导目录（2019 年版）》明确了绿色产业的范围和发展方向，为 ESG 投资提供了明确的方向。

监管机构方面，中国证监会、原中国银保监会等金融监管部门也积极推动 ESG 投资的发展。中国证监会发布了《关于提高上市公司质量的意见》，鼓励上市公司加强 ESG 信息披露，提高透明度。原中国银保监会则引导银行业金融机构加大对绿色产业的信贷支持力度，推动绿色金融的发展。

投资者方面，越来越多的中国投资者开始关注 ESG 投资，并将其纳入投资决策的重要考量因素。一些大型投资机构如公募基金、保险公司等纷纷设立 ESG 投资部门或基金，专注于 ESG 投资领域的研究和实践，如某大型公募基金公司在过去几年中，已经将其投资组合中的 ESG 因素纳入考量，通过筛选具有良好 ESG 表现的企业，实现了长期的稳定回报。

企业方面，越来越多的企业开始重视自身的 ESG 表现，并主动加强 ESG 信息披露。一些领先企业还积极倡导和实践 ESG 理念，将其融入企业发展战略和日常经营中，例如，某知名互联网公司在其年度报告中详细披露了其在环境保护、社会责任和公司治理方面的表现，展示了其在 ESG 方面的领先地位。

第三方服务机构方面，一些专业的 ESG 评级机构、咨询公司等应运而生，为投资者和企业提供 ESG 评价、咨询等服务。这些机构的出现进一步丰富了 ESG 投资的生态系统，推动了 ESG 投资在中国的发展。目前，中国已经有多家专业的 ESG 评级机构，如中诚信绿金、商道融绿等，它们为投资者提供了独立的 ESG 评价服务，帮助投资者更好地识别和管理 ESG 风险。

5. ESG 信息披露质效进一步提升

ESG 信息披露是引导上市公司增强绿色低碳发展意识、支持美丽中国

建设的重要抓手，也是防范投资风险、提升投资者中长期回报的有效工具。

在政策与监管层面，随着全球对可持续发展和环境保护的重视程度不断提升，各国政府和监管机构正逐步完善 ESG 信息披露的相关法规。例如中国沪、深、北三大交易所发布的"上市公司自律监管指引——可持续发展报告（试行）"等系列文件，对上市公司 ESG 信息披露提出了更明确的要求，相关法规的出台将促使企业更加注重 ESG 信息的披露质量。同时，随着 ESG 理念深入人心，强制披露 ESG 信息的上市公司范围有望进一步扩大，将有助于提升整体 ESG 信息披露的普及率和质量水平。

在市场需求层面，投资者越来越倾向于将 ESG 因素纳入投资决策过程，对 ESG 信息的需求也随之增长，为了满足投资者的需求，企业不得不提升 ESG 信息披露的质效，以吸引更多关注可持续发展的投资者。

在企业自身层面，高质量的 ESG 信息披露有助于提升企业的品牌形象和声誉，增强企业在市场中的竞争力，越来越多的企业开始主动提升 ESG 信息披露的质效，以展示其在可持续发展方面的努力和成果。ESG 信息披露也是企业风险管理的重要组成部分，通过及时、准确地披露 ESG 信息，企业可以更好地识别和评估潜在的环境、社会和治理风险，从而制定相应的应对措施，降低风险发生的可能性。

近年来，ESG 信息披露的质效较前几年有了一定程度的提升，越来越多的公司发布 ESG 信息披露报告，部分企业还发布了中期报告或季度报告来更新其 ESG 相关数据。在 ESG 数据披露的质效方面，2023 年约 60% 的中国上市公司在其 ESG 报告中提供了详细的量化数据和目标，包括温室气体排放量、能源消耗以及社会责任项目的具体成效，相关数据质量较前几年也有了显著提升。在第三方验证方面，也有越来越多的中国企业开始聘请第三方机构对其 ESG 报告进行验证，以提高报告的可信度和透明度。

因此，ESG 信息披露质效进一步提升是未来的发展趋势，政策与监管的推动、市场需求的增长以及企业自身的提升动力都将共同促进 ESG 信息披露质效的不断提升。

二　中国 ESG 投资存在的问题

1. ESG 投资法律法规需完善

（1）现状分析

ESG 投资作为一种新兴的投资理念和实践方式，需要完善的法律法规体系来保障其健康发展。然而，在中国 ESG 投资领域，相关法律法规尚不健全，存在法律空白和监管漏洞等问题，这些问题不仅增加了 ESG 投资的风险和不确定性，也制约了 ESG 投资在中国的进一步推广和应用。虽然国家已经出台了一系列环保法律法规和政策措施，但针对企业 ESG 表现的法律约束和监管机制尚不完善，一些企业在追求经济效益的同时忽视了对环境和社会的影响，导致环境污染和社会问题频发，不仅损害了投资者的利益也影响了社会的可持续发展。

以某环保违规上市公司为例，该公司在生产过程中存在严重的环境污染问题被环保部门多次处罚，然而由于相关法律法规不完善以及监管力度不足等，该公司并未受到足够的制约和惩罚，这不仅损害了投资者的利益也影响了 ESG 投资在中国的声誉和认可度。

（2）对策建议

一是完善法律法规，政府及相关监管机构应加快完善与 ESG 投资相关的法律法规体系，明确企业在 ESG 方面的责任和义务，加强对企业的监管。同时鼓励投资者积极参与 ESG 投资活动，推动 ESG 投资在中国的健康发展。

二是加大监管力度，建立健全 ESG 投资监管机制加强对 ESG 投资产品的审核和备案工作，确保 ESG 投资产品的合规性和合法性。同时加强对 ESG 投资活动的日常监管和定期检查及时发现并纠正违规行为保障投资者的合法权益。

三是推动司法实践，鼓励司法机关积极参与 ESG 投资领域的司法实践，通过典型案例的审理和判决明确 ESG 投资领域的法律适用标准和裁判规则，提高 ESG 投资领域的司法公信力和权威性。

2. ESG 评价标准建设亟待统一

（1）现状分析

ESG 评价标准是投资者评估企业 ESG 表现的重要依据，然而，在中国 ESG 投资领域，评价标准建设尚不完善，存在标准多样、评价体系不统一等问题。不同的评价机构和投资者往往采用不同的评价标准和方法，导致评价结果存在较大差异。这种差异性不仅增加了投资者选择 ESG 投资产品的难度，也影响了 ESG 投资市场的公平性和透明度。据不完全统计，目前市场上存在数十种 ESG 评价体系和标准，涵盖了环境、社会和治理等多个方面，这些评价体系和标准之间缺乏有效的衔接和互认机制，使得投资者难以形成统一的 ESG 投资理念和实践路径。

例如某企业在不同 ESG 评级体系下的得分存在显著差异，这种差异不仅体现在绝对评级上，还体现为该企业在同行业中所处的位置。在某些评级体系中，企业处于行业领先地位，而在其他体系中仅达到行业平均水平或更低。该企业由于在不同 ESG 评价指标体系下得分差异较大，给 ESG 投资者在投资决策中的分析判断带来了一定困难。

（2）对策建议

一是推动标准统一，政府及相关监管机构应发挥主导作用，推动建立统一的 ESG 评价标准体系，鼓励不同评价机构加强合作与交流，共同研发适合中国市场的 ESG 评价标准和方法。

二是加强国际合作，借鉴国际先进经验，与国际 ESG 评价机构开展合作与交流，引入国际先进的 ESG 评价理念和技术手段，通过国际合作提高中国 ESG 评价标准的国际化水平和认可度。

三是提高透明度，鼓励评价机构公开其评价方法和数据来源等信息，提高评价结果的透明度和可信度，同时，加大对评价机构的监管和处罚力度，确保评价结果的客观性和公正性。

3. 部分企业缺乏 ESG 数据

（1）现状分析

ESG 投资的核心在于对企业环境、社会和治理绩效的全面评估，而这一过程离不开翔实、准确的 ESG 数据支持。在中国，部分企业在 ESG 数据披露方面仍存在较大不足。一方面，由于 ESG 理念引入时间较短，部分企业尚未充分认识到 ESG 数据的重要性，缺乏主动披露 ESG 数据的动力；另一方面，即使企业有意披露 ESG 数据，也往往因为缺乏统一的披露标准和规范，导致披露内容不完整、质量参差不齐。

截至 2023 年底，中国 A 股上市公司中仅有约 30% 的企业发布了完整的 ESG 报告，而在这部分企业中，能够按照国际标准披露详细 ESG 数据的企业更是凤毛麟角，这种数据缺失现象不仅增加了投资者评估企业 ESG 表现的难度，也制约了 ESG 投资在中国的进一步发展。以某制造业上市公司为例，该公司在其年度报告中仅简要提及了环保投入和员工福利等 ESG 相关事项，但并未提供具体的量化数据和指标。投资者在评估该企业的 ESG 表现时，只能依靠有限的描述性信息进行判断，这无疑增加了投资决策的不确定性。

（2）对策建议

一是完善数据基础设施建设，政府及相关监管机构应探索构建协同联动、规模流通、高效利用、规范可信的数据基础设施体系，为 ESG 数据的收集、存储和分析提供重要的技术支持和平台，方便 ESG 投资生态圈中各类机构及时、准确、高效地获取 ESG 相关数据。

二是加大 ESG 数据获取和分析技术运用力度，使用更为精确的自然语言处理（NLP）等技术手段，收集、整理和分析公司公告、财报、新闻稿、社交媒体信息，从中提取企业有关 ESG 的数据和信息。

三是强化 ESG 数据披露，鼓励第三方机构提供 ESG 数据评级和监测服务，通过市场力量推动企业加强 ESG 数据披露，并加强对企业 ESG 数据披露的监管，确保披露信息的真实性和准确性。

4. ESG 投资专业人才短缺

（1）现状分析

ESG 投资涉及环境、社会和治理等多个领域，需要跨学科的知识和技能支持，由于 ESG 理念引入时间较短，中国相关教育和培训体系尚不完善，ESG 投资专业人才供给不足难以满足市场需求。据某知名招聘网站统计，

截至 2023 年底中国 ESG 投资领域相关职位的招聘需求持续增长但符合要求的候选人却寥寥无几，这种供需失衡现象不仅增加了企业招聘 ESG 投资专业人才的难度也制约了 ESG 投资在中国的深入发展。

（2）应对策略

一是加强教育培训，鼓励高校和职业培训机构开设与 ESG 投资相关的课程和专业，培养具备跨学科知识和技能的 ESG 投资专业人才。鼓励企业加强内部培训提升现有员工的 ESG 投资能力。

二是引进国际人才，鼓励企业积极引进国际 ESG 投资专业人才，借鉴国际先进经验提升中国 ESG 投资水平，加强对引进人才的培训和开展本土化工作确保他们能够适应中国 ESG 投资市场的特点和需求。

三是建立激励机制，建立健全 ESG 投资专业人才激励机制，通过提供优厚的薪酬待遇、充分的职业发展机会和良好的工作环境等方式吸引和留住 ESG 投资专业人才。鼓励企业建立 ESG 投资文化将 ESG 理念融入企业文化和日常经营中，提高员工对 ESG 投资的认同感和参与度。

三　中国 ESG 投资展望

1. ESG 投资将重塑商业逻辑

ESG 投资作为一种将环境、社会和治理因素纳入投资决策的投资方式，未来将逐渐重塑商业逻辑。

一是促进产业链上下游的绿色协同发展，随着 ESG 投资的普及，企业对其供应链伙伴的 ESG 表现也将提出更高要求，如实施绿色采购、提高对供应链上下游企业 ESG 评分等方式，确保供应链的可持续性，在仓储、运输、配送、包装等各环节推动供应链全链路的减碳降碳，这将促使产业链上下游企业加强绿色协同合作，共同推动供应链的可持续发展。

二是改变投资者决策过程，ESG 投资要求投资者在进行投资决策时，不仅要考虑企业的财务绩效，还要评估其环境、社会和治理表现，这将促使投资者更加全面地了解企业，降低投资风险，并寻求长期稳定的回报。同时

ESG 投资的兴起将推动责任投资理念的普及，鼓励更多投资者将社会责任和可持续发展纳入投资决策中，有助于形成更加健康、可持续的投资文化。

三是推动企业生产经营中注重履行社会责任。ESG 投资会将环境、社会和治理因素纳入投资决策的考量范围，建立系统的 ESG 评估体系，对企业进行全面的 ESG 表现评估，ESG 投资者更倾向于投资那些在 ESG 方面表现良好的企业。这种投资偏好将引导企业重视 ESG 因素，推动企业生产经营中进一步履行社会责任。企业为了满足 ESG 投资者的期望，会积极制定长远的可持续发展战略，投资于绿色技术和可持续产品，减少碳足迹，提升社会影响力，促进环保和社会责任的实现。

因此，ESG 投资未来将深刻重塑商业逻辑，推动企业、投资者、产业链上下游等多方面的变革和创新，促进经济、社会和环境的和谐共生。

2. AI 技术推动 ESG 投资发展

（1）AI 赋能 ESG 数据收集与分析

近年来，AI 技术在 ESG 投资领域的应用日益广泛，为 ESG 数据的收集、处理和分析提供了强有力的支持。ESG 数据涉及环境、社会和治理等多个维度，数据量大、来源广泛且复杂多变，传统的人工收集和分析方式难以满足高效、准确的需求，而 AI 技术通过机器学习、自然语言处理、计算机视觉等先进技术，能够实现对 ESG 数据的自动化收集、智能化分析和精准化预测，极大地提高了 ESG 投资决策的效率和准确性。

例如，ESG Flo、Gprnt 和 SESAMm 等平台利用 AI 技术，帮助企业收集和分析 ESG 数据，通过机器学习算法估算企业的碳排放量等关键指标，通过自然语言处理技术分析企业在公开渠道中的评价，从而全面评估企业的 ESG 表现。对 AI 技术的使用不仅提高了这些平台的数据收集效率，还为投资者提供了更为详尽和客观的 ESG 信息支持。

（2）AI 驱动 ESG 投资智能化

AI 技术将在 ESG 投资领域发挥更加重要的作用。一方面，随着 AI 技术的不断成熟和应用场景的拓展，ESG 数据的收集和处理将更加高效和精准，为投资者提供更加全面和可靠的 ESG 信息支持；另一方面，AI 技术将推动

ESG投资决策的智能化发展，通过大数据分析和机器学习算法，实现对ESG风险的智能识别和预警，为投资者提供更加科学的投资决策依据。

此外，AI技术还将促进ESG投资产品的创新。例如，利用AI技术开发的ESG智能投顾系统，能够根据投资者的风险偏好和ESG偏好，为其量身定制ESG投资组合，实现个性化、智能化的投资服务。这种创新不仅丰富了ESG投资产品的种类，也提高了ESG投资的普及度和吸引力。

3. 中国ESG投资与国际接轨

随着全球对可持续发展议题的重视和ESG投资理念的普及，ESG投资市场正逐步走向全球化融合。在国际ESG合作方面，中国已经取得了一些积极成果，例如中国与欧盟在绿色金融和可持续金融领域开展了广泛的合作与交流，双方共同推动绿色金融标准的制定和实施工作，加强在绿色债券、绿色信贷等领域的合作与交流；同时推动可持续金融信息披露和评级标准的互认和对接工作，促进双方在可持续金融领域的深入合作。这些合作不仅有助于推动中国ESG投资市场的国际化进程，也有助于提高中国企业在国际市场上的竞争力和认可度。

未来不同国家和地区的ESG投资市场相互关联、相互影响，共同构成了全球ESG投资市场的大格局。在这种背景下，中国ESG投资将进一步与国际接轨。

一是随着全球ESG投资市场的不断发展和国际投资者对中国市场关注度的增加，中国ESG标准需要更加符合国际标准和实践要求，以提高中国企业在国际市场上的竞争力和认可度。未来中国ESG标准将逐步完善并走向统一化和国际化，中国ESG标准将积极借鉴国际先进经验和实践做法，推动与国际标准的互认和对接工作，这将有助于提高中国ESG标准的国际化水平和认可度，为中国企业在国际市场上的竞争提供有力支持。

二是中国ESG投资市场将积极吸引国际投资者的关注和参与。随着中国经济的快速发展和资本市场的不断开放，越来越多的国际投资者开始关注中国市场并寻求投资机会。ESG投资作为一种符合可持续发展理念的投资方式，将成为国际投资者关注的重要领域之一。通过加强与国际ESG评价机构的合作与交流、推动 ESG 评价标准的国际化进程等措施，中国 ESG 投资市场将更好地吸引国际投资者的关注和参与。

三是中国 ESG 投资市场也将积极参与国际 ESG 投资市场的合作与竞争。中国 ESG 投资市场将学习借鉴国际先进经验和实践做法，提高自身的竞争力和影响力，同时，中国 ESG 投资市场也将发挥自身优势和特点，为全球 ESG 投资市场的发展贡献中国智慧和力量。

4. ESG 投资助力"五篇大文章"

2023 年底召开的中央金融工作会议提出了科技金融、绿色金融、普惠金融、养老金融和数字金融"五篇大文章"作为今后一个时期金融工作的重点。这"五篇大文章"不仅涵盖了金融领域的多个重要方面，也与 ESG 投资理念高度契合。ESG 投资作为一种将环境、社会和治理因素纳入投资决策过程的投资方式，能够为这"五篇大文章"提供有力支撑。

一是绿色金融与 ESG 投资融合发展。绿色金融作为"五篇大文章"之一，旨在通过金融手段促进环境保护和可持续发展。ESG 投资与绿色金融理念高度一致，都强调在投资决策中考虑环境和社会因素，ESG 投资在绿色金融领域具有广泛应用前景。例如 ESG 投资策略筛选符合环保标准的绿色债券和绿色信贷项目；利用 ESG 数据评估绿色项目的环境效益和社会效益等。这些应用实践不仅有助于推动绿色金融的发展壮大，也有助于提高 ESG 投资的市场影响力和认可度。

二是普惠金融与 ESG 投资融合发展。普惠金融旨在通过金融手段促进金融服务的普及和包容性发展。ESG 投资在普惠金融领域的应用主要体现在两个方面：一是通过 ESG 投资策略支持小微企业和弱势群体的融资需求；二是通过 ESG 数据评估普惠金融服务的社会效益和可持续性。一些金融机构将进一步利用 ESG 投资策略开发针对小微企业和弱势群体的绿色金融产品和 ESG 理财产品；同时利用 ESG 数据评估普惠金融服务对当地经济和社会发展的贡献程度等。这些应用实践不仅有助于推动普惠金融的发展壮大，也有助于提高 ESG 投资的社会效益和可持续性。

三是科技金融、养老金融与数字金融中的 ESG 投资融合发展。在科技

金融领域，ESG 投资可以通过支持科技创新和可持续发展项目来推动科技进步和产业升级；在养老金融领域，ESG 投资可以通过筛选符合可持续发展理念的养老金融产品来保障老年人的养老权益和生活质量；在数字金融领域，为了更高效地处理和分析 ESG 数据，金融机构和科技公司不断开发新的金融科技工具，驱动金融科技创新与应用，积极推动着数字金融的发展。这些应用实践不仅有助于推动相关金融领域的发展壮大，也有助于提高 ESG 投资的创新性和智能化水平。

未来 ESG 投资将在国家发展战略中发挥更加重要的作用。随着"五篇大文章"的深入实施和 ESG 投资理念的普及推广，ESG 投资将成为推动中国经济社会绿色转型和高质量发展的重要力量之一。

5. ESG 投资议题多元化发展

ESG 投资议题最初主要集中在环境领域，如气候变化、资源利用和污染控制等，随着国内对可持续发展和负责任投资理念的认识不断深入，环境、社会和治理等领域的各类议题逐渐受到更多关注，这种多元化不仅体现在议题覆盖面的扩大，还表现在投资者对不同议题关注度的差异以及企业在这些议题上的具体实践和表现。

未来，中国 ESG 投资议题将涵盖环境、社会和治理三个方面的多个新子议题：一是环境议题，包括气候变化、碳足迹、自然资源利用、生物多样性保护、污染防控、废弃物管理等；二是社会议题，包括员工权益、男女平等、工作环境安全、产品责任、消费者保护、社区关系、公益慈善等；三是治理议题，包括管理层结构与透明度、反腐败与合规经营、股东权益保护、董事会独立性、企业文化与价值观等。

未来中国对 ESG 理念的认识将进一步深入，实践探索也会不断推进，ESG 投资议题将继续向多元化方向发展。投资者将更加关注企业在各个多元化 ESG 议题上的具体实践和表现，并通过多种手段推动企业不断提升 ESG 绩效。同时，政府、监管机构、行业协会等也将加强合作与协调，共同推动 ESG 投资议题的多元化发展。

6. ESG 投资教育进一步普及

ESG 投资教育的普及有利于促进投资者对 ESG 投资的认识和理解，投资者可以更加深入地了解 ESG 投资的理念、原则和方法，从而更好地把握投资机会，降低投资风险；还有利于推动企业的可持续发展，企业作为社会经济的重要组成部分，可以更加清晰地认识到自身在可持续发展方面的责任和机遇，从而更加积极地采取行动，提升自身的 ESG 绩效。

为进一步普及 ESG 投资教育，政府和相关机构将加大对 ESG 投资的宣传和推广力度，提高公众对 ESG 投资的认知度和接受度；高校和培训机构也会开设与 ESG 投资相关的课程和培训项目，为投资者和企业提供系统的 ESG 投资教育；此外，媒体和社交平台也将发挥重要作用，通过发布与 ESG 投资相关的文章、视频和讨论话题，引导公众关注和参与 ESG 投资。

ESG 投资教育普及是推动 ESG 投资发展的重要基础，未来政府、高校、培训机构、媒体和社交平台等各方会共同发力，加大 ESG 投资教育的普及力度，为社会的可持续发展贡献力量。

参考文献

高杰英、褚冬晓、廉永辉、郑君：《ESG 表现能改善企业投资效率吗?》，《证券市场导报》2021 年第 11 期。

胡洁、于宪荣、韩一鸣：《ESG 评级能否促进企业绿色转型? ——基于多时点双重差分法的验证》，《数量经济技术经济研究》2023 年第 7 期。

黄恒、齐保垒：《企业信息披露的绿色创新效应研究——基于环境、社会和治理的视角》，《产业经济研究》2024 年第 1 期。

刘柏、卢家锐、琚涛：《形式主义还是实质主义：ESG 评级软监管下的绿色创新研究》，《南开管理评论》2023 年第 5 期。

毛其淋、王玥清：《ESG 的就业效应研究：来自中国上市公司的证据》，《经济研究》2023 年第 7 期。

武鹏、杨科、蒋峻松、王海林：《企业 ESG 表现会影响盈余价值相关性吗?》，《财经研究》2023 年第 6 期。

汪苏苏、徐卫星：《重污染企业 ESG 表现与企业绿色技术创新——基于企业知识基础与环保补助的调节作用》，《科技与经济》2023 年第 6 期。

席龙胜、赵辉：《企业 ESG 表现影响盈余持续性的作用机理和数据检验》，《管理评论》2022 年第 9 期。

薛龙、张倩瑜、李雪峰：《企业 ESG 表现与绿色技术创新》，《财会月刊》2023 年第 8 期。

晓芳、兰凤云、施雯、熊浩、沈华玉：《上市公司的 ESG 评级会影响审计收费吗？——基于 ESG 评级事件的准自然实验》，《审计研究》2021 年第 3 期。

谢红军、吕雪：《负责任的国际投资：ESG 与中国 OFDI》，《经济研究》2022 年第 3 期。

薛天航、郭沁、肖文：《双碳目标背景下 ESG 对企业价值的影响机理与实证研究》，《社会科学战线》2022 年第 11 期。

杨洁、石依婷、刘佳阳：《企业 ESG 表现同群效应对投资效率的影响》，《金融理论与实践》2023 年第 12 期。

中国工商银行绿色金融课题组：《ESG 绿色评级及绿色指数研究》，《金融论坛》2017 年第 9 期。

周方召、潘婉颖、付辉：《上市公司 ESG 责任表现与机构投资者持股偏好——来自中国 A 股上市公司的经验证据》，《科学决策》2020 年第 11 期。

产业篇

B.3
能源电力行业 ESG 投资发展报告（2024）

宋海云　冯昕欣　肖汉雄　张晓萱*

摘　要：　从能源电力行业的 ESG 投资情况来看，我国 A 股能源电力企业披露 ESG 情况的比例超过 70%，且呈逐年上升态势。各个评级机构对于企业的评级标准及结果的差异较大，且部分机构的 ESG 评价未涵盖能源电力行业的所有上市企业。从能源电力行业 ESG 评级与股价涨跌情况来看，ESG 评级较高的企业不一定受到市场的青睐，ESG 评级较低的企业的股价下跌的可能性较高。意大利国家电力公司、德国意昂集团、法国电力公司等国外能源电力企业已积累了丰富的 ESG 实践经验。中国能源电力企业不断加强 ESG 体系建设，华润电力等有关 A 股上市企业进行了有益的探索。本报告

* 宋海云，博士，国网能源研究院有限公司高级研究员、高级经济师，主要研究领域为企业国际对标、ESG 等；冯昕欣，硕士，国网能源研究院有限公司中级研究员、中级工程师，主要研究领域为企业国际化、ESG 等；肖汉雄，博士，国网能源研究院有限公司中级研究员、中级经济师，主要研究领域为企业国际化、ESG 等；张晓萱，博士，国网能源研究院有限公司企业战略研究所副所长、正高级工程师，主要研究领域为电力市场、碳市场等。

认为，能源电力行业的 ESG 投资趋势为：一是能源电力行业加速转型，持续推进电源结构优化调整，不断提升清洁能源占比；二是能源电力行业普遍将 ESG 投资作为促进行业转型的重要工具；三是能源电力行业把"温室气体排放""绿色技术、产品与服务"等作为 ESG 的重要议题，这对企业产生了相关影响。

关键词： 能源电力行业　ESG 投资　ESG

一　能源电力行业 ESG 投资情况

（一）能源电力行业 ESG 信息披露情况

课题组基于 Wind 数据库，把申万 2021 版行业分类标准作为依据，选取能源电力行业中的 A 股上市企业作为研究对象，对其 ESG 披露情况进行统计。截至 2024 年 8 月，样本电力企业共 105 家，其中，单独披露 ESG 情况的企业有 74 家，披露率高达 70.5%；对比 2022 年的比重，提升 7.7 个百分点。

根据统计结果，在能源电力行业，国资背景企业的 ESG 披露率高于民营企业。从 2023 年的数据来看，105 家样本企业中有 77 家为国资背景企业。在 77 家国资背景企业中，单独披露 ESG 情况的有 63 家，占国资背景企业的比重为 81.8%；民营企业有 28 家，单独披露 ESG 情况的有 11 家，占民营企业的比重只有 39.3%。

能源电力行业的企业的上市时间普遍较早，多数企业积极履行国内监管政策要求，较早单独发布 ESG 信息（或社会责任）报告。截至 2024 年 8 月，已连续 10 年以上单独发布报告的企业有 33 家，占比为 31%。2023 年，首次发布 ESG 相关报告的企业有 8 家，其中，5 家属于国资背景企业，3 家属于民营企业。

（二）能源电力行业 ESG 评级情况

课题组统计了商道融绿、华证，Wind 对中国能源电力行业 A 股上市企业的 ESG 评级情况（具体见附表1）。截至 2024 年 8 月，商道融绿对 105 家样本企业中的 102 家进行了 ESG 评级，其中，评级为 AA 级的有 3 家，占比约 3%；评级为 A 级的有 23 家，占比约 23%；评级为 BBB 级的有 26 家，占比约 25%；评级为 BB 级的有 40 家，占比约 39%；评级为 B 级的有 10 家，占比约 10%。

华证对全部样本企业进行了 ESG 评级，其中，评级为 AA 级的有 1 家，占比约 1%；评级为 A 级的有 4 家，占比约 4%；评级为 BBB 级的有 9 家，占比约 9%；评级为 BB 级的有 9 家，占比约 9%；评级为 B 级的有 24 家，占比约 23%；评级为 CCC 级的有 17 家，占比约 16%；评级为 CC 级的有 17 家，占比约 16%；评级为 C 级的有 24 家，占比约 23%。

Wind 对全部样本企业进行了 ESG 评级，其中，评级为 A-级的有 26 家，占比约 25%；评级为 B 级的有 22 家，占比约 21%；评级为 B+级的有 26 家，占比约 25%；评级为 B-级的有 24 家，占比约 23%；评级为 C+级的有 7 家，占比约 7%。

通过统计结果可以看出，各个评级机构对于样本企业的评级标准及结果的差异较大，且部分机构的 ESG 评价未涵盖能源电力行业的所有上市企业，存在遗漏情况。

（三）能源电力行业 ESG 评级与股价涨跌情况

ESG 评级较高的企业不一定受到市场的青睐。从商道融绿 ESG 评级来看，评级为 AA 级和 A 级的企业共 26 家，其中，近一年股价上涨的有 10 家。从华证 ESG 评级来看，评级为 AA 级和 A 级的企业共 5 家，其中，近一年股价上涨的有 2 家。从 Wind ESG 评级来看，评级为 A-级的企业有 26 家，其中，近一年股价上涨的有 12 家。

ESG 评级较低的企业的股价下跌的可能性较高。从商道融绿 ESG 评级

来看，评级为 B 级的企业共 10 家，其中，近一年股价下跌的有 9 家。从华证 ESG 评级来看，评级为 C 级的企业共 24 家，其中，近一年股价下跌的有 20 家。从 Wind ESG 评级来看，评级为 C+ 级的企业有 7 家，其中，近一年股价下跌的有 6 家。从对比结果来看，ESG 评级可以在一定程度上为投资者提供参考。

二 国内外知名能源电力企业 ESG 实践经验

（一）国外能源电力企业的 ESG 实践经验

1. 意大利国家电力公司（Enel）

Enel 在 ESG 方面的实践，特别是将环境责任、社会责任和公司治理整合进企业的商业模式、治理体系和战略规划中，为行业树立了新的标杆，强调企业在追求利润增长的同时，应承担起对社会和环境的责任。

一是在商业模式方面，Enel 的商业模式沿着整个价值链构建，通过利用不同业务领域之间的协同作用与创新杠杆采取行动，寻求开发解决方案，以推动可持续发展，减少对环境的影响，满足客户和当地社区的需求，并确保员工和供应商采用高安全标准。其中，Enel 绿色电力和热能发电部门进行可再生能源发电，寻求加快能源转型和管理脱碳的路径；Enel 电网部门寻求先进的解决方案，以使工人的工作环境更加安全，并对业务产生积极和可持续的影响；Enel X 全球零售部门提供电力、能源管理服务以及公共和私人电动交通服务，专注于住宅消费者，以改善他们的生活。

二是在治理体系方面，Enel 把透明和公平作为基本价值观，寻求构建与国际最佳实践接轨的治理模式，旨在持续取得成功，为股东创造长期价值，同时考虑业务运营的环境和社会重要性，维护所有利益相关者的利益。Enel 董事会拥有对公司战略和组织情况进行指导的权力，评估内部控制和风险管理系统的充分性，如测评该系统的风险（涉及业务、环境、社会及人权等领域）；治理和可持续发展委员会协助董事会评估公司与治理和可持续发展相关的活动，如与气候变化相关的活动、与所有利益相关者进行的互动；控制风险委员会支持董事会对内部控制和风险管理系统的评估决定，以及批准定期财务和非财务报告，从持续取得成功的角度衡量风险与公司运营情况的相容程度。

三是在战略规划方面，Enel 制定的战略的关键在于其对外部环境及其演变情况的评估。将待处理的信息转化为定量模型的一部分，以形成对工业、经济和金融发展情况的概述，并辅以可能的积极投资组合管理方式。定量和定性地制定可用于评估的总体战略，这涉及可替代的宏观经济、能源和气候情景；对基于各种因素的压力测试进行分析，这涉及工业部门、技术、竞争结构、气候变量和政策的演变情况。同时，分析 ESG 问题以确定涉及利益相关者的优先事项；进行双重重要性分析，以确定支持与可持续发展相关的战略中的目标定义。Enel 制定的战略已经证明其具备创造可持续的、长期的价值的能力，充分整合了与可持续发展相关的主题，密切关注气候变化问题，同时确保增强利益相关者的盈利能力。

2. 德国意昂集团（E. ON）

E. ON 是欧洲最大的能源公司之一，一直积极将 ESG 原则纳入业务战略。E. ON 采用的 ESG 方法根植于其对可持续发展和负责任的商业实践的承诺。E. ON 在 ESG 方面的努力使其成为能源电力行业的引领者，其所具有的前瞻性思维和秉持的可持续发展理念使其在能源电力行业具有良好的声誉。这不仅促进 E. ON 实现业务目标，而且有助于 E. ON 实现减缓气候变化和增进社会福祉等更广泛的目标。E. ON 的 ESG 实践经验如下。

一是在环境实践方面，E. ON 承诺到 2040 年实现"碳中和"。E. ON 积极减少碳排放，从重视化石燃料转向大力投资风能和太阳能等可再生能源。E. ON 还专注与运营和客户相关的提升能效的措施。同时，E. ON 提倡使用涉及可再生能源的工具，如分布式能源系统和智能电网。E. ON 正在开发新的解决方案：将可再生能源整合到电网中以增强储能能力。另外，E. ON 致力于通过减少浪费和提高资源使用效率来促进循环经济发展。总体而言，E. ON 实施的项目侧重于进行回收利用，对资源进行可持续管理和减少整个

供应链对环境的影响。

二是在社会实践方面，E.ON 非常重视客户授权，提供工具和服务，帮助客户更有效地管理和使用能源；提供教育项目，以加强人们对能源效率和可持续性的认识。同时，E.ON 致力于打造一个具有支持性和包容性的工作场所，以促进提升员工福祉；提供全面的健康和安全计划、专业的发展机会以及具有多样性和包容性的举措，如其设定相关目标，以提高女性的代表性。另外，E.ON 积极参与社区工作，支持社区提出的与教育、环境保护和社会包容相关的倡议；参与慈善活动和救灾工作。

三是在治理实践方面，E.ON 已经建立了一个强有力的治理框架，以确保行为透明，符合商业道德。E.ON 遵守严格的治理标准，并定期审查政策执行情况，以符合最佳要求。同时，E.ON 向利益相关者提供详细的 ESG 报告，披露环境影响、社会倡议和治理实践等，以与全球报告倡议组织（GRI）和气候相关财务信息披露工作组（TCFD）等的国际标准保持一致。另外，E.ON 与包括投资者、客户、员工和监管机构在内的广泛利益相关者合作，以确保业务实践符合预期，实现可持续发展。

3. 法国电力公司（EDF）

EDF 进行了各种 ESG 实践，将自己定位为可持续能源和负责任企业行为的领导者。EDF 在 ESG 实践方面的经验不但有助于维护其作为负责任的能源供应商的声誉，而且使其成为全球向可持续能源转型的领导者。以下是 EDF 的 ESG 实践经验。

一是在环境实践方面，EDF 承诺到 2050 年实现"碳中和"，这涉及对风能、太阳能和水力资源等可再生能源的重大投资；EDF 通过逐步减少利用煤炭和增加低碳能源在能源结构中的份额来积极减少碳足迹。同时，EDF 在运营地区实施了提升生物多样性的计划，这涉及保护自然栖息地，支持保护物种多样性，以减轻对环境的不利影响。另外，EDF 致力于提高能源利用效率，向客户推广节能解决方案，这涉及发展智能电网，整合先进的数字技术，以优化能源结构。

二是在社会实践方面，EDF 积极参与社区工作，发起各种倡议，以支持当地社区发展，特别是其运营地区。这涉及对促进教育、医疗保健和基础设施发展的投资，以提高居民的生活质量。同时，EDF 促进其员工具有多样性和包容性，旨在创造一个公平的工作环境，如其设定相关目标，增加女性领导岗位，提升女性的代表性。另外，在员工福利方面，EDF 非常重视员工的健康和安全，制定了全面的安全协议，对员工持续进行培训，以确保所有员工都有一个安全的工作环境。

三是在治理实践方面，EDF 致力于进行高标准的治理。EDF 通过定期发布详细的报告披露 ESG 情况，确保对利益相关者透明。同时，EDF 构建了一个强有力的道德行为框架，这涉及严格遵守反腐败法律和促进商业行为公平。EDF 还致力于进行负责任的采购，以确保供应链符合 ESG 价值观。另外，EDF 与包括政府组织、非政府组织和其他公司在内的各利益相关方合作，推动其可持续发展。这对于丰富可持续发展方式和实现全球气候目标至关重要。

（二）中国能源电力企业的 ESG 实践经验

1. 华润电力

一是完善 ESG 制度结构。华润电力以实现经济、社会、环境综合价值最大化为目标，构建社会责任管理模式并制定《华润电力社会责任工作管理标准》，设立四级 ESG 制度结构（其由可持续发展委员会领导）。董事会对 ESG 工作承担全面责任，坚持用 ESG 指标进行管理以推进业务发展；设立关键绩效指标，将 ESG 指标融入管理层 KPI 考核标准，倒逼管理层提高业务水平。

二是建立 ESG 信息披露体系和多样化的沟通渠道。华润电力通过加大常态化责任沟通与传播力度，满足与不同利益相关方沟通的需求；实现年度可持续发展报告发布常态化，提升相关工作的常态化水平。

三是鼓励各级单位开展形式多样的 ESG 履责实践。在人才培育方面，华润电力通过进行专业的 ESG 培训以及组织可持续发展报告启动会，构建上下级沟通机制，实现 ESG 工作向基层穿透；在环境实践方面，华润电力推进综

合能源零碳园区建设；在治理实践方面，华润电力健全现代化治理机制，加强合规风险管控，构建战略发展能力提升指标体系，促进企业高质量发展。

2. 中国电力

一是加强对环境维度议题的关注。这涉及温室气体排放、提升空气质量、水和废水管理、废弃物和有害物质管理；扩大清洁能源装机规模，推进实施一批新能源大基地项目，推动绿电转化和"新能源+"项目落地。中国电力积极参与碳交易，出售碳排放配额，设立专项工作组以落实能源保供工作，在披露治理信息时确保清晰完整。

二是建立 ESG 架构。中国电力建立了权责明晰的"董事局—战略与可持续发展委员会—可持续发展工作委员会"三级 ESG 架构。中国电力注重员工健康与安全，关注商业模式的弹性问题、重大风险事件和系统性风险管理。

3. 国电电力

一是加强环境管理。国电电力持续完善生态环保管理体制机制，扎实推进隐患排查治理工作，并实现闭环管理，妥善解决问题，做好环境监测工作和应急预案，在生产全过程践行"两山论"。同时，国电电力高度重视气候风险，对标先进，立足实际，进行全面的风险识别评估，明确风险类别及影响，进而制定应对措施。

二是布局清洁能源项目。国电电力与多家企业、地方政府等深化合作，全力攻坚，加快推进项目开发，这涉及火电清洁高效利用、新能源开采、碳捕集等。同时，国电电力运用先进技术助力高效生产和低碳发展，促进企业提升对自有技术的创新能力和加大对先进技术的引进应用力度，提高主要辅助设备的运行效率。

三 能源电力行业 ESG 投资趋势

中国能源电力行业加速转型，持续推进电源结构优化调整，不断提升清洁能源占比。一是碳达峰碳中和目标倒逼能源电力行业加速转型。中国提出碳达峰碳中和目标，明确把碳达峰碳中和纳入生态文明建设整体布局。实现碳达峰碳中和目标，能源是主战场，电力是主力军，例如，作为央企，国家电网率先发布碳达峰碳中和行动方案。二是加快构建新型电力系统。习近平总书记在中央财经委第九次会议上首次提出，构建以新能源为主体的新型电力系统。国家能源局统筹组织、电力规划设计总院牵头编制的《新型电力系统发展蓝皮书》正式发布，这标志着新型电力系统建设进入全面启动和加速推进阶段。新型电力系统强调三个发展方向，即可再生能源占比大幅提升、电力市场化改革加快、全社会电气化水平进一步提高，以为全球电力可持续发展提供中国方案。三是能源革命与数字革命深度融合，推动能源系统朝着更加高效、智能与可持续的方向发展。清洁能源大规模接入，分布式能源、储能、电动汽车、智能用电设备等交互式设施大量使用，以及大数据、云计算、物联网、移动互联网、人工智能、区块链等先进信息技术的广泛应用，引导能源电力行业朝着数字化、智能化及网络化方向发展。在这种形势下，能源电力企业持续推进能源结构优化调整，不断提升清洁能源占比，推进绿色低碳发展。截至 2023 年底，全国全口径发电装机容量为 25.6 亿千瓦，同比增长 14.1%，其中，非化石能源发电装机容量占总装机容量的比重首次超过 50%，达到 53.9%[①]，能源电力行业绿色低碳转型成效显著。

能源电力行业普遍将 ESG 投资作为促进行业转型的重要工具。能源电力行业的 ESG 投资与行业的低碳愿景相呼应，近年来，其几乎与行业的清洁低碳转型呈同步发展趋势。ESG 投资能够撬动资金支持行业转型，不同的 ESG 投资策略促进能源电力行业转型的方式不尽相同。同时，碳达峰碳中和目标、可再生能源战略、新型电力系统建设将带动可持续主题投资发展。这些积极的政策信号能够提振投资者对绿色项目的信心，促进资金流入，也有利于促进与可再生能源相关的产品的收益增长。

---

① 《今年中国能源工作指南出炉，非化石能源装机比重继续提升》，界面新闻，https：//www. jiemian. com/article/10949816. html。

能源电力行业把"温室气体排放""绿色技术、产品与服务"等作为ESG的重要议题,这对企业产生了相关影响。在相关政策的引导下,我国能源电力行业正在构建以新能源为主体的新型电力系统,大力发展绿电、绿证和构建碳交易等市场机制以推动行业转型。随着可再生能源发电比例逐步提高,以及碳达峰碳中和背景下能源电力行业进行碳资产管理的市场机遇增加,相关企业重视"温室气体排放""绿色技术、产品与服务"等ESG议题,这些议题可能会对资产与负债、收入与成本等指标产生影响。例如,"温室气体排放"议题下的国家核证自愿减排量(CCER)等或可成为能源电力企业增加营收的工具;"绿色技术、产品与服务"议题下的碳捕集、利用和封存(CCUS)技术是能源电力企业投资减排项目时的关注方向,随着技术创新与成本降低,通过政策调节或发挥市场机制的作用,减排项目的正向经济效益有望实现。

附表1　不同机构对中国能源电力行业A股上市企业的ESG评级(截至2024年8月)

证券代码	证券简称	商道融绿ESG评级	华证ESG评级	Wind ESG评级
000027.SZ	深圳能源	A	B	B+
000037.SZ	深南电A	BB	C	B-
000040.SZ	ST旭蓝	B	C	B-
000155.SZ	川能动力	BBB	CCC	A-
000507.SZ	珠海港	A	A	A-
000531.SZ	穗恒运A	BB	CC	B
000537.SZ	中绿电	BB	B	B
000539.SZ	粤电力A	BBB	CC	B
000543.SZ	皖能电力	BB	C	B-
000591.SZ	太阳能	BB	B	B+
000600.SZ	建投能源	A	B	B+
000601.SZ	韶能股份	BB	C	B
000690.SZ	宝新能源	BB	C	B-
000692.SZ	惠天热电	BB	C	B-
000722.SZ	湖南发展	B	CC	B-
000767.SZ	晋控电力	BB	C	C+

续表

证券代码	证券简称	商道融绿 ESG 评级	华证 ESG 评级	Wind ESG 评级
000791. SZ	甘肃能源	BBB	B	B+
000803. SZ	山高环能	BB	CC	B−
000862. SZ	银星能源	A	B	A−
000875. SZ	吉电股份	AA	B	A−
000883. SZ	湖北能源	A	BBB	A−
000899. SZ	赣能股份	BB	CC	B
000966. SZ	长源电力	A	C	B+
000993. SZ	闽东电力	BB	C	B
001210. SZ	金房能源	BB	CC	B
001258. SZ	立新能源	A	BB	A−
001286. SZ	陕西能源	B	CCC	C+
001289. SZ	龙源电力	A	AA	A−
001376. SZ	百通能源	BB	B	C+
001896. SZ	豫能控股	BB	C	B
002015. SZ	协鑫能科	BB	CCC	B+
002039. SZ	黔源电力	BBB	B	B+
002060. SZ	广东建工	BB	B	B
002218. SZ	拓日新能	BB	CC	B−
002256. SZ	兆新股份	BB	CC	B−
002479. SZ	富春环保	A	BBB	A−
002480. SZ	新筑股份	BB	CC	B−
002608. SZ	江苏国信	BBB	BB	A−
002616. SZ	长青集团	BB	CCC	B
002617. SZ	露笑科技	BB	CC	C+
002893. SZ	京能热力	A	CCC	A−
003035. SZ	南网能源	BBB	BBB	A−
003816. SZ	中国广核	AA	BBB	A−
200037. SZ	深南电 B		C	B−
200539. SZ	粤电力 B		CC	B
300040. SZ	九洲集团	B	CC	B−
300125. SZ	ST 聆达	B	C	B+
300317. SZ	珈伟新能	B	B	B−
300335. SZ	迪森股份	BB	CCC	B−
600011. SH	华能国际	A	BBB	A−

续表

证券代码	证券简称	商道融绿 ESG 评级	华证 ESG 评级	Wind ESG 评级
600021. SH	上海电力	A	B	A−
600023. SH	浙能电力	BB	CCC	B+
600025. SH	华能水电	BBB	CCC	A−
600027. SH	华电国际	BBB	B	A−
600032. SH	浙江新能	BBB	B	B+
600052. SH	东望时代	BB	CCC	B−
600098. SH	广州发展	A	A	B+
600101. SH	明星电力	BBB	BB	B+
600116. SH	三峡水利	A	CC	B+
600149. SH	廊坊发展	BB	B	B−
600163. SH	中闽能源	BB	CC	B
600167. SH	联美控股	A	B	B+
600226. SH	亨通股份	BB	CC	B−
600236. SH	桂冠电力	BBB	BB	B+
600310. SH	广西能源	BBB	B	B+
600396. SH	华电辽能	BBB	C	B+
600452. SH	涪陵电力	BB	C	B
600475. SH	华光环能	A	BB	A−
600483. SH	福能股份	A	BB	A−
600505. SH	西昌电力	BBB	C	B+
600509. SH	天富能源	BB	CCC	B
600578. SH	京能电力	BB	B	B+
600642. SH	申能股份	BB	C	B−
600644. SH	乐山电力	A	BB	A−
600674. SH	川投能源	BB	CC	B−
600719. SH	大连热电	BB	C	C+
600726. SH	华电能源	BB	C	B
600744. SH	华银电力	BBB	C	B
600780. SH	通宝能源	BB	C	B
600795. SH	国电电力	BBB	B	B+
600821. SH	金开新能	BBB	BBB	B+
600863. SH	内蒙华电	BBB	CCC	B+
600868. SH	梅雁吉祥	B	C	B−
600886. SH	国投电力	AA	BBB	A−

证券代码	证券简称	商道融绿 ESG 评级	华证 ESG 评级	Wind ESG 评级
600900. SH	长江电力	BBB	BBB	A-
600905. SH	三峡能源	A	A	A-
600956. SH	新天绿能	A	A	A-
600969. SH	郴电国际	B	C	B-
600979. SH	广安爱众	BBB	B	B+
600982. SH	宁波能源	BBB	C	B
600995. SH	南网储能	A	B	A-
601016. SH	节能风电	BBB	CC	B-
601222. SH	林洋能源	BB	BB	B
601619. SH	嘉泽新能	BBB	BB	B+
601778. SH	晶科科技	BB	CCC	C+
601908. SH	京运通	B	CCC	C+
601985. SH	中国核电	A	BBB	A-
601991. SH	大唐发电	BBB	B	B+
603105. SH	芯能科技	B	CCC	B-
603693. SH	江苏新能	BBB	CCC	B+
605011. SH	杭州热电	BBB	B	A-
605028. SH	世茂能源	BB	B	B
605162. SH	新中港	A	CCC	B+
605580. SH	恒盛能源	BB	CCC	B
900937. SH	华电 B 股		C	B

资料来源：商道融绿、华证、Wind 数据库。

参考文献

陈慧、李永生、唐壮：《国有能源企业环境、社会和治理（ESG）三阶段实施路径研究》，《中国企业改革发展优秀成果 2023（第七届）下卷》，2024。

《国电电力发展股份有限公司 2023 环境、社会和公司治理报告》，国电电力发展股份有限公司网站，https：//gddl. chnenergy. com. cn/gddlwwNew/shzr/202405/62c373a8ca2840e2b61eb1d6c59f663d. shtml。

《华润电力：聚焦绿色低碳转型　书写高质量发展新篇》，《中国环境监察》2024年第6期。

《华润电力控股有限公司可持续发展报告2023》，华润电力门户官网，https：//www.crpower.com/duty/kcxfzbg/202404/P020240521511679144839.pdf。

黄霄龙、杨继贤：《"双碳"目标下能源企业ESG管理与实践》，《中国质量》2022年第6期。

《践行ESG理念成为能源企业"必答题"》，《中国能源报》2023年12月18日，第14版。

杨琳：《中国电力工程顾问集团党委书记、董事长罗必雄：多方合力，发展能源电力行业新质生产力》，《中国经济周刊》2024年第11期。

一带一路中心：《A股电力行业企业2021财年ESG信息披露研究报告》，一带一路环境技术交流与转移中心微信公众号，https：//mp.weixin.qq.com/s?＿＿biz＿=MzkxMzY5NjU4NQ＝＝&mid=2247491220&idx=1&sn=08acca4fa8d9dec2481224f44f0525a0&source=41#wechat＿redirect。

《中国电建社会责任报告2023》，中国电力建设集团网站，https：//www.powerchina.cn/module/jslib/pdfjs/web/viewer.html？file=/attach/0/7da8d81ec8664eb3a87750d4cad7875d.pdf。

Integrated Annual Report 2023，https：//www.enel.com/。

*Sustainability Report FY*2022，https：//www.edf.fr/en/the-edf-group/taking-action-as-a-responsible-company/reports-and-indicators/non-financial-kpis/esg-indicators.

"Sustainability Reporting," https：//www.eon.com/en/about-us/sustainability/reporting.html.

B.4

油气行业 ESG 投资发展报告（2024）

王　震　邢　悦　罗欣婷*

摘　要： ESG 理念深刻改变油气行业发展环境：ESG 投资规模增长，可持续发展项目受到青睐；气候变化成为焦点，战略调整与转型需求迫切；监管政策有序出台，披露和评价标准趋于统一；绿色金融体系不断完善，低碳转型融资渠道再拓宽。中国油气行业不断创新 ESG 实践，积极应对 ESG 带来的挑战和机遇。在环境方面，积极稳妥推进碳达峰碳中和，多措并举提升节能降碳成效。在社会方面，高度重视安全健康，热心慈善公益。在治理方面，不断夯实 ESG 治理基础，就气候议题采取治理新举措。在信息披露方面，严格遵循信息披露标准，持续提高 ESG 信息披露质量。中国油气行业应更加主动地拥抱 ESG 理念，提升 ESG 绩效：完善 ESG 治理架构，健全气候治理机制；优化产业结构，推动油气与新能源融合发展；用好绿色金融政策，激发金融板块效能；以合规披露为抓手，持续优化 ESG 管理；充分发挥数据和智库对 ESG 管理和决策的支撑作用。

关键词： 油气行业　气候变化　能源转型　绿色金融　ESG 信息披露

一　引言

作为事关国民经济命脉的支柱产业，油气行业具有鲜明的环境责任和社

---

* 王震，经济学博士，中国海油集团能源经济研究院院长、教授、博士生导师，主要研究领域为能源经济、绿色金融、战略管理；邢悦，管理学硕士，中国海油集团能源经济研究院研究员、中级经济师，主要研究领域为 ESG 管理、绿色金融、财务管理；罗欣婷，中国石油大学（北京）经济管理学院硕士研究生，主要研究领域为能源会计与低碳管理。

会责任属性，其 ESG 实践受到资本市场、监管部门、国际组织以及社会公众的广泛关注。在环境方面，油气行业是温室气体排放的主要行业之一，长期以来面临严格的环境监管压力。在社会方面，油气行业的生产过程存在诸多风险因素，可能导致生产事故和职业健康问题。在治理方面，油气产品储运的安全性以及资源竞标相关的腐败风险凸显了提升油气公司治理效能的重要性。油气行业的特殊性形成了其独有的 ESG 关键议题。

社会理念、国家目标和争议事件共同推动 ESG 理念在油气行业萌芽与发展。自 2004 年 ESG 的概念被正式提出后，在联合国和投资力量的推动下，ESG 理念逐步成为全球主流趋势。油气行业在环境、社会和治理方面受到的约束不断加剧。随着联合国和各国政府逐步提出降碳目标，应对气候变化成为油气行业的 ESG 关键议题之一。联合国气候大会自 1995 年开始举办以来，从 1997 年的《京都议定书》到 2009 年的《哥本哈根协议》，再到 2015 年的《巴黎协定》，全球气候治理愈发严格。联合国和各国政府陆续提出气候管控目标并提高以应对气候变化为重点的 ESG 信息披露要求。美国提出到 2050 年实现净零排放，中国宣布力争 2030 年前实现碳达峰、2060 年前实现碳中和，欧盟则提出 2050 年实现气候中和。

油气行业的 ESG 争议事件最早可以追溯到 1989 年，埃克森公司油轮发生漏油事故，严重破坏当地生态环境并引发了一系列社会问题。社会公众对埃克森公司的治理能力产生严重怀疑。治污工作使埃克森公司付出了极高的人力和资金代价。2010 年，英国石油公司的墨西哥湾钻井平台发生漏油事件，给附近海域造成严重的环境污染和生态破坏。美国司法部要求英国石油公司为此次漏油事故赔偿 208 亿美元。[①] 该事件引起政府及公众对石油公司风险管理的广泛关注和质疑。2015 年，埃克森美孚被曝出隐瞒气候风险的丑闻，令公司股票暴跌。为应对 ESG 争议事件，油气公司开始系统制定并

---

① 《英国石油因墨西哥湾漏油事故被罚 208 亿美元》，中国新闻网，http：//www. xinhuanet. com/world/2015−10−06/c_ 128291702. htm。

持续优化 ESG 实践，包括加强安全生产监管，积极参与社区建设；制定低碳发展目标和举措，推动能源转型和公司可持续发展等。

在多年来的 ESG 实践中，油气行业已经实现从"被动应对 ESG 要求"到"主动拥抱 ESG 理念"的转变。油气行业的 ESG 关键议题也发生了从"应对争议事件"到"聚焦能源转型"，再到"从根本上提升 ESG 管理与治理能力"的深刻变化。

二　ESG 最新发展趋势对油气行业的影响

（一）ESG 投资市场规模继续增长，可持续发展项目更受青睐

ESG 理念认同规模继续扩大，推动 ESG 投资持续蓬勃发展，ESG 投资的规模和种类在 2023 年实现了显著增长。签约加入联合国责任投资原则组织（UN PRI）的机构数量持续攀升，覆盖的国家和地区范围进一步扩大，总管理规模达到了 121.3 万亿美元。[1] 根据 Wind 统计数据，2023 年全市场新成立了 166 只 ESG 投资基金，截至 2023 年第三季度末，基金规模较 2022 年末的 4916.14 亿元增加了 240 多亿元。ESG 主题理财产品、公募基金、绿色债券等多样化的投资产品不断涌现，为投资者提供了更多选择。

在能源领域，ESG 因素在投资的决策和管理过程中占据了更为关键的地位。尽管部分 ESG 基金仍持有一定比例的化石燃料资产，但总体趋势是其投资向低碳、环保领域倾斜。这种趋势在欧洲尤为明显。欧盟正在考虑修改 ESG 投资规则，以鼓励更多基金投资于可持续和低碳资产。基于全球对碳中和目标的承诺，油气行业面临巨大的转型压力。ESG 投资理念的普及进一步加速了这一进程。ESG 投资不仅关注企业的短期财务表现，更重视其长期可持续发展能力。油气企业开始积极探索与新能源的融合发展路径，以实现能源结构的优化和低碳转型。一些石油公司正在投资光伏、风电、氢

---

① Wind 数据库；ESG 投资基金（包括纯 ESG、泛 ESG 基金）。

能等可再生能源项目，以减少对传统化石燃料的依赖，通过实施 ESG 标准，加强环境保护和社会责任管理，提升品牌形象和市场竞争力。同时，ESG投资还促进了企业在技术创新和节能减排方面的投入，推动了整个行业的绿色可持续发展。随着 ESG 投资市场的不断扩大，可持续发展项目成为投资者的重点关注对象。这些项目通常涉及节能环保、生态修复、清洁能源利用等关键领域，旨在通过金融手段促进经济社会的可持续发展。在油气行业中，一些企业已经开始实施可持续发展项目，如利用 CCS 技术捕集和封存二氧化碳、在油气田附近建立自备新能源电厂等。

（二）ESG 环境气候变化成为焦点，战略调整与转型需求迫切

近年来，ESG 理念深入发展，社会各界日益认识到气候变化问题的严重性。气候变化带来的物理风险和经济行为的改变在资本市场和企业决策与运营中被予以充分考虑。我国第一批 23 个气候投融资试点地区均不同程度地开展了项目库建设工作。深圳发布全国首个气候投融资地方标准《气候投融资项目分类与评估规范》，构建了"2+3+4+5"的气候投融资项目分类与评估体系，将气候效益显著性作为必须满足的约束指标要求。此外，澳大利亚财政部发布《可持续金融路线图》，计划改革金融市场以支持净零经济转型，重点包括强制发布气候相关报告、建立可持续金融分类法和制定可持续投资标签制度，采用"气候优先"的可持续金融战略。

气候变化和极端天气事件已经对全球能源系统带来很大挑战，增加了石油企业运营成本和合规风险，但同时也推动着石油企业向清洁能源和低碳技术转型。一是不断加强绿色技术创新，积极部署甲烷控排和碳捕集、利用和封存（CCUS）技术研发与应用。中国石化常态化开展甲烷排放监测和数据分析，通过优化回收工艺、加强火炬气综合利用等举措，不断降低甲烷排放强度；中国石油持续推进"清洁替代、战略接替、绿色转型"三步走总体部署，大力推进 CCUS 示范项目建设和产业化发展；中国海油恩平 15-1 油田百万吨级 CCS 示范项目于 2023 年 6 月建成投产，成为中国首个海上碳封存示范项目。二是积极参与全球油气行业应对气候变化合作，通过信息公开、碳交易

和碳资产管理等措施来实现碳中和减碳。中国石油国际事业（伦敦）公司与英国石油（BP）碳贸易公司签订自愿碳减排量（VER）交易协议，将采购英国石油（BP）碳贸易公司在印度光伏项目所产生的部分自愿碳减排量；中国石化与上海环境能源交易所签署战略合作协议，围绕"双碳"咨询服务、产品服务研究创新、碳资源池建设等方面开展深度务实合作，积极探索推动能源及产品低碳化转型与应用；中国海油在北京绿色交易所达成全国首单交易，购买的 25 万吨中国核证自愿减排量将用于抵消能源生产环节的温室气体排放。三是油气勘探开发用能绿色替代。国家能源局于 2023 年 2 月 27 日发布的《加快油气勘探开发与新能源融合发展行动方案（2023－2025 年）》提出，到2025 年，大力推动油气勘探开发与新能源融合发展，积极扩大油气企业开发利用绿电规模。中国石化旗下多个油田和炼化企业积极推进风光绿电与传统业务的融合。在炼化领域，中国石化新疆库车绿氢示范项目利用 300 兆瓦光伏发电厂，年制绿氢 2 万吨，开创了绿氢炼化的新路径；[①] 中国石油加大地热、太阳能、风能、氢能等新能源开发利用，加快构建多能互补新格局，向油气热电氢综合性能源公司稳步转型；中国海油发布《"碳达峰、碳中和"行动方案》，实施绿色发展跨越工程，要求"十四五"期间碳排放强度比 2020年下降 10%～18%，力争 2028 年碳排放达到峰值、2050 年实现碳中和。

（三）ESG 监管政策不断有序出台，披露和评价标准趋于统一

ESG 理念为解决气候变化、资源短缺和治理不善等问题提供了一个综合性的框架。ESG 监管也呈现一些新特征，例如，投资的透明度和规范化程度明显提升。美国、欧洲和中国香港等地区在 ESG 信息披露方面均引入了更严格的规定。各国政府纷纷出台政策法规，鼓励和规范企业的 ESG 实践。例如，欧盟通过了《可持续金融分类法》和《气候相关信息报告指南》，要求企业披

---

① 《国内首个万吨级绿氢示范项目入选 2023 "双碳"创新科技研发案例》，新华网，HTTP：//WWW. XINHUANET. COM/ENERGY/20231208/6B0600BAEA294C9C96E4D800148B9D15/C. HTML；《"氢"启未来　库车项目展开绿色能源新画卷》，《中国石化报》2024 年10 月 11 日。

露气候相关信息和可持续发展目标；中国发布了《碳达峰碳中和标准体系建设指南》，要求石油领域重点制修订低碳石油开采、炼油技术标准以及低排放、高热值、高热效率燃料标准。2023年11月，中国生态环境部等11部门印发《甲烷排放控制行动方案》，明确指出加强甲烷排放管理控制。此外，我国各部门还提出了一系列推动经济绿色转型的政策措施（见表1）。

表1　2023年我国油气行业ESG相关政策

发布主体	时间	政策文件	油气行业的相关内容
国家发展改革委等部门	2023年2月20日	《关于统筹节能降碳和回收利用 加快重点领域产品设备更新改造的指导意见》	深入实施全面节约战略，扩大有效投资和消费，推动制造业高端化、智能化、绿色化发展，形成绿色低碳的生产方式和生活方式
国家标准委等11部门	2023年4月1日	《碳达峰碳中和标准体系建设指南》	石油领域重点制修订低碳石油开采、炼油技术标准，以及低排放、高热值、高热效率燃料标准
中央全面深化改革委员会	2023年7月11日	《关于推动能耗双控逐步转向碳排放双控的意见》	推动能源消费从高碳排的化石能源向"零"碳排的可再生能源转型，加快新质生产力发展，建立以碳管控为主线的约束机制、考核评价机制、碳足迹管理机制等
国家发展改革委、国家能源局、工业和信息化部、生态环境部	2023年10月10日	《关于促进炼油行业绿色创新高质量发展的指导意见》	完善炼油行业管理，引导炼油过程降碳，推进二氧化碳回收利用，支持制氢用氢降碳，研究制定低碳炼油技术评价标准，建立炼油企业碳排放与产品碳足迹数据库
生态环境部等11部门	2023年11月7日	《甲烷排放控制行动方案》	加强甲烷排放管理控制，推动降碳、减污、扩绿、增长，处理好甲烷控排与能源安全、产业链供应链安全和安全生产的关系
工业和信息化部	2024年2月4日	《工业领域碳达峰碳中和标准体系建设指南》	加快零碳发展模式转变，促进工业生产方式的绿色转型，提高能源利用效率，降低碳排放强度，注重与绿色制造标准体系的有效衔接

资料来源：国家发展改革委、国家标准委、国家能源局等部门。

与此同时，各国政府、企业和国际组织在 ESG 领域的合作不断加强。在第 28 届联合国气候变化大会（COP28）上，各方就全球气候变化问题达成了一系列重要共识，包括加强减排目标、推动可持续能源发展和提高气候适应能力等。国际可持续准则理事会（ISSB）发布了两项可持续信息披露准则，为全球企业提供了统一的 ESG 信息披露框架。2024 年 2 月，我国国家标准化管理委员会与中国人民银行联合印发《关于下达社会管理和公共服务综合标准化试点（金融机构 ESG 评价领域）项目的通知》，由北京市市场监督管理局推荐的"北京金融科技产业联盟金融领域 ESG 数据评价服务标准化试点"作为国内首个聚焦金融领域 ESG 数据评价服务的试点项目落户北京，通过加强标准实施与应用，将促进企业和金融机构的披露义务和责任，让社会公众、新闻媒体、非政府组织（NGO）有机会对企业和金融机构进行监督，提升企业和金融机构 ESG 报告的可信度和公信力。法律政策的有序出台、国际 ESG 理念逐渐形成共识和统一标准的制定推动了 ESG 在全球范围内的发展和应用，这对油气行业的 ESG 践行和信息披露提出了更高要求。

（四）ESG 推动绿色金融深化发展，低碳转型融资渠道再拓宽

绿色金融通过多种措施，包括提供资金支持、优化资源配置以及创新金融工具等，促进油气行业的绿色低碳转型。我国绿色金融体系建设持续推进，其中绿色信贷保持快速增长，2023 年末，本外币绿色贷款余额 30.08万亿元，同比增长 36.5%，高于各项贷款增速 26.4 个百分点，比年初增加8.48 万亿元。绿色债券发展势头良好，2023 年上半年，我国境内外绿色债券存量和增量规模分别为 3.5 万亿元和 4692.57 亿元，境内新增绿色债券发行数量 207 只，发行规模约 4505.07 亿元。[①] 保险以"保险端+投资端"双轮驱动持续开展绿色金融业务探索，绿色信托和绿色融资租赁也不断发展。从资金流向来看，基础设施绿色升级、清洁能源产业和碳减排效益项目仍是重点投向领域。

---

① 中国人民银行：《2023 年金融机构贷款投向统计报告》。

政策的支持和市场的需求促使绿色金融产品朝着更加多元化、标准化和规范化的方向发展，更好地助推企业绿色低碳发展。环境权益类创新产品发展迅速，包括碳排放权和排污权等抵质押贷款产品及以碳排放权作为债券担保物的绿色资产担保债券等。针对清洁能源和绿色交通等领域的资金需求，推出了特色化的融资方案和绿色信贷产品，如园区贷、光伏贷等。开发了以生态产品价值实现等为还款或偿债来源的收益类产品，如可再生能源补贴确权贷款。金融机构创新研发结构化融资产品，将贷款利率等贷款或债券条款与企业关键环境绩效挂钩，发展绿色供应链金融，为清洁能源项目前期规划编制、建设期施工、设备预付款等各环节提供精准支持。此外，将碳账户数据纳入信贷审批流程，对低碳转型成效显著的企业给予贷款利率、期限、额度、审批流程等方面的差异化优惠。

转型金融作为绿色金融的有效补充，重点服务具有显著碳减排效益的产业和项目，为油气等高排放或难以减排领域的低碳转型提供资金支持。我国积极参与制定《G20 可持续金融路线图》《G20 转型金融框架》等重要文件，推动绿色金融标准兼容，加速转型金融发展。重庆市于 2023 年 3 月发布了《重庆市转型金融支持项目目录（2023 年版）》，湖州市于 2023 年 6 月迭代推出了《湖州市转型金融支持活动目录（2023 年版 试行）》，上海市也于 2023 年 12 月发布了《上海市转型金融目录（试行）》。这些转型金融目录为金融机构提供了清晰的产业指引，引导资金赋能油气等地方重要产业的低碳转型。

为鼓励金融机构加大对转型金融的支持力度，政府和监管部门出台了一系列激励政策。例如，人民银行晋城市分行制定了《金融支持碳达峰碳中和目标实施方案》，建立了晋城市绿色金融发展联动协调机制，并联合晋城市金融办、工信局等 10 部门出台了《关于大力发展转型金融 支持晋城市经济低碳转型的实施方案》，实施转型金融夯基、创新、激励、示范四大工程，明确转型金融发展的工作目标、重点措施和责任分工，形成了晋城市转型金融发展的"总思路"和"总纲领"。为提高转型金融市场的透明度和可信度，相关部门明确了转型信息披露要求，企业需要披露转型项目的目标、进展和环境效益等信息，以便投资者和社会公众进行监督和评估。国家市场监管总局发布了《公平竞争审查第三方评估实施指南》，规范了第三方评估机构的行为，确保其合规执业。转型金融的发展为油气等高碳行业的转型提供了更多的融资渠道和支持，推动经济向绿色、低碳、可持续方向转型发展。

三 中国油气行业 ESG 实践的特色与亮点

（一）应对气候变化，推进绿色发展

1. 遵循"双碳"目标，积极稳妥推进碳达峰碳中和

中国油气公司将绿色低碳的发展理念融入公司总体发展战略，在国家"双碳"目标的引领下，制定公司"双碳"行动方案，明确实施路径、具体行动部署和阶段性目标，强调积极稳妥推进碳达峰碳中和（见表2）。

表2 三家油气公司绿色低碳战略与"双碳"目标

	中国石油	中国石化	中国海油
公司战略	创新、资源、市场、国际化、绿色低碳	价值引领、市场导向、创新驱动、绿色洁净、开放合作、人才强企	创新驱动发展战略、国际化发展战略、绿色低碳战略、市场引领战略、人才兴企战略
"双碳"行动方案	《绿色低碳发展行动计划3.0》	《中国石化2030年前碳达峰行动方案》	《中国海油"碳达峰、碳中和"行动方案》
发布时间	2022年6月5日	2022年6月	2022年6月29日
实施路径	• 清洁替代（2021~2025年） • 战略接替（2026~2035年） • 绿色转型（2036~2050年）	—	• 清洁替代阶段（2021~2030年） • 低碳跨越阶段（2031~2040年） • 绿色发展阶段（2041~2050年）

续表

	中国石油	中国石化	中国海油
行动部署	• 绿色企业建设引领者行动:节能降碳工程、甲烷减排工程、生态建设工程、绿色文化工程 • 清洁低碳能源贡献者行动:"天然气+"清洁能源发展工程、"氢能+"零碳燃料升级工程、综合能源供给体系重构工程 • 碳循环经济先行者行动:深度电气化改造工程、CCUS产业链建设工程、零碳生产运营再造工程	• 清洁低碳能源供给能力提升行动 • 炼化产业结构转型升级行动 • 能源结构优化调整行动 • 节能降碳减污行动 • 资源循环高效利用行动 • 绿色低碳科技创新支撑行动 • 绿色低碳保障能力提升行动 • 绿色低碳全员行动	• 稳油增气保障 • 综合能效提升 • 能源清洁替代 • 产业转型升级 • 绿色发展跨越 • 科技创新引领
"双碳"行动战略路线图	—	• 加快构建清洁低碳能源供给体系 • 引领行业绿色低碳循环发展 • 推动绿色低碳技术实现重大突破 • 积极参与全球应对气候变化行动	—
阶段性目标	• 2025年之前,实现新能源产能占国内能源供应能力比例的7% • 2035年之前,实现新能源新业务与油气业务三分天下格局,基本实现热、电、氢对油气业务的战略接替 • 2050年之前,实现新能源新业务产能达到半壁江山	• 到2023年,累计减排二氧化碳1260万吨,捕集二氧化碳50万吨/年,封存二氧化碳30万吨/年,回收利用甲烷2亿立方米/年(上述目标于2018年提出,现已完成)	• "十四五"期间,碳排放强度降低10%~18%,2025年国内油气产量中天然气产量占比33% • 2040年,国内能源产品中1/2为清洁能源,非化石能源产量占比达到25% • 2050年,国内能源产品产量中2/3为清洁能源,非化石能源产量占比超过50%

注:—表示未披露,下同。

资料来源:根据各公司ESG报告内容整理。

中国石油于 2020 年将"绿色低碳"纳入公司战略，启动绿色发展行动计划和绿色低碳发展产业规划研究制定工作，设立董事长牵头的新能源新材料事业发展领导小组，加强新能源发展战略和规划制定工作。2022 年，中国石油明确了清洁替代、战略接替和绿色转型"三步走"的绿色低碳转型路径，把绿色低碳转型和节能降碳等内容纳入公司"十四五"总体规划，发布《绿色低碳发展行动计划 3.0》，将碳达峰碳中和实施路径、措施进一步细化，制定包括"三大行动"和"十大工程"在内的具体行动部署，提出了 2025 年之前"实现新能源产能占国内能源供应能力比例的 7%"，2035年之前"实现新能源新业务与油气业务三分天下格局，基本实现热、电、氢对油气业务的战略接替"，以及 2050 年之前"实现新能源新业务产能达到半壁江山"的短期、中期、长期目标。

中国石化于 2020 年明确提出包括"绿色洁净"在内的六大发展战略。2021～2022 年，先后制定《关于中国石化碳达峰、碳中和行动的指导意见》《中国石化 2030 年前碳达峰行动方案》等政策，实施清洁低碳能源供给能力提升行动、炼化产业结构转型升级行动、节能降碳减污行动等"碳达峰八大行动"，积极稳妥推进碳达峰碳中和工作。2023 年，中国石化进一步明确"双碳"行动战略路线图，实施加快构建清洁低碳能源供给体系、引领行业绿色低碳循环发展、推动绿色低碳技术实现重大突破、积极参与全球应对气候变化行动四大行动路线。2023 年是绿色企业行动计划（第一阶段）结束年，中国石化较好地完成了各项目标任务，实现捕集二氧化碳 174.9 万吨，封存二氧化碳 84.7 万吨，回收利用甲烷 8.74 亿立方米。2018～2023年，累计减排二氧化碳 2367 万吨。

中国海油于 2020 年将"绿色低碳"战略作为公司的五大战略之一，通过全力推进绿色低碳发展，为建设美丽中国和经济社会高质量发展提供清洁能源保障。近年来，中国海油把碳达峰碳中和纳入企业发展全局，走生态优先、绿色低碳的高质量发展道路，力争提前实现碳达峰、早日实现碳中和。2022 年，中国海油制定并发布《中国海油"碳达峰、碳中和"行动方案》，按照清洁替代、低碳跨越、绿色发展三个阶段，实施稳油增气、能效提升、清洁替代、产业转型、绿色跨越、科技创新六大行动，并提出阶段性目标："十四五"期间碳排放强度降低10%~18%，2025年国内油气产量中天然气产量占比33%；2040年国内能源产品中1/2为清洁能源，非化石能源产量占比达到25%；2050年国内能源产品产量中2/3为清洁能源，非化石能源产量占比超过50%。

2. 坚持稳油增气，油气与新能源业务融合发展①

天然气作为碳排放强度较低的化石能源，在能源绿色低碳转型中发挥着重要作用。中国油气公司将天然气作为公司战略性、成长性和价值性业务，坚持稳油增气，稳步提升天然气产量占比，推动能源转型和绿色低碳发展（见表3）。

表3　2020~2023年三家油气公司天然气产销量

指标	中国石油				中国石化				中国海油			
	2020年	2021年	2022年	2023年	2020年	2021年	2022年	2023年	2020年	2021年	2022年	2023年
国内天然气产量（亿立方米）	1131	1378	1455	1529	303	339	353	378	199	226	253	279
国内天然气产量同比增长（%）	9.9	21.8	5.6	5.1	2.4	11.9	4.1	7.1	15.0	13.6	11.9	10.3
国内天然气产量占公司国内油气产量当量之比（%）	47.2	51.6	52.5	53.5	42	44	44	46	—	—	—	—
国内天然气产量占全国天然气总产量之比（%）	70.3	66.4	66.8	66.6	—	—	—	—	—	—	—	—
国内可销售天然气产量（亿立方米）	1130.9	1195.6	1266.1	1341.9	—	—	—	—	—	—	—	—

① 本部分数据来自各公司2023年ESG报告。

指标	中国石油				中国石化				中国海油			
	2020年	2021年	2022年	2023年	2020年	2021年	2022年	2023年	2020年	2021年	2022年	2023年
国内可销售天然气产量同比增长(%)	9.9	5.7	5.9	6.0	—	—	—	—	—	—	—	—
国内全年天然气销售量（亿立方米）	1725.9	1945.91	2070.96	2197.57	—	—	—	—	—	—	—	—

资料来源：根据各公司 ESG 报告内容整理。

中国石油将大力开发利用天然气作为贯穿公司绿色低碳转型发展的基础性工程，持续加大天然气勘探开发力度，多渠道引进国外天然气资源，加速液化天然气（LNG）接收站和储气库建设，构筑多元化能源供应体系。2020～2023 年，国内天然气产量、国内可销售天然气产量和国内全年天然气销售量均逐年攀升。2023 年，国内天然气产量 1529 亿立方米，同比增长5.1%；国内可销售天然气产量 1341.9 亿立方米，同比增长 6.0%；国内全年天然气销售量 2197.57 亿立方米，供气范围覆盖 31 个省（自治区、直辖市）和香港特别行政区。

中国石化积极推进天然气大发展，不断加大天然气勘探开发力度，加快天然气产供储销体系建设，持续提升天然气供应能力。2020～2023 年，国内天然气产量逐年提升，占公司国内油气产量当量的比重持续攀升。2023 年，中国石化加大新区新领域风险勘探和富油气区带一体化评价勘探，新增天然气探明地质储量 2817 亿立方米；强化普光、元坝、大牛地等主力气田稳产，加快推进顺北二区、川西海相等规模生产，新建天然气产能 88.3 亿立方米，同比增加 13.1 亿立方米，生产天然气 378 亿立方米，同比增加 25 亿立方米。

中国海油加快天然气产业发展，持续提升天然气产量占比。2020～2023年，国内天然气产量逐年攀升。建设三个"万亿大气区"，南海探明地质储量近 10000 亿立方米，渤海探明地质储量超 5000 亿立方米，陆上探明地质储

量超 4000 亿立方米。2023 年 11 月，渤海首个千亿立方米大气田渤中 19-6 凝析气田I期开发项目投产，标志着中国海上深层复杂潜山油气藏开发迈入新阶段。渤中 19-6 凝析气田探明天然气地质储量超 2000 亿立方米。2023 年，中国海油实现天然气产量 389 亿立方米，其中国内天然气产量 279 亿立方米。

发展新能源新业务是实现能源转型的必然路径。中国油气公司将新能源作为推动绿色低碳转型发展的新动能，积极响应国家能源局《加快油气勘探开发与新能源融合发展行动方案（2023-2025 年）》，推动油气与新能源业务融合发展（见表 4）。

表 4　2023 年三家油气公司新能源业务亮点成果

业务类别	中国石油	中国石化	中国海油
风电	• 风电光伏发电量 22 亿千瓦时 • 新增风光发电装机规模 370 万千瓦，较上年增长 2.1 倍	—	• 世界首个半潜式"双百"深远海浮式风电平台"海油观澜号"成功并入文昌油田群电网，项目装机容量 7.25 兆瓦
光伏		• 太阳能光伏发电量约为 132 百万千瓦时，同比增加 200%，折标煤约 4 万吨	• 甘南合作市"牧光互补"40 兆瓦集中式光伏发电项目实现全容量并网，该项目年发电量近 6000 万千瓦时，年节约标准煤超 2 万吨，减碳超 5 万吨
地热	• 累计地热供暖面积超 3500 万平方米，较上年增长 42% • 积极拓展地热供暖市场，签约面积超 4000 万平方米	—	—
氢能	• 高纯氢总产能达到 6600 吨/年，较上年增长 120% • 已建成加氢站 21 座，较上年增长 91%	• 氢燃料电池供氢总能力达到 2.9 万标立/时 • 车用高纯氢产量为 2112 吨，同比增长 25% • 加氢量 3471 万吨，同比增加 100%	—

业务类别	中国石油	中国石化	中国海油
充（换）电站	• 收购普天新能源 100% 的股权，成立昆仑网电公司 • 已建成充换电站 923 座，较上年增长 122%	• 累计建成充换电站 6504 座，其中 2023 年新建充换电站 3909 座	—
生物质能	—	• 生物航煤装置全系列产品通过全球 RSB 系列认证	—

资料来源：根据各公司 ESG 报告内容整理。

中国石油将新能源新业务放到与油气业务同等重要的位置，加快新能源新业务布局，逐步提升新能源产能在公司国内能源供应能力中的比例。在油气和新能源分公司及上游 16 家油气田企业成立新能源事业部，创新扁平化组织管理模式，激发新能源新业务发展活力。在中国上海、中国深圳和日本设立研究院，为新能源和新材料新业务的发展提供技术支撑。制定《中国石油加快油气勘探开发与新能源融合发展行动方案（2023-2025 年）》等发展规划，大力推动油、气、热、电、氢融合发展，构建"低碳能源生态圈"。2023 年，新能源产能占公司国内能源供应能力的比例为 3.6%，新能源新业务投资 197.6 亿元，同比增幅达 158%；新能源开发利用能力达到 1150 万吨标准煤/年。

中国石化将新能源作为能源转型的突破口，推进新能源领域业务有序、高效发展。编制《中国石化油气勘探开发与新能源融合发展实施方案（2023-2025 年）》等多个政策文件，明确可再生能源发展方向和发展目标。把氢能作为新能源的核心业务加快发展，以洁净交通能源和绿色炼化的氢能利用为发展着力点，截至 2023 年末，氢燃料电池供氢中心总供应能力达到 2.9 万标立方米/时；2023 年，车用高纯氢产量为 2112 吨，同比增长 25%；稳妥布局加氢站建设，累计发展加氢站 128 座，2023 年加氢量为 3471 万吨，同比增加 100%。积极拓展新能源汽车相关业务，加快充换电业务布局，因地制宜地开发了丰富多元的充电应用场景，累计建成充换电站

6504 座，其中 2023 年新建充换电站 3909 座。

中国海油稳妥有序发展新能源业务，海上风电发展稳步加速，并将氢能纳入重点发展范围。2023 年，新能源业务发展策略从"稳妥有序推进海上风电业务，择优发展陆上风光"调整为"加快发展海上风电，择优推进陆上风光，探索培育氢能产业"。编制《中国海油加快油气勘探开发与新能源融合发展实施方案》，促进油气主业与新能源融合发展，世界首个半潜式"双百"深远海浮式风电平台"海油观澜号"成功并入文昌油田群电网，项目装机容量 7.25 兆瓦，年均发电量 2200 万千瓦时，减碳 2.2 万吨，截至 2023 年底，累计供应绿电超 1400 万千瓦时。明确新能源业务发展目标，至 2025 年，规划获取海上风电 500 万~1000 万千瓦，装机 150 万千瓦；规划获取陆上风光资源 500 万千瓦，投产 50 万~100 万千瓦。

3. 践行节能降碳，多措并举降低温室气体排放

清洁替代和能效提升是中国油气公司节约能源的两大举措。在清洁替代方面，主要举措包括推进电力替代、外购电力清洁化等。在能效提升方面，主要措施包括油气生产系统提效、用能管理及工艺优化、改造更新用能设备等。2020~2023 年，三家油气公司节约能源绩效总体呈提升态势（见表5）。

表5　2020~2023 年三家油气公司节约能源绩效指标

指标	中国石油				中国石化				中国海油			
	2020年	2021年	2022年	2023年	2020年	2021年	2022年	2023年	2020年	2021年	2022年	2023年
原油消耗量（万吨）	172	168	159	156	107	107	106	107	38.7	34.32	25.93	28.81
天然气消耗量（亿立方米）	187	175	177	181	37.8	40.6	44	47	22.28	24.69	25.82	26.17
电力消耗量（亿千瓦时）	553	525	564	623	308.3	338	338.8	365.3	2.83	6.36	12.85	17.01
节能量（万吨标准煤）	76	70	71	83	458	96.7	94.6	86	14.88	16.15	27.57	29.33

指标	中国石油				中国石化				中国海油			
	2020年	2021年	2022年	2023年	2020年	2021年	2022年	2023年	2020年	2021年	2022年	2023年
单位油气当量生产综合能耗（千克标准煤/吨）	118	116	109	106	—	—	—	—	55	59.2	57.1	56
万元产值综合能耗（吨标准煤/万元）	—	—	—	—	0.49	1.015	1.010	1.074	—	—	—	—

资料来源：根据各公司 ESG 报告内容整理。

中国石油大力实施生产用能清洁替代，实现生产全过程的绿色低碳转型。2023 年，自主建设了一批光伏、风电项目，大力提高清洁能源自供自给能力，通过"电代油""电代气"推进电力替代，用绿色能源逐步替代化石能源。中国石油把节约能源贯穿生产经营活动全过程，不断提高能源利用效率。持续推进油气生产系统提效、炼油乙烯装置能效达标提标改造、能量系统优化、能源管控建设等举措，加强能效约束考核，用能管理水平显著提高。2023 年，实现节能 83 万吨标准煤，单位油气当量生产综合能耗 106 千克标准煤/吨。

中国石化积极推动生产过程能源消费清洁化，严格管控动力煤消耗，持续推动燃煤机组能效提升。2023 年，太阳能光伏发电量约为 132 百万千瓦时，同比增加 200%，折标准煤约 4 万吨。中国石化严格管理能源消费总量和强度，深入推进能效提升计划，深化能效对标管理，提高能源计量监测能力，开展年度节能监察和技术服务工作，不断提升节能降耗水平。2023 年，中国石化实施 497 项能效提升项目，节能 86 万吨标准煤，工业万元产值综合能耗（2020 年可比价）同比下降 2.64%。

中国海油加快绿色电力供应设施建设，进一步提高海上平台岸电使用比例，聚焦"两湾一区"重点油气区域，确立渤海油田绿电替代、北部湾综合能源系统建设等多项重点任务。2023年，渤海油田岸电工程全面建成，总规模980兆瓦；北部湾涠洲电网储能电站年节能0.92万吨标准煤，减碳1.84万吨。中国海油稳步提升资源能源利用效率，通过推广余热回收技术、加强冷能回收利用等方式，充分挖掘在生产油田的节能降碳潜力。2023年，累计实施40余项节能改造项目，总投入资金5.36亿元，实现节能29.33万吨标准煤，减碳74.9万吨。

中国油气公司加快推进各项降碳措施，将温室气体治理落到实处。在持续加强温室气体排放监测与碳资产管理的基础上，落实多项减碳和负碳举措，有效实施能源消费总量和强度"双控"管理（见表6）。

表6　2020~2023年三家油气公司降低碳排放绩效指标

指标	中国石油				中国石化				中国海油			
	2020年	2021年	2022年	2023年	2020年	2021年	2022年	2023年	2020年	2021年	2022年	2023年
温室气体直接排放量（万吨二氧化碳当量）	12757	12139	11968	12466	12858	14838	13772	14228	912.3	977.4	977.9	1077.9
温室气体间接排放量（万吨二氧化碳当量）	3987	3815	4088	4652	42.36	2418	2407	2636	22.2	53.1	110.1	148.4
温室气体总排放量（万吨二氧化碳当量）	16744	15954	16056	17118	17094	17256	16179	16864	934.5	1030.5	1087.9	1226.3
单位油气产量温室气体排放量（吨二氧化碳当量/吨）	0.28	0.25	0.24	0.24	—	—	—	—	0.15	0.16	0.16	0.16
温室气体排放强度（吨二氧化碳当量/百万元）	—	—	—	—	81.22	62.96	48.76	52.5	—	—	—	—

资料来源：根据各公司ESG报告内容整理。

中国石油开发建设公司碳资产管控平台，规范碳市场交易企业履约管控，推动碳资产集中规范化管理：将碳排放成本纳入成本效益分析，为重点排放单位降低履约成本；建立碳资产储备机制，落实重点排放单位碳储备目标，形成全国碳配额（CEA）、中国核证自愿减排量（CCER）和欧盟碳配额（EUA）多品种储备，提高碳资产储备能力；积极参与全国碳排放权交易，推动国内外自愿减排机制下的自愿减排项目开发。2023 年，中国石油纳入全国碳排放交易市场的 7 家分（子）公司全部完成履约。大力推动 CCUS 产业发展，创新形成 CCUS 全产业链技术体系，推动 CCUS 项目在驱油利用领域迈入工业化应用阶段。在大庆、吉林、长庆、新疆等油田推进 CCUS 重大示范工程和先导试验项目，加快松辽盆地 300 万吨 CCUS 重大示范工程建设。2023 年，二氧化碳注入量 159.2 万吨。

中国石化于 2015 年率先在国内启动产品碳足迹核算研究，初步形成石化产品碳足迹核算方法学，截至 2023 年末，已累计完成 40 家下属企业 26 种产品碳足迹核算。持续加强碳资产管理：组建专职碳交易团队，统筹控排企业配额盈缺情况，科学制订碳交易计划，充分发挥碳交易集中管理优势；依托现有项目，开展温室气体自愿减排项目储备开发，并积极采用 CCER 抵扣方式进行碳履约，有效降低碳履约成本。2023 年，积极参与试点和全国碳交易，下属企业均按时完成配额履约工作，碳交易量 818.5 万吨。大力推动 CCUS 全产业链工业应用，2023 年捕集二氧化碳 174.9 万吨，同比增加 14%。率先建成我国首个百万吨级 CCUS 示范项目，实现上中下游全链条、大规模、一体化整装建设。2023 年，百万吨级 CCUS 示范工程获 CSLF 认证，拥有在全球实施 CCUS 项目的通行证。

中国海油于 2023 年将碳排放作为新建项目投资决策的重要指标之一，加强固定资产投资项目碳排放影响评价报告审查。不断完善节能低碳监督监测体系，全面升级"双碳平台"，覆盖国内所有分公司和海上平台与终端，支撑"双碳"目标管理、行动跟踪、综合分析和数据管控四个方面的需求。创新设计中国海油碳资产管理框架，形成"碳交易数据管理、碳配额与碳信用交易、碳信用资产开发、碳金融创新"全流程碳资产管理格局。推动

绿电抵扣碳排放政策在天津市落地，使用 2022 年消纳的 1.86 亿千瓦时绿电抵扣碳排放 16.4 万吨，完成年度碳履约工作。推动海上风电纳入生态环境部第一批公布 CCER 方法学，通过市场化手段增加公司新能源产业的绿色收益。积极培育碳汇产业，推进二氧化碳捕集、利用和封存示范项目以及绿电替代工作，助力完成 2025 年减排目标。

（二）勇担社会责任，展现央企担当

1.确保生产安全，系统性预防和减少事故发生

中国油气公司严格遵守《安全生产法》等法律法规，把安全生产理念落实到生产经营各个方面和环节，持续加强安全隐患治理、安全风险管理、安全生产应急管理等日常工作，除此之外的特色与亮点主要包括以下两个方面。

一是积极推进安全生产长效机制建设。2023 年，中国石油统筹推进安全管理强化年行动，修订了《生产安全事故管理办法》《安全环保事故隐患管理办法》《承包商安全监督管理办法》等规章制度，修订并组织下属企业签订安全环保责任书，制定更加严格的安全环保考核指标，强化安全生产过程考核。中国石化对安全管理制度进行完善，修订《中国石化生产安全事故事件管理规定》，将承运商危险化学品运输泄漏、火灾、爆炸事故纳入管理范围，进一步严格追责问责要求。中国海油针对 HSE 管理制度体系进行修订完善，构建更为简洁高效的三级内控制度架构，各下属单位与基层单位也根据公司整体要求，持续优化各自的质量健康安全环保（QHSE）管理体系，并形成了 QHSE 体系上级审核和专项审核机制。

二是将工程承包商员工安全纳入管理范围。中国石油形成了较为完整的承包商安全管理流程，在准入筛选、入场培训、过程控制、评价考核四个关键环节加强对承包商的安全管控，对安全绩效评估不合格的承包商严格执行清退制度。中国石化在 2023 年对 1486 家供应商开展现场审查，针对危险化学品等供应商开展专项检查，对 3759 家未提供有效资质的供应商给予停用处理；2023 年发生承包商事故数量同比下降约 50%，为历史上发生承包商事故数量和死亡人数最少的一年。中国海油向下属单位及第三方合作机构发

布《承包商质量健康安全环保管理办法》等多项制度，要求在合同中明确 HSE 责任，对承包商安全环保事故实行累计记分制度，从选聘到开展合作全阶段严格管理。

2. 关爱员工健康，职业健康与心理健康双保障

中国油气公司认真贯彻《职业病防治法》《基本医疗卫生与健康促进法》，落实《"健康中国 2030"规划纲要》，加快推进健康企业建设，为员工提供安全健康的工作环境，保障员工身心健康。

一是加强职业健康管理。中国石油认真落实防毒、除尘、降噪等方面的职业病危害防护措施，普及职业健康知识，全面加强员工职业健康保护工作。2023 年，员工职业健康监护档案覆盖率达 100%，作业场所职业病危害因素检测率达 100%，接触职业病危害员工职业健康检查覆盖率为 99.66%。中国石化于 2023 年制定《职业健康管理办法》，对 116 家下属企业的职业健康情况进行调查，对 3.9 万个工作场所、23.3 万个检测点的职业病危害因素进行定期检测，全年完成噪声超标治理率达 65%；年度实际新发职业病 4 例，较 2022 年减少 6 例，实现了"职业病新发病例稳定下降"的年度目标。中国海油实施职业健康体系化管理，制订全面健康保障计划，实施职业病危害分级控制，实现职业健康监护和职业病危害因素定期检测全覆盖。2023 年，启动北京等 6 个区域健康服务中心建设，90 个建设项目通过职业卫生"三同时"评审、验收工作，职业健康检查覆盖率达 100%。

二是关怀员工心理健康。中国石油将心理健康纳入建设健康企业总体规划，开通心理咨询热线和网站，开展多种形式的心理健康知识宣传培训，引导员工树立积极、健康的心态。针对海外员工心理健康问题建立全方位服务机制。2023 年，海外心理健康服务热线服务时长达 1618 小时，咨询个案 992 例，开展海外员工心理健康测评共 4682 人次。中国石化推动开展心理健康调查，完善医疗点健康巡检、健康咨询和员工帮助计划（EAP）功能。动员各级干部全面开展基层班组、职工家庭走访，倾听员工诉求，努力解决员工最关心、最现实的问题。持续推动"书香石化、健康石化、温暖石化"建设，促进员工更好地实现身体与心理健康。中国海油建立境内外员工心理

健康管理机制，定期举办心理讲座，开展全员心理健康测评，设置心理咨询室，提供专业的心理辅导，并建立了7×24小时心理咨询网络平台，充分保障员工身心健康。

3. 热心慈善公益，形成具行业特色的帮扶模式

中国油气公司长期以来积极开展慈善公益活动，呈现"两个特点、一个趋势"。特点一是聚焦消除或降低经营活动对当地产生的不良影响，积极开展生态保护等活动。特点二是主动发挥自身产业、技术、装备等优势，与受援地进行充分的资源结合，开展"产业+消费"帮扶、增殖放流、海上救援等活动。近年来，呈现从"突出亮点公益活动"到"体系化开展社区建设"的趋势。

中国石油依托油气合作，深入参与共建"一带一路"。一是积极开展气候治理与环境保护，在伊拉克开展火炬减排，降低生产用能和碳排放，并推动油田产出水处理等环境保护工作。二是有效促进当地就业，为共建国家创造超过10万个就业岗位，在印度尼西亚，员工本地化率超过99%。三是切实参与社区建设，为当地社区架桥修路、改善医疗、捐资助学、支持文化生活设施建设，惠及数百万当地人口。四是坚持依法合规经营，在哈萨克斯坦，形成上中下游完整产业链，并建立起一套符合当地法律法规和国际惯例的公司制法人治理结构及管控体系。

中国石化践行"产业+消费"帮扶模式，积极推进乡村振兴工作。一是开展产业发展合作，先后与东乡县、凤凰县、岳西县等8个帮扶县签订产业发展合作协议。二是打造重点示范项目，持续推动东乡藜麦、岳西翠兰产业提质增效，通过注入经营管理理念、提供资源和渠道等方式塑造品牌形象，打造"一县一链"示范项目。三是延伸产业链条，在完成岳西县功能水及茶饮料加工项目后，进一步投入1亿元实施茶光互补光伏发电项目。四是促进产业融合发展，与帮扶地签订文旅合作协议，打造精品旅游项目，持续巩固拓展脱贫攻坚成果。

中国海油于2023年制定并在全球运营地实施体系化的社区共建方针——"EMPOWER-赋能社区，善行无界"，涵盖推动教育公平、保障医疗健康、保护自然生态、开放沟通交流、促进民生福祉、支持应急救援、助力乡村振兴七个重点方向。保护自然生态，积极开展增殖放流活动，2023年共放生中华鲟23328尾、斑海豹7头、海龟800余只、半滑舌鳎和褐牙鲆110万尾。支持应急救援，在河北涿州洪涝灾害期间，紧急调派直升机和专业救援人员驰援涿州，成功营救遇险群众49人，空投救援物资7500公斤，保障涿州人民生命财产安全。

2020~2023年三家油气公司社会责任绩效总体向好（见表7）。

表7 2020~2023年三家油气公司社会责任绩效指标

指标	中国石油				中国石化				中国海油			
	2020年	2021年	2022年	2023年	2020年	2021年	2022年	2023年	2020年	2021年	2022年	2023年
员工数量（万人）	43.20	41.72	39.84	37.58	38.41	38.58	37.48	36.80	1.84	1.91	2.15	2.20
女性员工数量（万人）	11.89	10.87	9.78	8.68	12.70	12.36	11.60	11.31	2597	3009	3634	3732
总培训时长（万小时）	1400	1272	1510	2223	1285	1464	1482	2068	298	385	542	570
职业健康检查覆盖率(%)	99.25	100	99.15	99.66	99.9	99.9	99.9	99.9	100	100	100	100
体检或健康监护档案覆盖率(%)	100	100	100	100	99.9	99.9	99.9	—	—	—	—	—

资料来源：根据各公司 ESG 报告内容整理。

（三）完善管治架构，创新气候治理

1. 夯实治理基础，构建完善的可持续治理架构

中国石油建立了"董事会及可持续发展委员会—公司管理层—职能部门—专业公司"四级 ESG 治理架构。董事会作为 ESG 事务的最高决策机构，对公司 ESG 治理承担最终责任。2021年3月，中国石油将董事会下设的健康、安全与环保委员会升级为可持续发展委员会，负责监管公司可持续

发展事宜，并向董事会或总裁提出建议。2023 年，中国石油继续加强可持续发展委员会的监管作用，委员会成员由 3 人增加至 4 人，公司执行董事兼总裁担任主任委员。公司管理层负责执行董事会决议，对公司 ESG 治理情况进行管理和监督，确保相关战略、目标和管理政策得到有效执行。职能部门和专业公司负责执行和落实 ESG 治理工作要求，将 ESG 要素纳入日常运营，推动 ESG 政策和措施的落实和执行。

中国石化的 ESG 治理架构包括"董事会及可持续发展委员会—公司总部—各事业部/所属单位"，具体设置与中国石油略有不同。董事会是 ESG 事宜的最高责任及决策机构，对 ESG 工作承担最终责任。2021 年，中国石化将董事会下设的社会责任管理委员会优化调整为可持续发展委员会，负责监督和审议公司可持续发展及 ESG 策略、规划的实施和进展，监督公司应对气候变化、环境保护等关键议题的承诺和表现。战略委员会、审计委员会亦参与公司应对气候变化、保障健康安全等 ESG 相关事宜的审议与决策。公司总部负责统筹协调和推进落实 ESG 相关工作，并由健康安全环保管理部、安全监管部、人力资源部、企改和法律部等相关部门具体负责各专项 ESG 议题的管理。各事业部/所属单位根据 ESG 管理制度、ESG 总体规划及目标任务，负责具体工作的执行和落地。

中国海油的 ESG 治理架构包括"董事会及战略与可持续发展委员会—ESG 领导小组—ESG 管理办公室"四个层级。董事会为 ESG 事宜的最高负责及决策机构，对公司的 ESG 策略及汇报承担全部责任。2022 年 8 月，董事会设立战略与可持续发展委员会，负责研究公司可持续发展事宜并向董事会提出建议。2023 年，中国海油修订战略与可持续发展委员会章程，增加了其对气候变化相关议题的监管职能，并进一步夯实组织保障，成立 ESG 领导小组和管理办公室。ESG 领导小组由执行董事/首席执行官担任组长，负责落实公司董事会决策部署，安排并监督 ESG 管理重大事项；人力资源部、质量健康安全环保部等部门的主要负责人为成员。ESG 管理办公室由董事会秘书担任主任，组织协调并督促落实公司 ESG 工作，制订 ESG 年度工作计划并提交 ESG 领导小组审阅。

总体而言，三家油气公司均建立了较为完善的 ESG 治理架构（见图1），具体层级设置具有共性也呈现一定差异。共同之处有两点：一是均将董事会作为 ESG 事务的最高决策机构，对公司 ESG 治理承担最终责任；二是董事会均下设专门委员会负责监管公司可持续发展事宜，并向董事会提出建议，中国石油和中国石化均为可持续发展委员会，中国海油为战略与可持续发展委员会。对比来看，中国石油的 ESG 治理架构设置最为全面，董事会、公司管理层、职能部门和专业公司层层衔接。中国石化与中国石油相似度较高，不同之处是董事会及其下设的可持续发展委员会直接对接公司总部各职能部门，相对弱化了公司管理层的 ESG 治理作用。中国海油的 ESG 治理架构与其他两家油气公司差异较大：一是 2023 年新成立 ESG 领导小组和 ESG 管理办公室，以更大力度加强了公司管理层指导、监督总部各职能部门落实 ESG 工作的重要作用；二是中国海油的 ESG 治理尚未常态化深入覆盖各下属企业，尚需进一步加强 ESG 工作抓手。

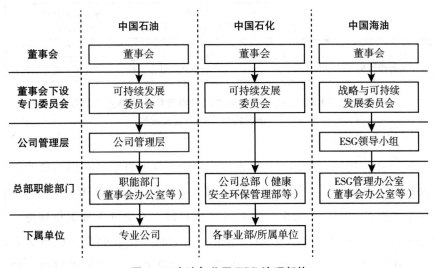

图 1 三家油气公司 ESG 治理架构

资料来源：根据各公司 ESG 报告内容整理。

2.提升治理绩效，有序推进长期专项行动方案

为回应资本市场关切和 ESG 监管要求的持续提升，同时抓住 ESG 发

展机遇，切实提升公司的风险管理和价值发现能力，中国油气公司转变ESG工作思路，实现从"ESG实践创新"到"ESG管理优化"再到"ESG治理提升"的阶梯式发展（见图2）。中国油气公司着手制定中长期、系统化的ESG工作提升行动方案，从建立健全组织架构、持续完善管理制度、切实优化管理流程、科学开展绩效评价等方面切实提升ESG治理水平和绩效。

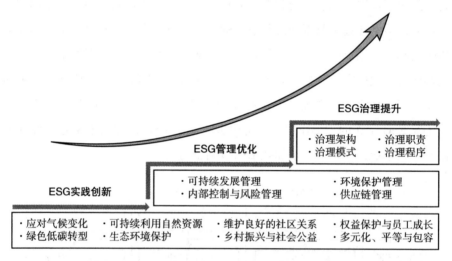

图2 "ESG实践创新"到"ESG管理优化"再到"ESG治理提升"的阶梯式发展

2023年，中国石油的可持续发展委员会审议通过了《中国石油天然气股份有限公司ESG工作提升三年行动方案》（2024~2026年），聚焦ESG治理水平提升，明确了未来三年ESG工作目标、职责分工和工作任务。行动方案指出，到2024年，要构建完成机构完整、机制健全、职责清晰的ESG工作组织体系；到2025年，要进一步完善ESG工作管理制度，建立ESG业绩管理关键指标体系（KPIs），搭建ESG管理信息平台；到2026年，要进一步完善ESG工作组织体系，建立科学高效的制度体系、管理体系和业绩评价体系，初步形成中国石油特色ESG实践体系。中国海油以建立 TCFD 建议框架[①]下的气候相关信息披露专项工作为抓手，建立了为期三年 ESG 工作提升方案，切实加强 ESG 治理提升。2023 年，中国海油的 ESG 领导小组会议对 TCFD 建议框架下的气候相关信息披露关键议题分工进行了总体部署，各牵头责任部门分别制订了 ESG 关键议题三年工作计划并有序推进。

3. 聚焦治理重点，就气候议题实施治理新举措

中国石油早在 2020 年就制定了三级气候治理流程，涵盖董事会、管理层、战略规划和低碳管理部门，是其气候治理架构的雏形。2021 年，中国石油增加了分（子）公司一级，形成四级气候治理流程。2023 年，将气候治理流程升级为气候治理架构，四个层级各司其职。董事会负责制定和审核公司绿色低碳发展战略、重要行动计划、气候风险管理政策、年度预算等，监督目标达成情况。管理层负责审核专业管理部门提交的气候相关报告和管理政策建议，向董事会提交战略、计划和管理等方面的意见和建议；执行董事会有关公司绿色低碳发展战略、路径和行动计划。战略规划和低碳管理部门负责组织开展绿色低碳发展政策与战略研究，分析气候风险和机遇，结合公司低碳管理现状向公司管理层提出意见建议；落实公司管理层在低碳管理方面的目标和工作部署。分（子）公司负责按照公司整体部署和目标分解，执行落实绿色低碳发展计划，跟踪监控本单位目标达成情况。

中国石化于 2020 年开始建立"董事会—管理层—执行层"的三层气候治理架构，初步明确各层级的气候治理职责。2021 年，中国石化在董事会层面进一步明确了各个专门委员会的职责。战略委员会负责审议应对气候变化相关发展规划、政策和制度，就公司的战略定位、产业布局等向董事会提

---

① TCFD 是 2015 年 12 月第 21 届联合国气候变化大会上，由 G20 成员组成的金融稳定委员会（FSB）设立的气候相关财务信息披露工作组，旨在建立国际趋同的气候信息披露标准。2017 年，TCFD 发布了《气候相关财务信息披露工作组建议报告》（TCFD 建议框架），提出了由治理、战略、风险管理、指标和目标四大核心要素组成的气候信息披露框架，并着重了解气候变化对公司业务的潜在财务影响，自发布以来得到各类金融机构、相关监管部门和企业的广泛支持。

出建议；负责审议和监督天然气、氢能、可再生能源、节能减排业务的发展规划及经营表现。审计委员会负责识别、评估及管理气候变化、生态环境保护等相关的风险和影响，审议相关重大风险清单、年度评价报告。可持续发展委员会负责监督包括应对气候变化在内的可持续发展关键议题的承诺和表现以及年度计划和执行情况，并向董事会报告和提出建议；负责审议公司年度可持续发展报告，监督公司气候相关信息披露工作。在管理层，主要是全面风险管理执行领导小组，在全面风险管理体系下，负责气候变化相关风险和机遇的识别和评估并研究应对措施，向董事会、审计委员会和可持续发展委员会汇报。2023 年，中国石化加强对包括气候变化在内的可持续发展关键议题的政策、战略和规划研究，并为可持续发展委员会增加了该项职责。此外，还进一步明确了执行层各个职能部门的职责分工。

中国海油主要依托 ESG 治理架构来实施气候治理，尚未形成独立的气候治理架构。但近年来，中国海油持续加强了对气候变化议题的重视，在 ESG 治理架构中不断强化气候治理。2023 年，战略与可持续发展委员会增加战略与气候变化监管职能，负责监督公司应对气候变化等关键议题的承诺和表现，并向董事会提出建议；召开 ESG 领导小组会议，重点对 TCFD 建议框架下的气候相关信息披露关键议题分工进行部署，各牵头责任部门分别制定 ESG 关键议题三年工作计划并有序推进。

总结来看，油气公司的气候治理架构不是独立于 ESG 治理架构另外新设的，而是随着 ESG 治理架构的不断完善，在其各个层级重点为气候变化议题设置治理职责并实现不同层级之间的有效衔接，从而形成形式完整、独立的气候治理架构，这是对近年来监管机构、资本市场乃至全社会对气候变化议题的关切持续提升的有力回应。

从三家油气公司对比来看，中国石油和中国石化均形成了全面覆盖董事会、管理层、执行层的气候治理架构，且形式上独立于 ESG 治理架构。而中国海油仅在董事会、管理层和总部职能部门层面加强了气候变化治理，但尚未通过体系化的方式深入分（子）公司，也并未形成形式独立的气候治理架构。

中国石油和中国石化的气候治理架构体现出两种不同风格，其中中国石油体现"牵头部门（董事会、执行层）主导+管理层职责全面"的特点，中国石化体现"多部门（董事会、执行层）协作+管理层注重风险管理"的特点。

在董事会和执行层，由一个部门牵头主导的优势在于能够从气候变化议题的全局部署安排并统筹协调，促进各项具体工作落地，从而保证各项工作在总体布局下有序推进，各项工作之间也能够有效衔接；劣势是其他部门的职责不明确，积极性和参与度不高，难以形成在全公司范围广泛推动气候治理提升的全新局面。与之对应，多部门协作模式的优点是各个部门职责明确，能够切实参与相关工作，且通过专业化分工，保障各项工作成果具有较高的专业化水平；但这种模式难以避免多头领导的劣势，不同部门负责的工作难以统筹协调，从而影响气候治理总体目标的实现。

在管理层，中国石油的职责设置较为全面，涵盖与气候变化相关的全部职责，包括审核相关报告和政策建议，提出相关战略、计划和管理等方面的意见和建议，执行相关战略、路径和行动计划等。针对气候治理，中国石化在管理层仅设置全面风险管理执行领导小组，重点关注气候变化相关风险和机遇的识别、评估以及应对措施研究。管理层职责的区别体现了两个原因。一是与董事会、执行层的模式相协调，中国石油一是与董事会、执行层的模式相协调，中国石油在董事会、执行层是牵头部门主导模式，由一个专业委员会与管理层对接气候变化相关的各项工作；中国石化在董事会、执行层采用多部门协作模式，各个部门在各自的专业领域有序对接，管理层仅重点关注与气候变化相关的风险管理。二是风险管理是气候变化议题中最先影响公司实践的领域，随后才逐步扩展至战略、规划和其他管理领域，因此油气公司在气候相关风险管理方面的治理架构设置更为成熟。

总而言之，目前中国油气公司根据自身的治理水平、管理特点和文化特征，选择适合自身情况的气候治理架构（见表8），同时采取措施避免相应的劣势，并根据气候变化议题的最新要求和不断涌现的创新实践，持续完善气候治理架构。

表8 三家油气公司气候治理架构

层级	中国石油		中国石化		中国海油	
	名称	职责	名称	职责	名称	职责
董事会	董事会	• 制定和审核公司绿色低碳发展战略、重要行动计划、气候风险管理政策、年度预算等,监督目标达成情况	战略委员会	• 审议应对气候变化相关发展规划、政策和制度,就公司的战略定位、产业布局等向董事会提出建议 • 审议和监督天然气、氢能、可再生能源、节能减排业务的发展规划及经营表现	可持续发展委员会	• 增加战略与气候变化监管职责,负责监督公司应对气候变化等关键议题的承诺和表现,并向董事会提出建议
			审计委员会	• 识别、评估及管理气候变化、生态环境保护等相关的风险和影响,审议相关重大风险清单、年度评价报告		
			可持续发展委员会	• 监督包括应对气候变化在内的可持续发展关键议题的承诺和表现以及年度计划和执行情况,并向董事会报告和提出建议 • 审议公司年度可持续发展报告,监督公司气候相关信息披露工作		
管理层	管理层	• 审核专业管理部门提交的气候相关报告和管理政策建议,向董事会提交战略、计划和管理等方面的意见和建议 • 执行董事会有关公司绿色低碳发展战略、路径和行动计划	全面风险管理执行领导小组	• 在全面风险管理体系下,负责气候变化相关风险和机遇的识别和评估并研究应对措施,向董事会、审计委员会和可持续发展委员会汇报	ESG领导小组	• 对TCFD建议框架下的气候相关信息披露关键议题分工进行部署

层级		中国石油		中国石化		中国海油	
		名称	职责	名称	职责	名称	职责
执行层	总部职能部门	战略规划和低碳管理部门	• 组织开展绿色低碳发展政策与战略研究,分析气候风险和机遇,结合公司低碳管理现状向公司管理层提出意见建议 • 落实公司管理层在低碳管理方面的目标和工作部署	健康安全环保管理部	• 每季度报送重大风险管理报告,组织企业开展环保依法合规月度排查,开展生态环境保护督察、排污许可依法合规排查等环保重点工作专项检查 • 全面开展碳资产管理,组织实施碳盘查与碳核查,组建专职碳交易团队,确保按期完成碳配额履约任务	总部职能部门	• 在 ESG 领导小组的部署下,各牵头责任部门分别制订 ESG 关键议题三年工作计划并有序推进
				企改和法律部	• 编制季度重大风险管理报告,并向董事会报送 • 将碳排放管理全面纳入内控管理体系,建立碳排放管理计划、核查及报告制度		
	下属单位	分(子)公司	• 按照公司整体部署和目标分解,执行落实绿色低碳发展计划,跟踪监控本单位目标达成情况	所属单位	• 贯彻落实公司"双碳"有关决策,负责制订企业层面的"双碳"目标行动方案 • 深入实施"能效提升"计划与绿色企业行动计划,严格管理温室气体排放与能效目标	—	—

资料来源：根据各公司 ESG 报告内容整理。

（四）规范披露内容，提升披露质量

1. 遵循严格标准，气候信息披露成为提升重点

中国油气公司的 ESG 报告严格遵循并重点参照国内外多项信息披露标

准，报告的规范性和专业性不断提高。中国油气公司遵循或参照的 ESG 信息披露标准包括四类，即交易所合规要求、国际通用标准、油气行业标准及 TCFD 建议框架。其中，根据 TCFD 建议框架披露气候信息是近年来油气行业提升 ESG 信息披露质量的重点方向（见表 9）。

表 9　中国油气公司 ESG 报告披露标准

标准发布机构	标准名称	中国石油		中国石化		中国海油	
		是否遵循	是否索引	是否遵循	是否索引	是否遵循	是否索引
合规要求 香港联合交易所	《环境、社会及管治报告指引》	√	√	√	√	√	√
上海证券交易所	《上市公司自律监管指引》	√	—	√	—	√	—
国际通用标准 全球可持续发展标准委员会（GSSB）	《GRI 可持续发展报告标准》（2021）	参照	√	参照	—	√	—
	《GRI11：石油与天然气行业标准（2021 版）》	—	—	参照	—	—	—
联合国全球契约组织（UNGC）	联合国全球契约十项原则	参照	√	参照	—	√	—
	联合国全球契约高级企业成员标准	—	—	参照	√	—	—
油气行业标准 国际石油行业环境保护协会（IPIECA）、美国石油学会（API）	《油气行业可持续发展报告指南》（2020）	参照	√	—	—	参照	√
TCFD 建议框架 气候相关财务信息披露工作组（TCFD）	《气候相关财务信息披露工作组建议报告》	参照	√	参照	√	参照	√
香港联合交易所	《气候信息披露指引》	—	—	参照	√	—	—

注：√表示遵循/索引该标准。

资料来源：根据各公司 ESG 报告内容整理。

三家油气公司均及时满足上市地交易所（主要是香港联合交易所和上海证券交易所）的相关披露要求，确保 ESG 信息的合规披露。此外，三家油气公司均遵循或参照国际通用标准，包括《GRI 可持续发展报告标准》和联合国全球契约十项原则，确保报告具有一定的国际认可度和可比性。中国石油和中国海油还参照了国际石油工业环境保护协会（IPIECA）、美国石油学会（AIP）联合发布的《油气行业可持续发展报告指南》。该标准综合考虑了油气行业的固有特点、特殊行业风险以及行业发展趋势，参照该标准能够更好地展现具有油气行业特色的 ESG 实践并提高同业信息的可比性。

三家油气公司均参照 TCFD 建议框架披露气候信息以及相关内容索引表。2021 年 11 月，香港联合交易所发布《气候信息披露指引》，提出到 2025 年将强制要求上市公司按照 TCFD 建议框架进行气候信息披露。在此背景下，三家油气公司均提前谋划参照 TCFD 建议框架进行气候信息披露，并开展相关研究深度探索气候变化因素对公司业务的财务影响。

从信息披露方式来看，2021 年中国石化率先参考 TCFD 建议框架，开始从治理、战略、风险管理、指标和目标四个方面披露气候信息。次年，中国石油也开始从上述四个方面进行信息披露。中国海油从 2023 年开始参考 TCFD 建议框架，从政策、技术、市场和声誉以及极端天气五个方面对气候风险开展更为全面的评估工作，而对于 TCFD 建议框架中涉及的其他方面，虽然在 ESG 报告的不同章节中有所披露，但尚未展现完整的披露框架。

关于气候风险，中国石油在 TCFD 建议框架中的"战略"部分披露，分析气候风险与机遇并提出行动举措，进而提出公司的绿色低碳转型路径，能够更好地体现公司转型战略是基于对气候风险和机遇的分析而制定的，突出了战略的制定逻辑。而中国石化选择在 TCFD 建议框架中的"风险管理"部分披露其对气候风险的分析以及应对措施，将与风险相关的内容在"风险管理"部分集中体现，便于报告使用者更加便捷地查找相关内容。

关于气候机遇，中国石油在 2023 年新增披露其对气候机遇的分析以及行动举措。中国石油识别出两项气候机遇：一是低碳能源需求提升将有利于公司新能源业务发展；二是碳减排目标将促使公司加强技术创新、提高竞争力。基于此，中国石油提出一系列行动举措，包括加快拓展地热等新能源业务、加快推动老油气田向风电等清洁能源基地转型、发展 CCUS 业务、加强替碳技术研发等。中国石化和中国海油目前仅关注气候风险，尚未披露对气候机遇的识别与分析。

关于指标和目标，中国石油针对甲烷排放强度、新能源产能占比两个方面的指标，提出了短期、中期、长期目标，并披露了2023年的进展情况。2023年是中国石化绿色企业行动计划（第一阶段）结束年。中国石化详细列示了各项指标的完成情况，并披露将于2024年全面启动绿色企业行动计划第二阶段工作。

2. 披露内容全面，突出油气行业特色关键议题

中国油气公司不断丰富ESG信息披露内容，ESG报告涵盖内容已经较为全面（见表10）。中国油气公司通过专题披露的方式，突出时下油气行业的特色关键议题，对监管机构、资本市场和社会公众的广泛关切进行充分回应。

表10　三家油气公司ESG报告披露内容

	中国石油	中国石化	中国海油	ESG类别
董事会声明	√	√	√	G
董事长致辞	√	√	√	G
利益相关方沟通	√	√	√	G
实质性议题分析	√	√	√	G
治理结构	√	√	√	G
风险管理与内控	√	√	√	G
商业道德与反腐败管理	√	√	√	G
供应链管理	√	√	√	G
科技创新	√	√	√	G
安全生产	√	√	√	G
职业健康	√	√	√	G
应对气候变化	√	√	√	E
低碳能源转型	√	√	√	E
污染物排放管理	√	√	√	E
资源管理	√	√	√	E
生物多样性保护	√	√	√	E
员工人权保障	√	√	√	S
员工培养与发展	√	√	√	S

	中国石油	中国石化	中国海油	ESG 类别
员工关怀	√	√	√	S
慈善公益	√	√	√	S
社区建设	√	√	√	S
乡村振兴	√	√	√	S
专题报告	√	—	√	—
报告索引	√	√	√	—
关键绩效表	√	√	√	—
读者反馈表	—	√	—	—
独立鉴证报告	√	√	√	—

注：√表示披露该内容，G 表示治理，E 表示环境，S 表示社会。

资料来源：根据各公司 ESG 报告内容整理。

　　三家油气公司的 ESG 报告均涵盖了环境、社会及治理三大议题中的主要内容。在环境方面，设置了应对气候变化、低碳能源转型、污染物排放管理、资源管理以及生物多样性保护等披露内容。在社会方面，主要披露了员工人权保障、员工培养与发展、员工关怀、慈善公益、社区建设和乡村振兴等议题。在治理方面，除了披露董事会声明、治理结构等一般性的内容外，还重点设置了安全生产、职业健康等章节。此外，油气公司披露了连续三年的关键绩效数据，向资本市场有效传递 ESG 绩效的改进情况。

　　专题披露是中国公司特色，用于重点展现报告年度企业 ESG 实践的亮点。中国石油从 2017 年开始连续七年进行专题披露，中国石化和中国海油分别从 2018 年和 2020 年开始在 ESG 报告中设置专题（见表 11）。油气公司的专题设置充分考虑了报告使用者对油气行业特色议题的关注，根据对三家油气公司专题设置的统计，排名前三的主题依次为绿色低碳/气候变化、科技创新、乡村振兴/精准扶贫（见表 12）。2023 年，中国石油和中国海油均通过专题形式披露了其在绿色低碳发展和社区建设方面的特色实践和突出成效。

表11 2017～2023年三家油气公司披露专题情况

年份	中国石油		中国石化		中国海油	
	专题名称	主题	专题名称	主题	专题名称	主题
2017	• 智慧能源时代的中国石油 • 服务"一带一路",开启中哈油气合作新篇章 • 控制甲烷排放 • 为低碳未来贡献中国石油解决方案	• 科技创新 • 社区建设 • 气候变化 • 低碳转型	—	—	—	—
2018	• 合作共建美好新疆	• 社区建设	• 启动绿色企业行动计划 • 提供绿色能源化工产品 • 创新发展,推进智能化运营 • 精准扶贫,打赢脱贫攻坚战	• 低碳发展 • 绿色化工 • 科技创新 • 精准扶贫	—	—
2019	• 推进科技创新应对能源挑战	• 科技创新	• 全面推进绿色企业行动计划 • 科技创新与智能化建设 • 提供绿色能源与化工产品 • 聚焦精准扶贫,助力脱贫攻坚 • 凝心聚力,共同抗击新冠疫情	• 低碳发展 • 科技创新 • 绿色化工 • 精准扶贫 • 抗击疫情	—	—
2020	• 数字化与智能化赋能转型发展 • 消除贫困 推进普惠公平发展 • 协同抗疫 共度时艰	• 科技创新 • 精准扶贫 • 抗击疫情	• 众志成城,应对新冠疫情挑战 • 始终担当,助力实现全面脱贫	• 抗击疫情 • 精准扶贫	• 万众一心抗疫,铸就海油担当 • 践行低碳战略,推动能源转型	• 抗击疫情 • 低碳转型

续表

年份	中国石油		中国石化		中国海油	
	专题名称	主题	专题名称	主题	专题名称	主题
2021	• 赋能绿色冬奥 一起向未来 • 保护生物多样性 共建地球生命共同体 • 巩固脱贫攻坚成果 全力支持乡村振兴	• 绿色发展 • 生态保护 • 乡村振兴	—	—	• 融入能源变革，新能源推进绿色发展 • 数字智能驱动，开启海上油田新纪元	• 绿色发展 • 科技创新
2022	• 中国石油五大行动助力乡村振兴	• 乡村振兴	—	—	• 科技赋能，凝聚优快发展新活力 • 绿色使命，共启低碳转型新征程	• 科技创新 • 低碳转型
2023	• 全面布局新能源 打造公司绿色低碳转型新动能 • 深入参与共建"一带一路" 打造共商共建共享的合作典范	• 低碳转型 • 社区建设	—	—	• 传递温暖力量，注入社区发展新动能 • 共绘绿水青山，引领绿色发展新方向	• 社区建设 • 绿色低碳

资料来源：根据各公司 ESG 报告内容整理。

表 12　2017~2023 年中国油气公司披露专题的主题统计

	绿色低碳/气候变化	生态保护	科技创新	社区建设	乡村振兴/精准扶贫	抗击疫情
2017 年	2	—	1	1	—	—
2018 年	2	—	1	1	1	—
2019 年	2	—	2	—	1	1
2020 年	1	—	1	—	2	3
2021 年	2	1	1	—	1	—
2022 年	1	—	1	—	1	—
2023 年	2	—	—	2	—	—
七年总计	12	1	7	4	6	4
近三年合计	5	1	2	2	2	0

注：数字表示披露次数。

资料来源：根据各公司 ESG 报告内容整理。

3. 聘请专业机构，对报告可靠性进行独立鉴证

中国油气公司连续多年聘请第三方机构对 ESG 报告进行独立鉴证，并为 ESG 绩效指标出具独立鉴证意见。ESG 报告鉴证有助于油气公司提高 ESG 报告信息的可信度，促进 ESG 管理持续提升并有效提高 ESG 评级。近年来，香港联合交易所对 ESG 数据鉴证的重视程度日益增强，于 2019 年 12 月颁布的新规中建议在港上市公司开展鉴证。中国海油自 2016 年开始引入 ESG 数据鉴证，连续六年聘请德勤实施鉴证并出具鉴证报告，从 2022 年开始聘请安永出具鉴证报告，提前实现了香港联合交易所新规中推荐的最佳实践，走在了中国油气公司的前列。随着新规的发布，在港上市的油气公司纷纷引入 ESG 数据鉴证。中国石化 2020 年首次聘请普华永道出具鉴证报告，2021 年开始连续三年聘请毕马威出具鉴证报告。中国石油自 2021 年开始连续三年聘请普华永道出具鉴证报告（见表 13）。

表 13 三家油气公司 ESG 报告第三方机构鉴证情况

报告年份	中国石油	中国石化	中国海油
2016	—	—	德勤
2017	—	—	德勤
2018	—	—	德勤
2019	—	—	德勤
2020	—	普华永道	德勤
2021	普华永道	毕马威	德勤
2022	普华永道	毕马威	安永
2023	普华永道	毕马威	安永

资料来源：根据各公司 ESG 报告内容整理。

四 ESG 理念对我国油气行业发展的启示

（一）治理：完善 ESG 治理架构，健全气候治理机制

近年来，中国油气公司已经深刻认识到，ESG 工作的系统化推进需要

从根本上完善公司的可持续治理，在思想认识层面实现了从"ESG 实践创新"到"ESG 管理优化"再到"ESG 治理提升"的阶梯式发展。相应地，中国油气公司在实践层面上也在不断优化可持续治理机制。作为可持续治理的一部分，气候治理是中国油气公司正在创新建设并着力完善的重点领域。

一是夯实治理基础，持续优化可持续治理机制。建立全面涵盖董事会、公司管理层、职能部门、专业公司的四级可持续治理架构，且各层级之间职责明确并能够有效衔接。董事会作为 ESG 事务的最高决策机构，对公司 ESG 治理承担最终责任，在董事会下设专门委员会负责监管公司可持续发展事宜，并向董事会提出建议。目前油气公司普遍采用两种可持续治理模式：一种是由某一个专业委员会和职能部门牵头负责 ESG 工作；另一种是多个专业委员会和职能部门协作，共同推动 ESG 工作。两种模式各有优劣，油气公司需要根据自身的实际情况进行科学决策。在 ESG 专项工作攻坚的特殊阶段，如计划在 1~2 年内按照 TCFD 建议框架披露"应对气候变化进展报告"并据此全面推动 ESG 管理提升，可以考虑在公司管理层和职能部门层级成立 ESG 领导小组和 ESG 管理办公室，以更大力度加强公司管理层对 ESG 专项工作的指导和监督，并更好督促职能部门落实 ESG 专项工作。

二是聚焦治理重点，创新建立适合公司自身治理水平和特征的气候治理机制。公司首先需要认识到气候治理不是独立于可持续治理另外新设的，而是在建立完善的可持续治理机制基础上，在每一层级设置气候治理职责，并实现不同层级之间的有效衔接。因此，完善的气候治理应当如可持续治理一样，全面涵盖董事会、公司管理层、职能部门、专业公司四个层级。在治理模式方面，气候治理也与可持续治理相似，面临两种模式的选择，牵头部门主导模式能够更好地统筹协调各项具体工作，多个部门协同模式能够更好地进行专业化分工并提高相关部门的主人公意识。油气公司应根据自身的治理水平、管理特点和文化特征，选择适合自身情况的气候治理模式，同时采取措施避免相应的劣势，并根据气候变化议题的最新要求和不断涌现的创新实践，持续完善气候治理机制。

（二）战略：优化产业结构，油气与新能源融合发展

国家和社会对能源安全和稳定供应的要求，进一步凸显了能源转型的复杂性。虽然能源转型已是大势所趋，但油气在全球能源结构中还将长期占据绝对比例，这为油气公司布局新能源产业提供了有力保障。因此，油气公司应继续坚守油气业务，并通过技术创新降低油气生产过程中的碳排放；充分发挥天然气业务在低碳转型中的过渡性作用，逐步提升天然气业务比重，实现结构性减排；推进油气与新能源业务融合发展，根据自身的业务优势和发展优势积极拓展风电、氢能、生物燃料等新能源业务，并探索开发 CCS/CCUS 和碳汇等低碳、负碳技术及其相关业务。

一是聚焦主责主业，打造更加清洁的油气上游板块，为公司绿色低碳转型提供有力支撑。在油气生产过程中引入太阳能、风能或其他可再生能源，减少对传统能源的依赖，降低整体碳足迹。利用先进的钻井技术和智能监测系统，提高石油和天然气井的效率，减少废气和废水排放。采用电动化技术替代传统的机械设备，减少燃料消耗和相关排放。利用 CCS 技术捕获生产过程中的二氧化碳，并将其储存在地下储层中，减少大气中的碳排放。

二是坚定发展天然气业务的战略定力，逐步提升天然气业务比重，实现结构性减排。打造完备的天然气产业链和多元化资源池，完善"产供储贸销"等核心环节的产业布局，持续推进国内天然气勘探开发业务，统筹优化国内外资源，强化 LNG 与海气协同，持续推进环渤海、长三角、东南沿海等优势区域的重点工程建设，提升公司天然气产业的竞争优势。持续扩大天然气产业投资力度，重点加强天然气液化、智能接收终端、超大容积储罐等领域技术攻关，完善 LNG 全产业链技术体系，持续增加天然气自有终端直销比例，强化天然气产业发展优势。

三是基于自身业务特点和核心能力布局谋篇，提升新能源业务竞争力。因地制宜发展新能源业务，促进以风电和光伏为核心的新能源业务逐步发展成为能源供应体系的新增长极。择优发展陆上集中式光伏风电产业，因地制宜集约化发展分布式光伏。加快浅海风电发展，推进深远海风电产业化进程。依托已有项目和设施，探索和培育氢能产业。围绕重点区域和关联产业，探索发展多能互补供能模式，构建智慧型多元化能源供给体系。在新能源业务领域持续完善核心技术，建立健全业务链条，加强传统油气业务与新业务的融合协同，探索优化新业务发展模式与治理架构，持续提升新能源业务竞争力，走出一条具有中国油气行业特色的差异化能源转型路径。

（三）融资：用好绿色金融政策，激发金融板块效能

在"双碳"背景下，油气产业结构调整与新能源产业发展进入快车道，油气行业对绿色金融和转型金融的需求显著提升并更加多元化。近年来，我国绿色金融政策体系不断完善，绿色金融产品不断创新，为油气行业借助绿色金融服务拓宽融资渠道、降低融资成本带来了机遇。与此同时，低碳发展的实践需要为油气公司金融板块的发展提出了支撑产业低碳转型的新要求和新方向。中国油气公司应充分利用绿色金融和转型金融支持政策，并在自身金融板块的发展规划中体现绿色发展方向，有效服务绿色低碳产业发展。

一是充分利用绿色金融和转型金融支持政策和产品，有效降低绿色产业和低碳转型项目的融资成本。及时跟踪最新出台的金融服务政策和产品，系统梳理政策和产品支持的产业范围和支持条件，积极与相关监管部门和金融服务机构沟通，提高自身绿色项目和转型项目的信息透明度，争取获得更多、更低成本的资金，推动产业绿色转型发展。积极争取绿色信贷、绿色发展基金、绿色保险的资金支持，主动发行绿色债券、可持续挂钩债券和转型债券，研究发行可再生能源 REITs，积极参与碳市场和碳金融交易，实现碳资产的保值增值。

二是充分发挥产融结合优势，以绿色金融产品服务赋能产业转型升级。油气公司金融板块应以绿色金融为发展方向，以服务油气产业和产业链为重点，加快形成具有油气行业特色的绿色、低碳、高效的金融产品和服务体系。持续加大绿色股权投资，以新能源、新材料、节能环保、高端装备制造等战略性新兴产业为发展重点，聚焦 CCS、CCUS 等前沿技术，以股权投资推动创新链、产业链融合，助力公司提升新能源业务比重，加快新材料开发

利用，加强科技成果转化应用，培育新业态。创新开发绿色信贷、绿色债券、绿色租赁、绿色信托、绿色保险等一系列金融产品和服务，赋能产业链、供应链、创新链，围绕新能源、新材料、新业态，以绿色金融发展助力清洁能源和绿色产业发展。

（四）管理：以合规披露为抓手，持续优化 ESG 管理

自 2023 年 4 月香港联合交易所发布《优化环境、社会及管治框架下的气候相关信息披露（咨询文件）》以来，沪深北证券交易所以及财政部、国务院国资委纷纷提高可持续信息披露要求。中国油气公司的合规披露压力骤然提升。其中，在港上市的油气公司根据 TCFD 标准研究制定气候相关信息披露方案已经迫在眉睫。而在同业竞争压力和国内外可持续信息披露标准逐步趋同的大背景下，其他上市和非上市的油气公司均面临全面提升可持续信息披露质量的现实要求。根据最新的合规披露要求，可持续信息披露已经不仅是报告编制问题，而是关乎治理机制、战略制定、风险管理、议题实践等一系列事项的系统性工程，切实提升 ESG 管理能力是信息披露质量提升的基础。

一是确保 ESG 信息合规披露，并持续提升 ESG 信息披露质量。根据 TCFD 标准，研究制定气候相关信息披露方案，按照治理、战略、风险管理、指标和目标四个方面披露气候相关信息，向资本市场展现公司应对气候变化的目标、进展和成效。采用情景分析的方法研究气候风险和机遇对公司业务的财务影响，从定性影响逐步深入定量影响，更准确地展现公司经营状况和财务成果的气候韧性。持续跟踪上市地及业务运营地的可持续信息披露要求，在合规披露的基础上，积极回应资本市场和投资者的关注，考虑提前适用更高标准的披露要求，创新披露公司应对气候风险并利用气候机遇的良好实践，在资本市场上树立应对气候变化引领者形象。积极参与相关监管部门对可持续信息披露准则的制定，为我国建立与国际趋同并兼具中国特色的可持续信息披露标准建言献策。

二是以合规披露为抓手，从根本上提升公司的 ESG 管理水平。在公司现有决策、执行、考核评价、运营等各个管理环节和领域嵌入可持续发展要

素，更好识别并有效控制气候风险并抓住气候机遇，从而实现高质量和可持续发展。持续完善公司的可持续治理和气候治理机制，在战略制定过程中充分考虑绿色低碳发展理念，将对气候风险和机遇的识别与应对融入公司整体的风险管理流程，合理制定指标和目标，指导公司的可持续发展实践，并根据指标和目标的完成情况调整公司的业务战略和发展策略。将 ESG 因素全面纳入新建项目、转型项目的投资全流程，重点关注环保合规风险、项目实施全流程对环境和社会的影响，建立负面筛选机制，有效识别并防范投资项目的 ESG 风险，保证投资项目获得持续稳定的财务回报。

（五）赋能：数智支撑管理提升，智库支持专业决策

随着 ESG 管理逐步深入到中国油气企业生产经营的方方面面，ESG 相关决策涉及的经营管理事项和专业范围已经非常广泛，需要丰富的数据和更专业的决策支持。一方面，可持续治理、绿色低碳战略的制定和调整、气候风险的识别和应对、财务影响量化等决策都应以企业的各项生产经营和财务数据以及宏观经济和行业发展相关数据为基础。另一方面，ESG 相关决策的专业性不断提升，例如气候风险对公司业务的财务影响测算、温室气体范围 3 排放量的统计口径和方法等事项，已经超出了管理部门的职能范畴，需要更专业的企业智库开展专项研究并为决策提供专业的研究建议。

一是数智赋能 ESG 管理，建立可持续发展数智系统，为公司可持续发展管理决策提供系统、科学的数据支持。系统应有效融合 ESG 管理与决策所需的各类宏观、中观、微观数据，包括持续跟踪宏观经济发展趋势和监管政策，动态监测油气行业发展和同业公司实践，并有效融合公司自身的业务和财务数据。保障数据质量，明确各个数据责任部门的职责边界，确保相关联数据的统计口径一致，并能够实现连续多年数据的有效追溯。实现数据的智能化分析和可视化呈现，通过数智化技术深度挖掘数据价值，为 ESG 管理与决策提供合理化建议。

二是智库赋能 ESG 决策，在重点领域开展专项研究，为公司可持续发展决策提供专业性研究建议。对标同业先进经验，结合公司实际情况，建立

健全公司可持续治理和气候治理架构。根据监管要求和公司的战略目标，研究制定公司的降碳路线图、碳达峰碳中和行动方案。采用情景分析的方案，识别公司在短、中、长期面临的气候风险和机遇，并在此基础上研究其对公司业务的财务影响。研究确定公司核算"范围三"数据的范围和方法学，为降碳决策和合规披露"范围三"数据奠定研究基础。

参考文献

安国俊、华超、张飞雄等：《碳中和目标下 ESG 体系对资本市场影响研究——基于不同行业的比较分析》，《金融理论与实践》2022 年第 3 期。

陈玲、杜旭：《ESG 表现对中国石油财务绩效影响分析》，《现代工业经济和信息化》2024 年第 6 期。

戴冠：《中国油企低碳转型面临的金融挑战及应对策略》，《中国石油企业》2022 年第 Z1 期。

丁鹏、熊新强、张秀玲：《新形势下"一带一路"油气合作主要风险及应对策略》，《油气与新能源》2024 年第 3 期。

黄霄龙、杨继贤：《"双碳"目标下能源企业 ESG 管理与实践》，《中国质量》2022 年第 6 期。

金之钧、王晓峰：《全球能源转型趋势及能源公司战略选择》，《当代石油石化》2022 年第 8 期。

刘晓斌、王惠琳：《石油石化企业 ESG 评价对标及对中国企业的启示》，《国际石油经济》2024 年第 6 期。

吕慧、张子衿、李琪：《ESG 治理、媒体关注与能源企业高质量发展关系研究》，《煤炭经济研究》2022 年第 7 期。

毛昕旸、叶飞腾、杨芳：《"双碳"目标下我国 ESG 信息披露的现状与改进——基于能源行业的分析》，《中国注册会计师》2023 年第 5 期。

钱燕珍：《在促进"双碳"目标下发挥 ESG 投资的思考》，《时代金融》2022 年第 8 期。

王震、张岑：《清洁能源技术和绿色投资理念加速世界油气行业转型步伐——2021 年伦敦国际石油周会议主要观点集粹》，《国际石油经济》2021 年第 4 期。

徐东、陈明卓、胡俊卿等：《国际石油公司能源转型回顾与展望》，《油气与新能源》2022 年第 2 期。

徐东、付迪、韩百琨等：《五大国际石油公司 2023 年主要业绩和战略动向分析》，

《国际石油经济》2024 年第 6 期。

许晓玲、何芳、陈娜：《ESG 信息披露政策趋势及中国上市能源企业的对策与建议》，《世界石油工业》2020 年第 3 期。

张丽萍、雒京华：《ESG 理念下"双碳"目标实现路径研究》，《理论观察》2022 年第 3 期。

张倩、朱新超：《能源绿色低碳转型助推"双碳"战略实施》，《煤炭经济研究》2023 年第 1 期。

朱永才：《ESG 体系下石油行业可持续发展路径探究》，《现代工业经济和信息化》2024 年第 6 期。

B.5

ESG 基金行业发展报告（2024）[*]

赵正义　郭益忻　林祁桢[**]

摘　要： 目前全球 ESG 基金市场正在快速发展，尽管缺乏统一定义，但普遍通过资产选择和配置体现 ESG 主题。海外市场对基金管理人的投资行为加强监督，而中国尚无统一的 ESG 基金产品认证标准。海外 ESG 基金数量和规模持续增长，欧洲和美国领先，亚洲尤其是中国在区域市场中占重要地位。ESG 整合和尽责管理策略成为主流，机构投资者占主导，但个人投资者兴趣也在增长。中国 ESG 基金自 2008 年起逐步发展，兴业银行等机构在 ESG 领域表现突出。中国 ESG 基金数量和规模增长，但权益市场下行影响了规模和新发数量。权益类基金占主导，主动型基金在权益方面占优势，固收产品关注度提升。泛 ESG 主题基金发展成熟，环境保护主题基金尤其突出。中国 ESG 基金以个人投资者为主，长期回报表现较好，但短期收益表现较弱。政策端、标的端、策略端和投资者端的积极变化预示着 ESG 基金行业的未来发展。实操端将深度融入投资实务，以改善长期风险调整回报率。

关键词： 可持续金融　责任投资　ESG 基金　碳中和基金　绿色金融产品

---

[*] 本报告在撰写过程中得到了兴业银行陈亚芹、吴艳阳两位专家的指导，在此深表感谢。

[**] 赵正义，财政学硕士，兴业基金管理有限公司固定收益研究部总经理、研究平台负责人，牵头公司投研平台运行管理，主要研究领域为大类资产配置、固定收益和权益市场；郭益忻，世界经济学硕士，兴业基金管理有限公司固定收益研究部经理助理，主要研究领域为货币利率、固收创新产品；林祁桢，公共管理硕士，兴业基金管理有限公司研究员，主要研究领域为固定收益、产业研究等。

一 ESG 基金定义

ESG 是英文 Environment（环境）、Social（社会）和 Governance（治理）的缩写，是关于环境、社会和治理协调发展的价值观，也是对企业非财务绩效进行评估、对公司长期发展进行评价的标准。ESG 投资是一种将环境、社会和治理因素纳入投资决策过程的投资理念和方法，它追求长期投资回报，并将企业的可持续性作为投资决策的关键因素。同时，ESG 投资具有改善长期风险调整下的投资回报率的效果。考虑 ESG 因素不仅利于风险控制、排除尾部风险，还能帮助减少环境、社会问题带来的负面影响，这也是资本市场追求长期投资回报中所不可或缺的。

关于 ESG 基金的定义，目前全球统一公认的定义尚未形成。而从海内外 ESG 基金的具体实践来看，ESG 基金主要通过对底层资产的选取和配置来体现其主题。近年来，海外加强了对基金管理人的投资行为的监督和约束，以确保投资实践符合 ESG 投资目标。

（一）海外趋势：遏制"漂绿"行为，明确 ESG 基金定义

随着海外 ESG 投资的发展，市场对 ESG 投资表现出强烈的兴趣，但金融机构夸大相关环保绩效、投资决策未真正体现 ESG 原则、风格漂移不定等"漂绿"风险也在不断上升。多家资管机构已经面临监管机构发出的"漂绿"警示，甚至受到了相应的处罚。

为了进一步打击"漂绿"行为，在过去的几年里，海外监管机构逐渐细化了 ESG 投资产品的分类体系及披露规则，明确 ESG 基金的定义，以保证带有 ESG 标签的基金产品与投资者的目的相符，并加强了对基金管理人的投资行为的监督和约束，防止投资实践偏离原定的 ESG 投资目标。例如，欧洲证券和市场管理局（ESMA）在 2024 年 5 月发布 ESG 基金命名指南，以确保投资者免受基金名称中未经证实或夸大的可持续发展主张的影响。原则上，指南要求如果使用环境、社会、治理、转型或者影

响相关术语，至少要有80%的基金投资用于实现环境、社会或可持续投资目标。

（二）中国实践：中国市场尚未对ESG基金形成统一定义

目前，中国市场尚无明确的ESG基金产品的认证标准，对于基金名称中加入ESG关键词没有明确的监管要求。本报告关注的ESG基金按Wind分类标准，主要包括纯ESG主题基金、ESG策略基金、环境保护主题基金、社会责任主题基金、公司治理主题基金。其中，前两类为狭义的ESG基金，在投资目标、投资范围、投资策略、投资重点、投资标准、投资理念、决策依据、组合限制、业绩基准、风险揭示中明确将ESG投资策略作为主要策略的为纯ESG主题基金，作为辅助策略的为ESG策略基金。后三类为泛ESG主题基金，体现为在以上方面主要考虑环境保护、社会责任、公司治理主题之一的基金。

二 海外ESG基金发展情况

（一）数量与规模：超全球资产管理规模的三分之一

海外ESG投资规模逐年攀升。一方面，2022年初全球主要市场（加拿大、日本、大洋洲、欧洲，不含美国）的ESG投资规模呈现增长趋势，从2020年的18.2万亿美元增长到21.9万亿美元，增长了20%；除美国以外的四个市场的ESG投资规模占总资产管理规模的37.9%（见图1）。另一方面，由于美国市场的统计口径大幅收紧，美国市场2022年ESG投资规模下滑明显。2022年全球五大主要市场合计ESG投资规模为30.3万亿美元，相较2020年的35.3万亿美元来说，下滑了14%。2022年全球五大主要市场的ESG投资规模占同年全球资产管理规模的24.4%。

根据晨星统计，全球ESG基金领域可以分为开放式基金和ETF两大类型。截至2023年末，基金数量方面，2023年末新增473只ESG基金，数量

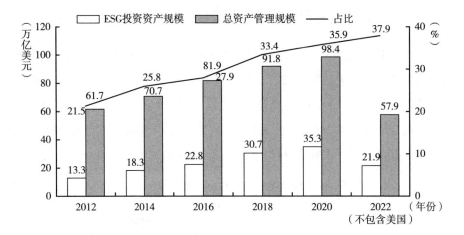

图 1 2012~2022 年全球 ESG 投资规模与全球资产管理规模

注：2022 年数据中，由于美国数据的相关统计方法变更，不可比，故不在统计范围内。
资料来源：全球可持续投资联盟（GSIA）。

上较 2022 年增长 7%。基金规模方面，2023 年全球 ESG 基金资产规模增长至近 3 万亿美元，较 2022 年规模扩大 4600 亿美元，增长 18.4%（见图 2）。

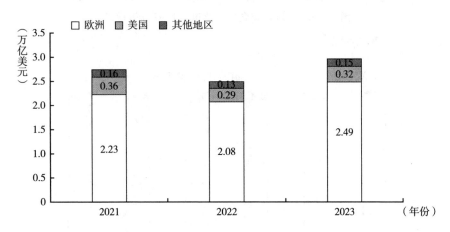

图 2 2021~2023 年全球 ESG 基金规模

资料来源：晨星。

（二）全球地区分布：欧洲和美国 ESG 基金规模领先全球

不管是 ESG 投资规模还是 ESG 基金规模，欧洲和美国都处于领先位置。从整体 ESG 投资规模来看，2022 年欧洲 ESG 投资规模达 14.05 万亿美元，是全球主要市场中 ESG 投资规模最大的，占比接近一半。美国在 2022 年 ESG 投资规模达 8.4 万亿美元，占比近三成。日本位居第三，在 2022 年规模约 4.3 万亿美元，占比达 14%（见图 3、图 4）。

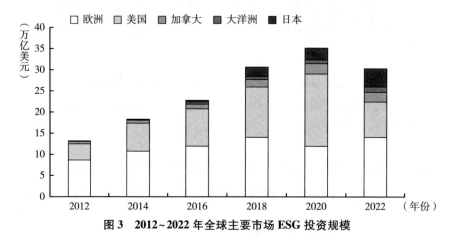

图 3　2012~2022 年全球主要市场 ESG 投资规模

资料来源：GSIA。

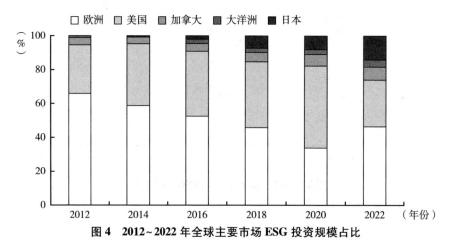

图 4　2012~2022 年全球主要市场 ESG 投资规模占比

资料来源：GSIA。

从 ESG 基金规模来看，欧洲也是全球最大的 ESG 基金市场，截至 2023 年末占全球 ESG 基金资产规模的 84%。其次是美国，占全球 ESG 基金资产规模的 11%。再次是亚洲区域（不含日本）（见图 5）。其中，中国市场占该地区资产规模的 63%，受中国经济复苏缓慢影响，2023 年所占比例较上一年有 8 个百分点的回落。

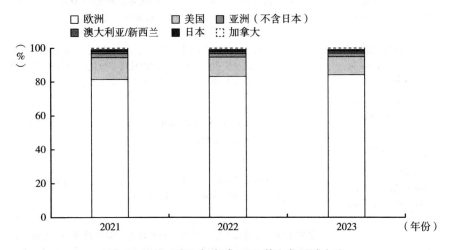

图 5 2021~2023 年全球 ESG 基金各区域占比

资料来源：晨星。

（三）标的与策略：ESG 整合和尽责管理策略成为主流

根据 GSIA 对 ESG 投资策略的定义和分类，ESG 投资策略一般可以分为 ESG 整合法、企业参与和股东行动、依公约筛选、负面筛选/剔除法、同类最佳法/正面筛选、可持续主题投资以及影响力投资和社区投资，这也是全球主流的分类方法（见表 1）。

表 1 ESG 投资策略及内涵

策略	内涵
ESG 整合法 （ESG Integration）	投资经理系统且明确将环境、社会和治理因素纳入财务分析

策略	内涵
企业参与和股东行动 （Corporate Engagement & Shareholder Action）	利用股东权利影响公司行为，包括通过与公司高管和/或董事会沟通等直接公司参与、（联合）提交股东提案，以及在全面的 ESG 指引下代理投票
依公约筛选 （Norms-based Screening）	基于联合国、国际劳工组织、经合组织和非政府组织（例如透明国际）发布的国际规范，根据最低商业标准或发行人惯例筛选投资
负面筛选/剔除法 （Negative/ Exclusionary Screening）	按照被认为属于不可投资的活动，将特定行业、公司、国家或其他发行人剔除在基金或投资组合之外。剔除以规范和价值观为标准，涉及部分产品（武器、烟草的价格）、公司惯例（动物试验、践踏人权、腐败等）
同类最佳法/正面筛选 （Best-in-Class/Positive Screening）	对相较同行而言具有积极 ESG 表现的行业、公司或项目进行投资，并获得一个高于定义阈值的评级
可持续主题投资 （Sustainability Themed/ Thematic Investing）	投资专门有助于环境和社会方面的可持续解决方案，例如可持续农业、绿色建筑、低碳投资组合、性别平等、多样性
影响力投资和社区投资 （Impact Investing and Community Investing）	影响力投资是指以实现积极的社会和环境影响的投资——需要衡量和报告这些影响，证明投资者和被投资对象的意愿，并证明投资者的贡献。 社区投资是指资金专门指向传统上服务不足的个人或社区，以及为具有明确社会或环境目的的企业提供融资。一些社区投资是影响力投资，但社区投资内涵更广泛，并考虑其他形式的投资和有针对性的贷款活动

资料来源：GSIA。

从投资策略角度来看，历史上，负面筛选一直是投资者最常用的 ESG 投资策略，其次分别是 ESG 整合法、企业参与和股东行动、依公约筛选。但这一投资策略选择趋势在近些年发生了变化。2020 年，ESG 整合法超越负面筛选成为投资者最常采用的投资策略，ESG 整合法策略下的投资规模达 25.2 万亿美元，占比 43%。2022 年，由于统计口径变化和部分地区数据的不可得等原因，2022 年度各投资策略下的总资产管理规模下降；但在趋势上，可以看到，2022 年企业参与和股东行动策略超越 ESG 整合法策略成为第一，规模达 8.05 万亿美元，占比 39%（见图 6）。投资者越来越注重参与，以影响他们所持有的标的公司。

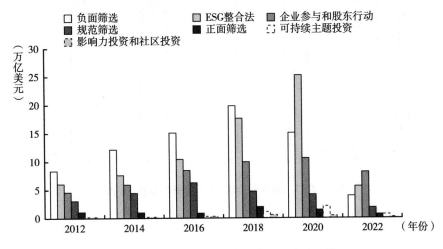

图 6　2012~2022 年全球 ESG 投资策略规模

资料来源：GSIA。

（四）投资者：机构投资者占主导

从投资者构成角度来看，ESG 资管产品以机构投资者持有为主，2020 年占比 75%。与此同时，随着新世纪 ESG 投资理念的逐渐普及和推广，个人投资者对 ESG 的投资兴趣稳步增长，个人投资者持有占比从 2012 年的 11% 稳步增长至 2018 年的 25%（见图 7）。2020 年以来，个人投资者 ESG 产品持有占比维持 25%。

（五）全球领先机构的实践

1. 被动权益案例：先锋富时社会指数基金——先锋旗下最大被动基金

美国先锋领航是全球最大的公募基金管理公司之一。公司以指数化投资闻名，独特的公司治理结构、低费率的费用特征等也成为其标志性特色。在 ESG 投资领域，先锋领航管理 ESG 投资产品已有 20 多年，最早的

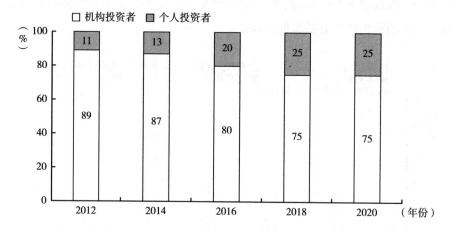

图7 2012~2020年全球ESG投资的投资者构成

资料来源：GSIA。

一只ESG基金——先锋富时社会指数基金（FTSE Social Index Fund）成立于2003年，已成为先锋领航旗下规模最大的ESG基金。截至2023年末，基金规模已达174.8亿美元，远低于同行的管理费率也是该基金受欢迎的原因之一（见表2）。

表2 先锋富时社会指数基金的基本信息

基金名称	代码	费率（%）	成立日期	分类	持有股票/债券数量（只）	总资产（亿美元）
先锋富时社会指数基金	VFTNX	0.12	2003年1月14日	美国大型成长	467	174.8

注：截至2023年12月31日。

资料来源：彭博，Vanguard官网。

先锋富时社会指数基金采取指数化投资方法，跟踪一个多元化的股票指数——FTSE4Good US Select Index，持有证券比例与指数本身大致相同。ESG投资策略上，采用负面筛选。该基金所跟踪的富时罗素指数使用ESG

指标筛选成分股，剔除了烟草、大麻、民用枪支以及煤炭和石油等有争议的领域，旨在激励公司改进其可持续发展实践（见表3）。

表3　先锋富时社会指数基金的投资策略

母指数	ESG 负面筛选	指数复制方法	再平衡频率
FTSE4Good US Select Index	母指数根据富时罗素的特定 ESG 标准进行筛选,包括: 1. 剔除与以下领域相关的公司股票:成人娱乐、酒精、烟草、大麻、赌博、化学和生物武器、集束弹药、杀伤人员地雷、核武器、常规军事武器、民用枪支、核能以及煤炭、石油或天然气。 2. 剔除不符合《联合国全球契约原则》定义的某些劳工、人权、环境和反腐败标准的公司股票。 3. 剔除不满足以下三项多样性标准中的两项的公司股票:(1)董事会中至少有一名女性;(2)多样性政策到位;(3)多样性管理系统到位。	完全复制	季度

注：富时宣布自 2024 年 2 月 6 日起母指数的名称变更为"富时美国精选指数（FTSE US Choice Index）"。

资料来源：Vanguard 官网。

回溯过去十年（2014~2023 年），基金业绩较好于美国大盘。基金密切跟踪母指数，从业绩上看，过去十年各年度业绩略逊于母指数。与美国大盘表现相比，基金在 2014~2023 年业绩过半数优于标普 500 指数（见图 8）。

基金的资产配置集中于股票，地区配置集中于美国，行业配置集中于信息技术、医疗保健、金融、非日常生活消费品和通信服务这五大行业。彭博数据显示，截至 2023 年末，该基金所投资的第一大行业为信息技术，权重达到 33.59%；其次还主要投资于医疗保健、金融、非日常生活消费品和通信服务行业，权重分别为 14.00%、13.21%、12.44% 和 10.36%，这五个行业的资产配置合计达 83.6%。与标普 500 指数相比，该基金相对超配信息技术、通信服务等行业，相对低配能源、公共事业和工业等行业（见表 4）。

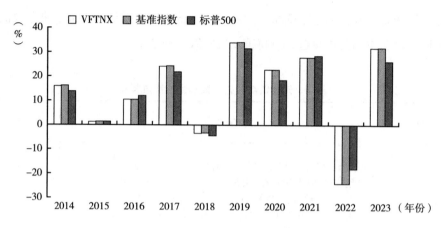

图8　2014~2023年VFTNX业绩表现

注：基准指数为FTSE4Good US Select Index。

资料来源：彭博。

表4　VFTNX行业配置与标普500指数超低配比例

单位：%

GICS行业	VFTNX	标普500指数	相对超低配比例
信息技术	33.59	28.86	4.73
医疗保健	14.00	12.62	1.38
金融	13.21	12.97	0.24
非日常生活消费品	12.44	10.85	1.59
通信服务	10.36	8.58	1.78
工业	5.69	8.81	-3.12
日常消费品	5.58	6.16	-0.58
房地产	2.88	2.52	0.36
原材料	2.03	2.41	-0.38
公用事业	0.12	2.34	-2.22
其他	0.08	—	0.08
能源	—	3.89	-3.89

注：持有截至2023年12月31日。

资料来源：彭博。

持股集中度方面较为分散，基金持有股票合计多达467只。截至2023年末，前十大重仓股占比为35.15%。前十大重仓股分布于信息技术、非日常生活消费品、通信服务、医疗保健和金融行业。第一大重仓股为苹果公司，权重达 8.20%，微软公司权重 8.08%，位居第二（见表 5）。

表 5　VFTNX 前十大重仓股（按权重排名）

单位：%

代码	名称	权重	所在行业
AAPL US	苹果公司	8.20	信息技术
MSFT US	微软公司	8.08	信息技术
AMZN US	亚马逊公司	3.95	非日常生活消费品
NVDA US	英伟达	3.40	信息技术
GOOGL US	Alphabet 公司 Class A	2.40	通信服务
META US	Meta 平台股份有限公司 Class A	2.26	通信服务
GOOG US	Alphabet 公司 Class C	2.04	通信服务
TSLA US	特斯拉公司	1.98	非日常生活消费品
LLY US	礼来	1.42	医疗保健
JPM US	摩根大通	1.42	金融

注：持有截至 2023 年 12 月 31 日。

资料来源：彭博。

2. 主动权益案例：Parnassus 核心股票基金——全美最大股票基金

Parnassus Investments（下文简称"Parnassus"）成立于 1984 年，是一家专注于主动管理共同基金的公司，也是美国最大的纯 ESG 共同基金公司。公司对 ESG 投资的关注可以追溯到 1984 年公司成立之初。公司已将 ESG 研究纳入旗下所有基金的投资流程中，以识别具备吸引力的估值优质公司。

Parnassus 建立 ESG 策略有四项基础原则，分别是环境的可持续性及气候变化，尊重人权、工人权利和社区权利，发展负责任的产品，坚持道德和透明度。在基金的投资流程中，均纳入 ESG 考量：在投前阶段，使用季度性更新的 ESG 限制性清单，回避存在重大风险的公司；在投资阶段，Parnassus 会根据公司相关的重大 ESG 风险来评估公司的管理和表现，投资具有积极 ESG 表现的高绩效公司，避免投资于 ESG 表现垫底的公司；在投后管理上，持续跟踪投资组合中的公司 ESG 表现并更新 ESG 风险报告，积

极通过尽责管理的方式鼓励标的公司改进。

Parnassus 核心股票基金成立于 1992 年，是 Parnassus 旗下最大的一只 ESG 基金，也是全美最大的一只 ESG 股票基金。截至 2023 年末，该基金规模达到 277.98 亿美元（见表 6）。在选股策略上，该基金希望通过多元化的股票投资组合实现资本增值（见表 7）。

表 6　Parnassus 核心股票基金的基本信息

基金名称	代码	总运营费率（%）	成立日期	分类	持有股票/债券数量（只）	总资产（亿美元）
Parnassus 核心股票基金	PRBLX/PRILX	0.82/0.61	1992 年 8 月 31 日	美国大盘核心	41	277.98

注：截至 2023 年 12 月 31 日。
资料来源：彭博，Parnassus 官网。

表 7　Parnassus 核心股票基金的投资策略

	描述
投资策略	该基金投资于具有长期竞争优势和相关性、优质管理团队和 ESG 方面积极表现的美国大型公司。作为一只大盘股基金，通常将 50% 以上净资产投资于知名的大型公司。 投资组合经理专注于在经济低迷时期可能表现优于市场的优质公司。该基金寻求通过捕捉更多的市场上行而非下行来跑赢标普 500 指数。通常至少 80% 的基金净资产投资于股票。至少 65% 的总资产投资于支付利息或股息的股票，剩下的至多 35% 可投资于不分红的股票、短期工具和货币市场工具
基准	标普 500 指数
选股数量	约 40 只

资料来源：Parnassus 官网。

回溯过去十年（2014~2023 年），该基金共有 3 年跑赢其基准标普 500 指数，多数年度业绩略逊于基准（见图 9）。其中，基金在 2020 年表现好于基准，反映出面对新冠疫情大流行，该基金具备一定的下行保护特征。

基金的资产配置集中于股票，地区配置集中于美国，行业配置相对集中

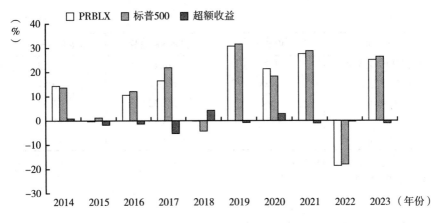

图 9　2014～2023 年 PRBLX 业绩表现

资料来源：彭博。

于信息技术和金融行业。截至 2023 年末，该基金持有股票 41 只。彭博数据显示，该基金主要投资于信息技术和金融行业，占比分别达 31.73%、20.65%，这两个行业合计达 52.38%，行业配置较为集中。其次还投资于医疗保健（10.48%）、工业（9.86%）、原材料（8.75%）等行业，没有投资于能源、公用事业和房地产行业。相对于基准标普 500 指数的行业配置，该基金相对超配金融、原材料、信息技术等行业，相对低配非日常生活消费品、能源、公用事业、房地产和医疗保健等行业（见表 8）。

表 8　PRBLX 行业配置与标普 500 指数超低配比例

单位：%

GICS 行业	PRBLX	标普 500 指数	相对超低配比例
信息技术	31.73	28.86	2.87
金融	20.65	12.97	7.68
医疗保健	10.48	12.62	-2.14
工业	9.86	8.81	1.05
原材料	8.75	2.41	6.34
通信服务	7.05	8.58	-1.53
日常消费品	5.92	6.16	-0.24

续表

GICS 行业	VFTNX	标普 500 指数	相对超低配比例
非日常生活消费品	4.72	10.85	-6.13
未分类	0.84	—	0.84
房地产	—	2.52	-2.52
能源	—	3.89	-3.89
公用事业	—	2.34	-2.34

注：持有截至 2023 年 12 月 31 日。
资料来源：彭博。

持股集中度方面较为分散，前十大重仓股占比为 38.73%。截至 2023 年末，前十大重仓股分布于信息技术、通信服务、工业、金融行业。第一大重仓股为微软公司，权重占比达 6.49%，Alphabet 公司权重占比 5.25%，位居第二（见表 9）。

表 9　PRBLX 前十大重仓股（按权重排名）

单位：%

代码	名称	权重	所在行业
MSFT US	微软公司	6.49	信息技术
GOOGL US	Alphabet 公司 Class A	5.25	通信服务
AAPL US	苹果公司	4.55	信息技术
CRM US	Salesforce 股份有限公司	4.48	信息技术
DE US	迪尔	4.00	工业
ORCL US	甲骨文	3.97	信息技术
BAC US	美国银行公司	3.44	金融
MA US	万事达股份有限公司 Class A Common Stock	3.37	金融
CME US	芝加哥商业交易所 Class A Common Stock	3.18	金融

注：持有截至 2023 年 12 月 31 日。
资料来源：彭博。

3. 被动固收案例：iShares ESG 因子美国聚合债券 ETF（简称 EAGG）

（1）贝莱德 ESG 投资理念与方法更新

贝莱德公司（BlackRock, Inc.）成立于 1988 年，是总部位于美国的全球最大的资产管理公司，截至 2023 年 12 月 31 日，管理资产超 10 万亿美元。iShares 是其旗下专注于交易所交易基金（ETFs）的品牌，截至 2023 年 12 月 31 日，管理规模达 3.5 万亿美元①。

截至 2023 年 12 月 31 日，贝莱德发行的美元公募基金共有 1091 只，可持续投资方面，通过 ESG 投资平台，贝莱德使用筛选、增强、主题投资以及影响力投资四种投资策略为客户提供多样化选择（见表 10）。

表 10　贝莱德 ESG 投资平台

	筛选	增强	主题投资	影响力投资
投资方法	通过环境、社会或治理特征限制某些投资	在规定的范围或基准的基础上，加强改善环境、社会或治理特征的投资	对发行人的有针对性的投资，促进该商业模式，同时推动长期可持续发展成果	致力于产生积极的、可衡量的以及额外的可持续发展成果
具体细节	包括筛选的使用，可以通过与特定发行人的积极参与加强表现	通过环境、社会或治理数据推动投资组合构建，并利用一些策略来实现特定目标	通过重点关注特定的环境或社会主题来确定战略的构建	投资过程必须在影响力管理运营原则中展示"额外性"和"目的性"

资料来源：贝莱德。

（2）EAGG 的投资策略

EAGG 成立于 2018 年 10 月 18 日，截至 2023 年 11 月 30 日，净资产规模达到 33.82 亿美元，为市场上较大规模的 ESG 固定收益 ETF 之一（见表 11）。EAGG 采用代表性抽样方法，跟踪彭博巴克莱 MSCI 美国聚合 ESG 因子指数（以下简称"基准指数"），在保持与基准指数相似的风险和回报特性的同时，实现低费用运作，其交易费用率仅 0.10%，体现出较显著的成本优势。

---

① 贝莱德 2023 年年报。

表 11　全球主要 ESG 固收基金概况

单位：百万美元，%

名称	基金公司	规模	费率	成立时间
iShares ESG 因子美国聚合债券 ETF	贝莱德	3382.92	0.10	2018 年 10 月 18 日
Xtrackers Ⅱ ESG 全球聚合债券 UCITS ETF	德意志资产管理	245.45	0.10	2014 年 6 月 3 日
先锋 ESG 美国公司债券 ETF	先锋集团	46.62	0.12	2020 年 9 月 22 日
SPDR 彭博 SASB 美国公司 ESG UCITS ETF	道富环球投资管理	6968.83	0.15	2020 年 10 月 23 日
Nuveen ESG 美国聚合债券 ETF	全国保险公司	273.20	0.16	2017 年 9 月 29 日

注：规模数据分别截至 2023 年 11 月 30 日、2024 年 12 月 31 日、2023 年 11 月 30 日、2023 年 12 月 31 日、2023 年 10 月 30 日。

资料来源：贝莱德、德意志资产管理、先锋、晨星、兴业基金整理。

　　具体策略上，EAGG 跟踪基准指数的投资结果，该指数旨在衡量投资级、固定利率、可征税的美元债券的表现。基准指数的纳入标准要求标的被纳入彭博巴克莱 MSCI 美国聚合债券指数，并优化 ESG 评分因素，主要通过负面筛选排除部分标的。

　　ESG 争议得分排除：基于 MSCI 的 ESG 争议得分，排除任何有"红色" ESG 争议得分（零分）的发行者。

　　特定业务活动排除：排除所有从烟草制品生产、分销、零售、供应和许可中获得总收入 15% 或以上的研究公司；排除所有生产生物和化学武器、集束炸弹、地雷、贫铀武器和装甲的公司；排除所有从热煤发电或油砂开采中获得收入 5% 或以上的公司。

　　EAGG 资产管理人使用代表性抽样指数策略，流动性指标与其基准指数类似。但该策略并不完全持有跟踪指数的所有债券和其他组成部分，因此与基准指数间会产生一定的跟踪误差。

（3）产品持仓

EAGG 在债券配置上偏向于投资美国国债及政府机构债，投资比例达 69.4%，公司债券占比 26.1%，两者合计占据该基金投资总数量的 95.5%（见表 12）。基金的平均信用等级为 A，在 MSCI 评价的全球 3.4 万只基金中处于中位水平。

表 12　EAGG 持仓结构

单位：%

债券配置	占比
政府及政府机构债	69.4
公司债	26.1
外国政府债	3.4
抵押担保债券	1.0
ABS	0.5
待公告销售承诺	-0.4

注：数据截至 2024 年 2 月 29 日，计算占比时剔除货币基金持仓。
资料来源：贝莱德。

截至 2023 年末，EAGG 前十大持仓债券中，包含 7 只国债、2 只证券化资产、1 只现金及现金等价物（见表 13）。按百万美元销售额计算的加权平均碳排放量为 100.2 吨，处于 MSCI 评价体系的中位水平。

表 13　EAGG 前十大持仓

单位：百万美元，%

前十大持仓	权重	债券市值	到期日	债券利率	债券种类
贝莱德现金系列机构短期债券基金	7.14	255.38	—	5.34	现金及现金等价物
国库券	0.82	29.30	2026 年 1 月 31 日	4.50	国债
国库券	0.80	28.44	2032 年 5 月 15 日	4.38	国债
国库券	0.78	27.82	2028 年 1 月 31 日	4.13	国债
国库券	0.71	25.46	2033 年 8 月 15 日	3.75	国债

续表

前十大持仓	权重	债券市值	到期日	债券利率	债券种类
国库券	0.66	23.54	2026 年 7 月 15 日	3.63	国债
联邦住房贷款抵押公司 30 年期超额抵押贷款支持证券	0.62	22.18	2032 年 11 月 15 日	2.00	证券化资产
国库券	0.61	21.66	2032 年 8 月 15 日	3.50	国债
国库券(旧)	0.51	18.39	2051 年 2 月 15 日	4.63	国债
30 年期统一抵押贷款支持证券(Reg A)	0.51	18.23	2032 年 2 月 15 日	2.00	证券化资产

注：数据截至 2023 年 12 月 29 日。
资料来源：贝莱德。

(4) 风险收益情况

EAGG 的历史业绩表现证明了其对基准指数紧密跟踪的能力，在最大回撤、标准差等反映投资风险的指标上，与基准指数趋同，2019 年来 EAGG 收益率略低于基准指数，但在回撤控制上表现较好（见图 10、表 14）。

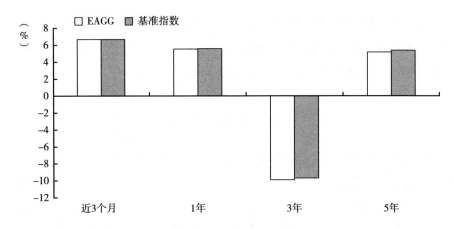

图 10 EAGG 历史业绩表现

注：数据截至 2023 年 12 月 31 日。
资料来源：贝莱德。

表 14 EAGG 风险收益表现

单位：%

	Beta 值（较标普 500）	夏普比率	标准差	最大回撤
EAGG	0.34	−0.09	6.42	−22.96
基准指数	0.35	−0.06	6.64	−23.37

注：数据截至 2024 年 7 月 16 日。

资料来源：贝莱德。

（5）EAGG 分析总结

EAGG 产品设计上具有两个特点：首先，通过低成本发行与 ETF 相结合，部分对冲收益率处于中位数水平的问题；其次，跟踪指数的策略上采用代表性抽样方法，使得在资产配置上具备一定灵活性，有助于发挥管理能力。虽然产品近年来收益率略逊于基准指数，但其管理规模仍由 2018 年发行之初的 5.53 亿美元增长至 2023 年末的 33.82 亿美元，年均增长 5.66 亿美元，年化增长率 43.64%，较快的规模增速一定程度上反映了其市场吸引力。

三 中国 ESG 基金发展情况

（一）行业概况：参与 ESG 投资的公募基金日益增长

中国 ESG 公募基金实践最早可以追溯到 2008 年，首只社会责任主题的基金成立，拉开了我国 ESG 公募基金发展的序幕。到 2013 年，首只在基金名称中明确包含"ESG"字眼的公募基金问世。随着 ESG 理念及 ESG 投资在中国的兴起，2021 年以来，涉足 ESG 投资的公募基金不管是在数量上还是规模上都呈现明显的增长趋势。

兴业银行及兴业基金实践：兴业银行作为中国第一家赤道银行，MSCI ESG 评级为 AA 级，在 ESG 领域长期耕耘。以 ESG 投资及资管领域为例，2023 年兴业银行新增绿色债券投资规模 249.92 亿元，存量规模 444.15 亿元；ESG 资管规模合计 3332 亿元，其中 ESG 理财与绿色理财发行量 2332 亿元；

绿色租赁、信托、基金余额合计 990 亿元，其中绿色基金 178.15 亿元。

兴业基金作为兴业银行集团核心资管机构，长期践行母行 ESG 发展理念，积极投身 ESG 基金产品的研发和创设。产品实践方面，早在 2018 年，公司就积极尝试了创设 MSCI ESG 产品的可能性。2020 年，公司创设了"兴业绿色纯债一年定开"，为全市场第 2 只 ESG 主题债券基金，该基金非现金基金资产超 80% 投资于符合绿色投资理念的债券，积极引导资金流向绿色领域。制度上，公司发布了 ESG 相关制度，明确了绿色债券投资管理办法、绿色基金业务认定标准及操作细则，为 ESG 工作开展提供准绳。在日常投资管理流程中，建立了绿色债券主题库，持续关注绿色债券募集资金流向；投资部门在运作主动管理类绿色投资产品时，将绿色因素纳入基本面分析维度辅助投资决策。

（二）数量与规模：ESG 公募基金尚处早期，自2021年起加速发行

截至 2023 年末，中国 ESG 基金数量达 863 只，规模达 5456.62 亿元。相较于基金整体市场来看，ESG 基金渗透率较低，发展尚处于早期。从时间序列角度来看，2019 年以来 ESG 基金新发数量持续增长，尤其是在 2021 年大幅上升，2021 年新发 244 只，ESG 基金规模突破 7500 亿元。受权益市场整体下行影响，2022 年以来，不管是 ESG 基金规模还是 ESG 基金新发数量都有所下降（见图 11）。

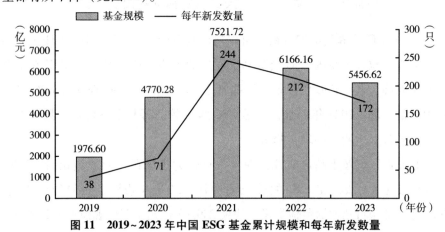

图 11　2019～2023 年中国 ESG 基金累计规模和每年新发数量

资料来源：Wind。

（三）标的：权益类 ESG 基金占据主导

从基金投资标的类型角度来看，权益类产品仍然在 ESG 基金中占主导，固收类产品关注度逐渐提升。

权益类产品：自 2021 年以来，混合型基金数量和规模都居于领先水平（见图 12、图 13），其中偏股混合型基金占主导。截至 2023 年末，偏股混合

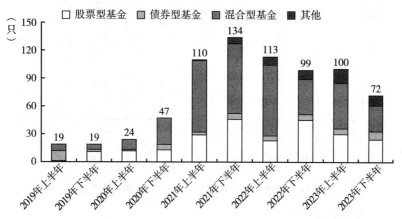

图 12　2019~2023 年中国 ESG 基金新发数量（按标的）

资料来源：Wind。

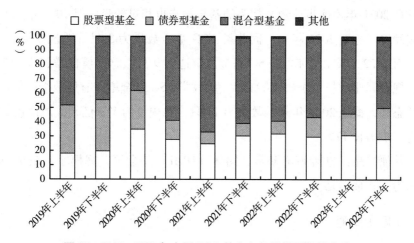

图 13　2019~2023 年中国 ESG 基金各标的类型规模占比

资料来源：Wind。

型在规模和新发数量上占比分别达到总体的 35% 和 32%；而股票型基金在规模上、新发数量上占比分别达 28% 和 33%。总体而言，偏股混合型及股票型产品合计占比自 2020 年以来始终高于整体 EGS 基金规模的一半，权益类产品仍居于主导地位（见图 14）。

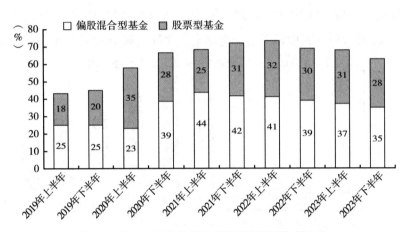

图 14　2019~2023 年部分权益类产品的规模占比

资料来源：Wind。

固收类产品：ESG 债券的制度设计自 2021 年起日趋完善，ESG 债券的发行自 2021 年才逐步放量，相关的基金起步也相对较晚，但 2022 年以来正加速发展。截至 2021 年末，固收类 ESG 基金数量为 3 只，总规模为 42 亿元；而 2022 年末，固收类 ESG 基金数量达到 9 只，总规模也增长为 153 亿元，规模同比增长 264%；2023 年，固收类 ESG 基金增速有所放缓，但维持增长态势，截至 2023 年末，数量为 14 只，总规模为 179 亿元，规模较 2022 年进一步增长 17%。

其他产品：包括 FOF 基金、国际（QDII）基金等，规模小，截至 2023 年末为 150 余亿元。

（四）策略

1. 权益类产品：主动型基金占据优势，被动型基金有所增长

从产品策略的角度来看，无论是新发产品的数量上，还是累计规模上，主动型基金都占据优势（见图 15、图 16）。这里的主动型基金包括普通股票型、偏股混合型、平衡混合型及灵活配置型基金；而被动型基金包括被动指数型及增强指数型基金。

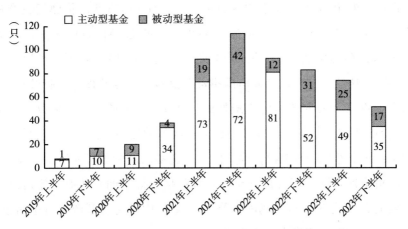

图 15　2019~2023 年中国权益类 ESG 基金新发数量（按策略）

资料来源：Wind。

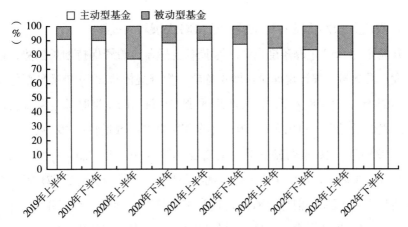

图 16　2019~2023 年中国权益类 ESG 基金各策略类型规模占比

资料来源：Wind。

从相对规模占比上来看，主动型基金相较于被动型基金，规模优势明显，规模占比大部分时间在 80% 以上。而被动型基金产品占比虽然相对较

低，但近年来呈现明显的上升趋势，从 2021 年底占比一成左右，逐年增长至 2023 年底占比二成左右。

2. 固收类产品：现以主动型产品为主

ESG 债券市场 2021 年起才开始扩容，2021～2022 年，构建指数产品客观上有一定难度。跟踪政金债的产品为我国指数型债基的主流，而截至 2022 年末，存续绿色政金债仅有 14 只，总规模仅 1360 亿元，难以进行指数产品有效构建。构建综合或信用指数产品也有一定难度：从指数样本看，2022 年与存量 ESG 债券匹配性最好的"中债-绿色债券综合指数"样本容量不足 800 只个券，规模不足 1 万亿元，与普通信用债指数对比看样本容量仍偏小；从个券流动性来说，信用债本身交易活跃性低于利率债。整体看，从产品构建到后续管理（调仓交易、跟踪指数等方面）均有一定难度。因此，截至 2023 年末，全市场固收类 ESG 基金中，主动型产品占绝对主导，数量占比达 93%，规模占比达 78%。

（五）主题

1. 权益类 ESG 基金投资主题：泛 ESG 发展较为成熟

从基金的 ESG 主题角度来看，纯 ESG 主题基金投资保持增长趋势，近年来新发产品数量和累计规模保持增长趋势，投资规模从 2019 年不足百亿元发展至 2023 年末约 358 亿元，存续产品数量 134 只。ESG 策略基金在过去几年中，新发数量经历"过山车"，2021 年全年新发产品数量将近 100 只，然而在 2022～2023 年新发数量明显下滑，尤其是 2023 年下半年，新发产品数量仅 5 只；从投资规模上，ESG 策略基金呈现相似趋势，累计规模在 2021 年上半年一度达到 2177 亿元，但可以看到，这类基金热度在 2022～2023 年不断褪去，截至 2023 年末累计规模几乎减半，为 1180 亿元，存续产品数量 208 只。

泛 ESG 主题基金方面，发展较为成熟，2021～2023 年规模占比维持在 70%。其中，又以环境保护主题基金为主要的一类泛 ESG 主题基金，近年来新发数量和累计规模均居于首位。截至 2023 年末，环境保护主题基金存续 384 只产品，规模达 2441 亿元，约占 ESG 基金整体规模的 45%。

此外，社会责任主题基金和公司治理主题基金的规模表现相对稳定，在整体 ESG 基金市场近两年有明显规模缩水的情况下，社会责任主题基金和公司治理主题基金的规模缩减幅度并不明显。截至 2023 年末，社会责任主题基金的规模约为 1237 亿元，占整体 ESG 基金规模的 23%。在相对占比和绝对数量方面，公司治理主题基金是最为小众的一个类型。截至 2023 年末，公司治理主题基金的存续产品仅 32 只，规模为 241 亿元，占整体 ESG 基金规模的 4%。

2. 固收类 ESG 基金投资主题："E" 为主导

截至 2023 年末，全市场固收类 ESG 基金中，"E"（"绿色""碳中和"）在数量上与规模上均占主导地位，主要由于目前中国对于 ESG 债券的研究主要集中于绿色债券。2020 年 5 月 29 日，中国人民银行、国家发展改革委和中国证监会联合发布了《绿色债券支持项目目录（2020 年版）》，从资金用途角度明确了绿色债券的定义。但是，目前我国尚未有关于社会责任债券和可持续债券的官方认定标准。对于 ESG 债券，尚未形成统一的规则体系，当前银行间交易商协会及交易所均出台了一系列 ESG 债券专项品种，但仅有绿色债券的政策实现了统一，其他贴标债券在各方面的认定上都存在较大差异。因此，中国无论是对 ESG 债券的研究还是 ESG 基金的投资方面都侧重于绿色债券。

同时，投资者需求也决定了 ESG 基金以 "E" 为主导的格局。银行为我国债券基金市场的重要投资者，2021 年 7 月起，央行将银行对绿债投资规模一并纳入 MPA，故对于银行而言，绿债主题基金有一定投资吸引力，而其余 ESG 主题债券尚无对应政策激励，需求端的相对弱势使得基金机构对于创设 "E" 以外 ESG 主题债券基金的积极性不高。

伴随《中国绿色债券原则》《共同分类目录》等制度及目录陆续出台，我国已快速发展成全球最大的绿色债券市场之一。参考 Wind 认定的 ESG 债券中，绿色债券占比较高，包括综合环保、水环保、蓝色、碳中和等概念，在 ESG 债券中的比例超 80%。这与我国环境保护及碳减排等政策的持续推进有关。

（六）行业

近年来，ESG 基金所投资的行业倾向于工业、信息技术、消费等行业。

从第一大重仓股的行业分布上来看，2019~2023 年电力设备行业一直位居第一（见图 17~图 21），其次重仓股分布居前的行业还包括食品饮料、电子、

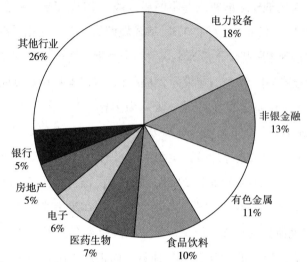

图 17　2019 年中国 ESG 基金第一大重仓股所在行业数量

资料来源：Wind。

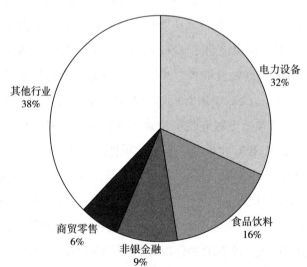

图 18　2020 年中国 ESG 基金第一大重仓股所在行业数量

资料来源：Wind。

汽车、医药生物等行业。非银金融行业的重仓股数量近 5 年明显下滑，从 2019 年数量占比 13%（19 只）下滑至 2023 年占比 1%（7 只）。

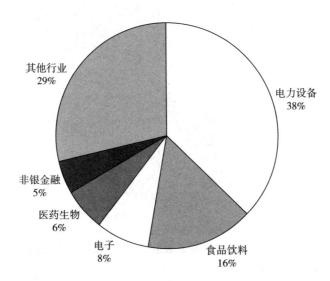

图 19　2021 年中国 ESG 基金第一大重仓股所在行业数量

资料来源：Wind。

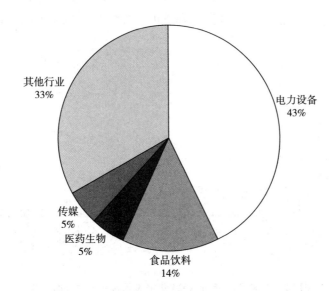

图 20　2022 年中国 ESG 基金第一大重仓股所在行业数量

资料来源：Wind。

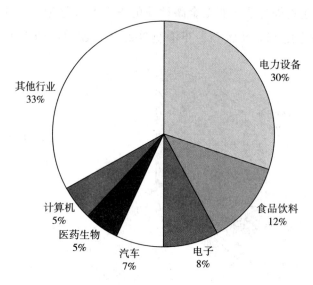

图21   2023年中国ESG基金第一大重仓股所在行业数量

资料来源：Wind。

从ESG基金的第一大重仓股次数上来看，宁德时代、贵州茅台的重仓次数明显领先（见图22），新能源赛道仍是多数ESG基金产品的选择方向。

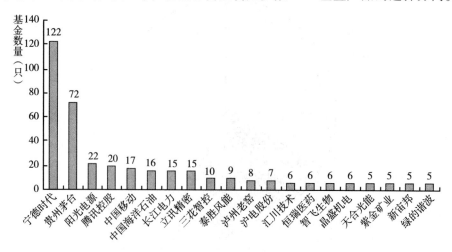

图22   中国ESG基金2023年报披露第一大重仓股排序

资料来源：Wind。

此外，中国外对 ESG 投资的认识基础存在明显差异，这也影响了基金投资中的行业选择。海外部分 ESG 基金在 ESG 负面筛选策略的指导下往往剔除酒精、烟草等行业，而中国 ESG 基金中白酒也成为重仓布局的方向之一。

（七）投资者：ESG 基金以个人投资者为主

与海外 ESG 基金投资者以机构为主不同，中国 ESG 基金由于权益类产品占主导，而主要由个人投资者持有。

截至 2023 年末，个人投资者持有占比平均值约 76%，在过去 5 年里持有占比一直稳定在 70% 以上。2023 年末，过半数 ESG 基金的个人投资者持有占比在 90% 以上，贡献了 51% 的规模占比（见图 23），涉及基金规模达 2793.73 亿元。

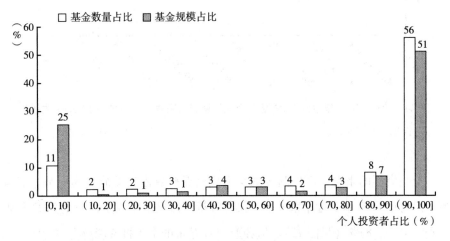

图 23　2023 年中国 ESG 基金个人投资者占比对应的基金数量和规模占比

资料来源：Wind。

从不同 ESG 主题来看，2021～2023 年 ESG 策略基金的个人投资者持有占比在 90% 左右，是个人投资者持有占比最高的一类。纯 ESG 主题基金的个人投资者持有占比近年来有增长的趋势，并自 2022 年起维持在 70% 水平以上。环境保护主题基金与 ESG 基金整体的个人投资者持有占比趋于接近，

2023 年末环境保护主题基金的个人投资者持有占比约 75%。社会责任主题基金的个人投资者持有占比相对偏低，2023 年末占比为 62%。公司治理主题基金的个人投资者持有占比自 2021 年以来呈下降趋势，2023 年末占比约71%，略低于 ESG 基金整体的个人投资者持有占比（见图 24）。

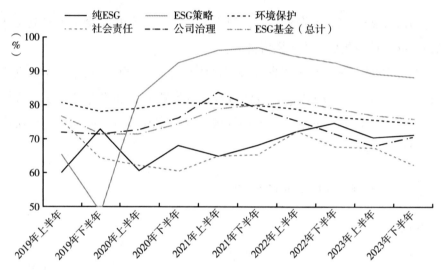

图 24　2019~2023 年中国 ESG 基金个人投资者持有占比平均值（按 ESG 主题）

资料来源：Wind。

分投资标的来看，ESG 基金的个人投资者持有占比差异较为明显。股票型、混合型 ESG 基金近年来的个人投资者持有占比趋于稳定，截至 2023 年末分别为 73%、84%（见图 25）。债券型 ESG 基金的个人投资者持有占比明显偏低，呈下降趋势，截至 2023 年末，债券型 ESG 基金的个人投资者持有占比为25%，这反映出债券型 ESG 基金大部分由机构投资者持有。事实上，银行等机构投资者为 ESG 债券基金的主要配置力量，市场所发行的绿色及 ESG 主题债基以发起式为主，持有人结构以机构为绝对主导。截至 2023 年末，根据各基金年报，机构投资者所持有的 ESG 债券基金份额在总份额中占比高达 99.9%。

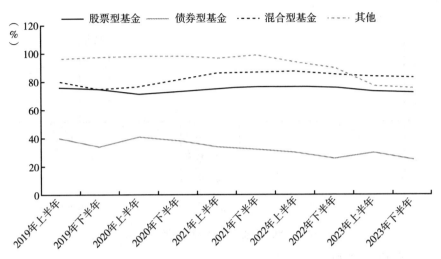

图 25   2019～2023 年中国 ESG 基金个人投资者持有占比平均值（按标的）

资料来源：Wind。

四　中国 ESG 基金的收益水平

（一）整体情况：长期回报表现较好，短期收益表现较弱

从中国 ESG 基金的整体收益水平来看，长期回报表现较好，短期收益表现较弱。近 5 年（2019～2023 年）平均收益率为 41.84%，较同期沪深300 的超额收益率为 51.44%；近 3 年（2021～2023 年）平均收益率为-31.14%，与同期沪深 300 表现接近，超额收益率为 1.22%。

2024 年初至今，中国 ESG 基金的整体收益水平较弱，平均收益率为-4.78%，没有跑赢同期沪深 300（-0.06%）（见图 26）。

（二）分主题：ESG 策略基金长期表现领先，环境保护主题短期表现落后

从不同 ESG 主题的角度来看，近 5 年来，各 ESG 主题基金相较于沪深

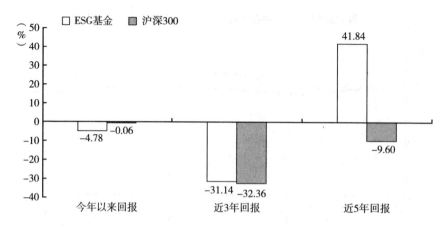

图26　中国 ESG 基金与沪深 300 指数收益水平对比

资料来源：Wind。

300 均取得了明显的超额收益。其中，ESG 策略基金近 5 年平均收益率达102.47%，较同期沪深 300 的超额收益率达 112.07%。其次，纯 ESG 主题基金近 5 年平均收益率达 49.76%，环境保护、社会责任、公司治理主题基金近 5 年平均收益率分别为 45.61%、32.34%、36.70%，均跑赢同期沪深 300（-9.6%）。

近 3 年收益水平上，不同 ESG 主题基金表现不一。受市场低迷行情影响，各 ESG 主题下的基金收益表现不佳，但多数主题基金仍跑赢同期沪深300 指数。其中，近 3 年收益表现最好的是社会责任主题基金，近 3 年平均收益率为-19.19%，较同期沪深 300 的超额收益率为 13.17%；近 3 年收益表现最差的是环境保护主题基金，近 3 年平均收益率为-41.37%，没有跑赢同期沪深 300 指数（-32.36%）（见图27）。

2024 年初至今，各 ESG 主题基金的收益表现平平，都没有跑赢同期沪深 300（-0.06%）。纯 ESG 主题基金、ESG 策略基金的平均收益率分别为-0.39%、-0.23%；泛 ESG 主题基金中，环境保护主题基金收益水平垫底，为-9.76%，社会责任、公司治理主题基金分别为-2.31%、-1.03%（见图28）。

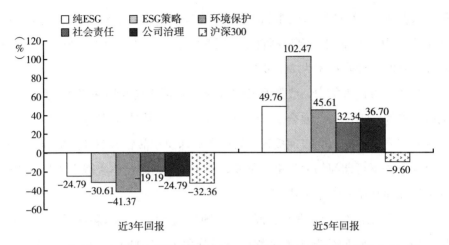

图 27 中国不同 ESG 主题基金与沪深 300 指数近 3 年和近 5 年收益水平对比

资料来源：Wind。

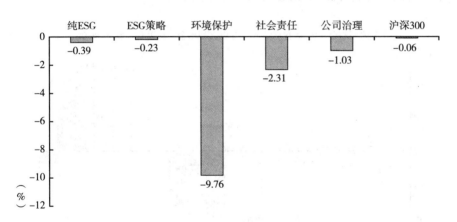

图 28 中国不同 ESG 主题基金与沪深 300 指数 2024 年以来收益水平对比

资料来源：Wind。

（三）分标的：固收短期更优，权益长期更好

分投资标的来看，近 5 年来，股票型、债券型及混合型 ESG 基金均跑赢沪深 300 指数。其中，混合型 ESG 基金近 5 年平均收益率领先，为 46.45%，较同期沪深 300 的超额收益率达 56.05%；股票型 ESG 基金近 5 年

平均收益率为 42.71%，较同期沪深 300 的超额收益率达 52.31%。其次，债券型 ESG 基金也取得一定超额收益，近 5 年平均收益率为 14.58%，较同期沪深 300 的超额收益率为 24.18%。

近 3 年收益水平中，股票型 ESG 基金表现低于同期沪深 300，近 3 年平均收益率为 -37.03%。混合型 ESG 基金近 3 年平均收益率为 -33.47%，收益水平与同期沪深 300 表现接近，较同期沪深 300 落后 1.11%。债券型 ESG 基金在市场下行期间的表现更为坚韧，近 3 年平均收益率取得 8.96%，相较同期沪深 300 超额收益率达 41.32%。

2024 年初至今，股票型和混合型 ESG 基金都没有跑赢同期沪深 300。股票型、混合型 ESG 基金的平均收益率分别为 -7.00%、-5.16%。债券型 ESG 基金表现略优于同期沪深 300（-0.06%），其平均收益率为 2.61%，较同期沪深 300 的超额收益率为 2.67%（见图 29）。

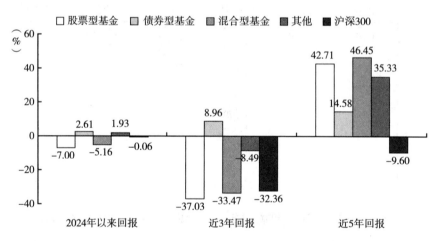

图 29 中国不同投资标的 ESG 基金与沪深 300 指数收益水平对比

资料来源：Wind。

固收指数方面，综合类指数中选取涵盖样本券较广泛的"中债-绿色债券综合财富（总值）指数""中债-兴业绿色债券财富（总值）指数""中债-ESG 优选信用债财富（总值）指数"观测回报率，这三个指数 2023 年回报率分别为 4.13%、3.95%、4.92%。金融债指数选取"中债-中高等级绿色金融债券财富（总值）指数"观测回报率，2023 年回报率 3.41%。信用债指数选取"中债-高等级绿色公司信用类债券财富（总值）指数"观测回报率，2023 年回报率 4.07%（见表 15）。

表 15　各类指数回报率对比

单位：%

分类	指数名称	2023 年	2022 年	2021 年
综合指数	中债-绿色债券综合财富（总值）指数	4.13	2.67	4.70
	中债-兴业绿色债券财富（总值）指数	3.95	2.70	4.47
	中债-ESG 优选信用债财富（总值）指数	4.92	2.75	4.77
金融债指数	中债-中高等级绿色金融债券财富（总值）指数	3.41	2.66	3.72
信用债指数	中债-高等级绿色公司信用类债券财富（总值）指数	4.07	2.51	4.98

资料来源：Wind。

综合来看，ESG 优选信用债指数在各年度表现较优，未来或具备基于此创设产品的潜力。

（四）分策略：主动型 ESG 基金长期收益略优，短期收益差别不显著

从主动型、被动型策略的角度来看，近 5 年来，主动型和被动型 ESG 基金均跑赢沪深 300 指数。其中，主动型 ESG 基金近 5 年平均收益率表现更优，为 49.93%，较同期沪深 300 的超额收益率达 59.53%；被动型 ESG 基金近 5 年平均收益率为 22.57%，较同期沪深 300 的超额收益率为 32.17%。

近 3 年收益水平上，主动型和被动型 ESG 基金表现略逊于同期沪深 300 指数。主动型 ESG 基金近 3 年平均收益率为-37.23%，被动型 ESG 基金近 3 年平均收益率为-35.45%。

2024年初至今，主动型和被动型ESG基金的收益表现比较相近，并且都没有跑赢同期沪深300。主动型、被动型ESG基金2024年初至今平均收益率分别为-6.31%、-5.99%（见图30）。

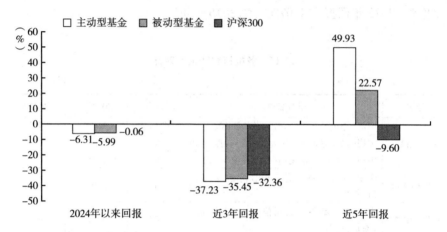

图30 中国主动型、被动型ESG主题基金与沪深300指数收益水平对比

资料来源：Wind。

中国主动型固收类ESG基金类别均为中长期纯债基金。2021~2023年，中国主动型ESG类债基平均收益率分别为4.63%、2.27%、3.33%，全市场中长期纯债基金平均收益率分别为4.04%、2.34%、3.65%，全市场债券基金平均收益率分别为5.02%、0.64%、2.88%，主动型ESG类债基平均收益率整体低于全市场中长期纯债基金，但要高于全市场债券基金（见图31）。

五 中国ESG基金行业展望

（一）政策端：ESG理念契合高质量发展的国家战略

ESG理念强调对环境和生态的保护、社会责任的履行及公司治理水平的提高，这与我国的新发展理念、高质量发展、人与自然和谐共生、"双碳"目标等政策理念高度契合。国家战略也为我国的ESG发展奠定了重要

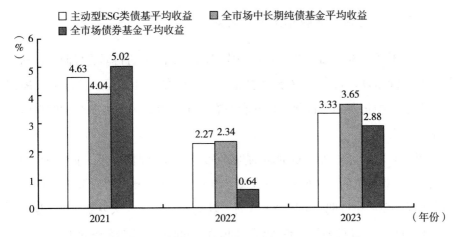

图 31　2021~2023 年中国主动 ESG 债基与中长债基及全部债基收益率对比

资料来源：Wind。

的顶层设计基础，明确了我国未来 ESG 的发展蓝图。与海外许多发达国家发展 ESG 投资依靠投资者需求驱动不同，政策规范、监管助力是中国践行 ESG 投资理念的强大驱动力。目前，ESG 正在逐步融入主流政策框架，例如三大交易所在 2024 年上半年发布《上市公司自律监管指引——可持续发展报告（试行）》、北京出台《北京市促进环境社会治理（ESG）体系高质量发展实施方案（2024-2027 年）》、上海出台《加快提升本市涉外企业环境、社会和治理（ESG）能力三年行动方案（2024-2026 年）》，等等。随着新发展理念和高质量发展的深入人心，ESG 有望成为广大企业、地方高质量发展的有力抓手。

中国 ESG 基金投资在 2021 年后经历了快速增长，在 2023 年呈现高涨后回落的趋势。随着对市场监管的严格化、对 ESG 披露要求的逐渐规范化，行业内 ESG 投资框架已逐渐成熟，基金管理机构普遍采纳了系统化的投资流程，对 ESG 投资的理解也不断深入，中国签署 PRI 的机构逐年增长。作为投资者推动标的企业可持续发展的有效途径之一，投后阶段重视尽责管理工作的机构也越来越多，ESG 投资生态有望进一步得到优化。

（二）标的端：固收基金大有可为

从中国经济基本面出发，未来一段时间，中国长期利率趋势向下。从海外已有实践出发，长期利率下行过程中，固收类基金将迎来较好的发展窗口。鉴于中国长期利率目前仍较 0 利率有一定距离，固收类基金发展有坚实的基本面支撑。

而基于 ESG 理念创设的固收类基金产品，特别是绿债基金，本身契合中央金融工作会议提出的"写好五篇大文章"要求，未来有望获得政策进一步支持，迎来发展的重要窗口期。市场潜力方面，截至 2023 年末，绿色债券存续规模约为 3.17 万亿元，此前困扰产品创设的绿债容量问题已经逐步得到解决。

（三）策略端：被动基金前景广阔

鉴于指数类产品具备低费率、透明度高等优点，预计后续被动型固收类 ESG 基金规模将持续增长。

随着以绿色债券为主的 ESG 债券规模不断放量，ESG 债券指数持续扩容，ESG 债券指数基金构建难度及后续管理难度均持续下降。ESG 指数中，绿债相关指数数量偏多，且发布时间偏早，各类发布机构如中债、中证、上清所等均有相应指数。ESG 债券指数则以定制为主。

截至 2023 年末，中债估值中心共发布中债绿色及可持续发展系列指数 33 只，其中先后为银行、银行理财子公司、保险及券商类编制共计 10 只定制 ESG 指数。2023 年 10 月，首只指数类固收 ESG 基金成立。该基金所跟踪指数为 CFETS 银行间绿色债券指数，2023 年末规模为 40 亿元，为全市场规模最大的 ESG 债券基金。

（四）投资者端：机构有更大空间

基于前述固收产品、被动产品有望获得进一步增长的判断，结合中国固收产品投资者以机构（商业银行）为主的实际，未来一个时期，中国 ESG 基金的投资者重心或将向机构端倾斜。

（五）实操端：ESG 深度融入投资实务

从海外 ESG 基金策略实践来看，ESG 整合和尽责管理策略逐渐成为主流。从典型案例出发，主动权益基金具备一定的下行保护特征。在未来的投资实践中，应在传统的投资分析框架中融入 ESG 因素，以增强长期的风险调整回报率。

权益方面，未来 ESG 整合、主体投资、筛选可能成为主流策略。对于机构投资者而言，可以通过发挥自身影响力、企业参与及股东行为等各种方式，通过改善 ESG 绩效来获取超额收益。

固收方面，未来中短期可以考虑逐步拓展治理因素即"G"因素的影响，并将特定行业的"E"和"S"因素纳入信评调整项。中长期，则可以通过整合法、主题法等开展固收 ESG 投资策略的构建。

B.6
农业 ESG 投资发展报告（2024）

殷格非　左玉晨　邓文杰　贾丽　卢洁*

摘　要： 本报告对农业上市企业 ESG 基本情况、ESG 要求、ESG 表现等进行研究，并对农业上市企业进行 ESG 价值量化分析。研究结果发现，农业发展前景广阔，受到资本市场青睐；农业上市企业 ESG 表现和投资收益呈现正相关性，ESG 治理更为完善、对环境影响更为友好、对社会贡献更为突出的企业更容易得到资本市场的关注与认可，投资者往往也会获得更为稳定可持续的投资收益。建议投资者关注企业 ESG 价值核算数据，更好地引导资金流向具备高质量可持续发展前景的农业企业。

关键词： 农业　上市企业　ESG 投资　ESG 价值量化

农业作为国家的支柱产业之一，其发展对于国家经济的繁荣和社会的稳定至关重要。21 世纪以来，我国农业农村经济发展成就显著，现代农业加快发展，物质技术装备水平不断提高，农业资源环境保护与生态建设支持力度不断加大，农业可持续发展取得了积极进展。我国 2015 年正式发布《全国农业可持续发展规划（2015-2030 年）》，这是该时期指导农业可持续发

---

* 殷格非，责扬天下（北京）管理顾问有限公司创始人、金蜜蜂智库首席专家，北京一标数字科技有限公司董事长兼 CEO，国际注册管理咨询师，主要研究领域为企业社会责任、ESG、可持续发展等；左玉晨，北京一标数字科技有限公司研发部总监助理，中级经济师，主要研究领域为企业社会责任、ESG、可持续发展等；邓文杰，责扬天下（北京）管理顾问有限公司天津公司总经理，主要研究领域为企业社会责任管理、ESG、可持续发展等；贾丽，北京一标数字科技有限公司副总经理、首席数据分析师，主要研究领域为企业社会责任、ESG、可持续发展等；卢洁，北京一标数字科技有限公司数据分析经理，主要研究领域为企业社会责任、ESG、可持续发展等。

展的纲领性文件。党的十八大将生态文明建设纳入"五位一体"中国特色社会主义总体布局，全社会对资源安全、生态安全和农产品质量安全高度关注。2020 年中国向全世界做出碳达峰碳中和的郑重承诺，绿色发展、循环发展、低碳发展理念随之更加深入人心，为农业可持续发展凝聚了社会共识。2024年1月1日《中共中央　国务院关于学习运用"千村示范、万村整治"工程经验有力有效推进乡村全面振兴的意见》发布，强调了"三农"问题在中国特色社会主义现代化时期"重中之重"的地位。至此，农业迎来重大可持续发展机遇，故本报告将选取农业进行 ESG 投资价值研究。

一　农业上市企业 ESG 概况

农业作为国家的支柱产业之一，其发展对于国家经济繁荣和社会稳定至关重要。近年来，国家相关政策强调了农业可持续发展的重要性，同时也为农业 ESG 投资带来重要机遇。本部分将从农业行业概况和农业上市企业 ESG 要求两方面介绍农业上市企业 ESG 概况。

（一）农业行业概况

1. 行业发展概况

《中共中央　国务院关于学习运用"千村示范、万村整治"工程经验有力有效推进乡村全面振兴的意见》是党的十八大以来指导"三农"工作的第 12 个中央一号文件。文件以推进乡村全面振兴为主题，以学习运用"千万工程"经验为引领，对 2024 年及今后一个时期的"三农"工作做出全面部署，充分体现了以习近平同志为核心的党中央对"三农"工作一以贯之的高度重视。这就意味着，农业农村经济展现出持续的积极发展态势不仅充分回应了国家经济社会发展所面临的各种风险和挑战，还为经济社会的稳定发展提供了坚实的支撑。根据国家统计局初步核算，2023 年全年国内生产总值达到 1260582 亿元（约合 126.06 万亿元），按不变价格计算，比上年增长了 5.2%。其中，第一产业增加值为 89755 亿元（约合 8.98 万亿元），实

现了4.05%的实际增长率,在国内生产总值中所占比重约7.12%,对GDP增长的贡献率达到了5.94%。农林牧渔业增加值为94463亿元(约合9.45万亿元),在国内生产总值中所占比重约7.49%。

2023年,农副食品加工及食品制造行业固定资产投资(不含农户)分别实现了7.7%与12.5%的增长。乡村消费品零售额达到64005亿元,同比增长8.0%。大豆播种面积连续两年保持在1000万公顷以上,2023年大豆产量高达2084万吨,创历史新高。展望2024年,我国农业农村经济发展前景乐观。农林牧渔业发展态势良好,第一产业投资预计将迎来增长,乡村消费市场有望进一步扩容和升级。农产品和食品价格预计将保持基本稳定,相关涉农产业将维持恢复性增长趋势。在农产品贸易方面,总体规模预计保持稳定,高价值农产品如肉类及制品、乳品、水产品和水果及制品的进口数量预计增加,而谷物及谷物粉和大豆的进口数量则预计减少。受益于各项增收措施,农村居民人均可支配收入预计将持续增长,到2024年预计将达到约2.3万元,城乡居民收入比值预计将降至2.35左右。

另外,根据农业农村部发布的信息,2023年全国农垦经济的运行态势整体向好。粮食产量再次实现丰收,农业生产展现出持续的良好发展态势。与此同时,工业部门保持了稳定的增长态势。然而,投资和外贸领域呈现出轻微的下降趋势。全国农垦企业的经营状况正在逐步恢复至稳定状态,主要经济指标大体保持稳定。与2022年末的数据相比,预计2023年农垦企业的资产规模将实现稳步增长,营业总收入也有所上升。2023年,全国农垦系统(不包括新疆生产建设兵团)的生产总值预计达到6557.89亿元,较上年增加8.3%。在产业分布上,第一产业的增加值为1576.09亿元,增长7.0%;第二产业增加值为2835.93亿元,增长13.1%;第三产业增加值为2145.88亿元,增长3.6%。这三个产业增加值在生产总值中的占比分别为24.0%、43.3%和32.7%,对经济增长的贡献率依次是20.3%、65.0%和14.7%。

根据2023年全国农垦经济发展统计公报,全年农垦工业总产值预计达到8914.54亿元,比上年增加240.59亿元,增长率为2.8%。全年全国农垦固定资产投资预计完成总额为 2563.40 亿元。此外，全国农垦的外贸出口供货商品金额预计达到 125.35 亿元。农垦粮食生产持续呈现稳定增长态势，粮食播种面积与产量均保持在较高水平。全年农垦粮食种植面积达到 7785 万亩，较上年增加 122 万亩；其中大豆种植面积为 1700 万亩，比上年增加 23 万亩。预计粮食总产量将超过 788 亿斤，比上年增产 18 亿斤。

总体上，在错综复杂的国内外经济环境及频繁且严重的自然灾害面前，中国农业发展依然保持了稳定向好和逐步前进的趋势，为经济的恢复与高质量发展提供了坚实的基础和强有力的支持。农业资源研究中心相关负责人认为，农业可持续发展是实现国家绿色发展乡村振兴的必然途径。未来，中国农业将会走出一条产出高效、产品安全、资源节约、环境友好的现代农业可持续发展之路。

2. 行业发展阶段

中国农业发展经历了从传统农耕到现代农业技术的转型，这一过程涵盖了广泛的主题，包括科技进步、政策支持、市场需求以及环境保护等方面。当前，中国农业面临着人口增长、土地资源有限、气候变化等挑战，同时也迎来了生物技术、智能农机等新机遇。中国农业历史悠久，传统农耕方式在很长一段时间内占据主导地位。随着科技进步和政策支持，中国农业逐渐实现了现代化转型。在 20 世纪 50 年代至 70 年代，中国实施了一系列农业改革，如土地改革、农业合作化运动和人民公社化运动等，这些改革为农业生产力的提高奠定了基础。20 世纪 80 年代以来，中国农业进入了快速发展阶段，农业科技水平不断提升，农业生产效率得到显著提高。纵观我国农业发展历程，主要划分为三个阶段，分别为小农经济阶段、农业集约经营阶段、农业现代化阶段。

（1）小农经济阶段

小农经济阶段主要特征表现为自给自足、生产结构单一。这一时期的经济活动以家庭为单位、以生产资料个体所有制为基础，主要依赖家庭成员的劳动来满足自身消费需求，形成了一种小规模的农业经济模式。在这一阶段中，农户既有利用自有土地进行农业生产的情况，也有通过租赁土地来经营

农业的情形，甚至有些农户同时经营自有和租入的土地。小农经济阶段的核心特点可以概括为四个方面：首先，农户在较小的土地上采用传统的手工工具进行分散式的耕作；其次，由于生产力水平相对较低，农户在面对自然灾害时缺乏足够的抵御能力；再次，由于私有制在社会经济中占据主导地位，农户的经济地位呈现出不稳定性，容易形成贫富差距；最后，小农经济模式本质上是一种自给自足的生产与消费方式。

（2）农业集约经营阶段

农业集约经营阶段可追溯至封建社会中期，当时由于人口众多和土地资源相对匮乏，农业经营主要依赖于增加活劳动的投入和采用传统的精耕细作技术。这种单纯依靠劳动的集约经营模式，不仅劳动生产率较低，单位面积产量提升也有限。中华人民共和国成立后，随着社会主义经济建设的发展，农业集约经营开始逐渐引入化肥、农药、农业机械和优良品种等生产资料。在中国，社会主义制度的建立与发展推动了农业生产的社会化。由于对农业分工与商品经济发展的重视不足，农业集约经营发展较为缓慢。1978年后，农业集约经营的发展明显加速，特别是在20世纪80年代初，国家实施的一系列活跃农村经济和鼓励农民致富的政策，使得农业集约经营发展进程加快，劳动生产率和单位面积产量均实现了较快增长，中国农业经历了从自给、半自给经济向较大规模商品经济的转变，进一步加快了农业生产社会化的步伐。尽管如此，中国人口众多且国民经济相对落后的现状难以迅速改变，农业集约经营仍需重视活劳动的投放，并重视提高农业劳动力的科学技术水平，以逐步实现从体力劳动集约型的农业向知识集约型的农业转变。

（3）农业现代化阶段

农业现代化阶段将按照《"十四五"推进农业农村现代化规划》计划于2025年基本实现。农业现代化追求的是构建一个高效、环保且资源利用合理的农业生产体系。传统农业向现代农业的转型不仅涉及技术革新，如改进生产技术，优化管理方法及改革经济体制，还包括提升文化教育水平和调整农村社会结构。农业现代化的核心目标超越了单纯的生产技术更新，更强调工业和农业协调发展、农业生产组织的现代化管理以及农民科学文化素质的全面提升。农业现代化是一个综合性的概念，是指将现代工业技术和科学方法应用于农业领域，以提高农业生产力和效率，实现农业的可持续发展。农业现代化不仅包括技术层面的革新，如农业机械化、电气化、化学化、水利化、良种化和土壤改良等关键措施，还包括生产者的科学文化素质、制度创新和社会组织的现代化。在这些关键要素中，机械化和化学化尤为重要，共同构成了实现农业现代化的物质基础。农业现代化还意味着从自给自足的农业模式向商品化农业的转变，这一过程中需要提高农民的商品意识，建立并发展商品农业市场秩序。在"十四五"规划期间，推进农业农村现代化的战略将侧重于七大核心任务，概括为"三个提升、三个建设、一个衔接"。具体而言，"三个提升"战略致力于提高粮食及其他关键农产品的供给保障能力，增强农业的质量效益与竞争力，以及推动产业链和供应链向现代化水平迈进。"三个建设"战略旨在促进农村地区的全面现代化，包括打造宜居宜业的乡村环境，构建绿色且美丽的乡村风貌，以及营造文明和谐的乡村社区。"一个衔接"战略强调巩固和拓展脱贫攻坚的成果，确保其与全面推进乡村振兴的目标有效衔接。

目前，中国农业已经取得了显著的成果。粮食产量稳步增长，农产品质量不断提高；农业产业结构不断优化，农民收入持续增长。同时，中国农业也积极参与国际竞争，农产品出口额逐年增加。这些成果得益于政府的政策支持、农民的努力和科技创新。尽管取得了显著的成果，但中国农业仍面临一些挑战。首先，人口增长和土地资源有限是中国农业发展的主要制约因素。随着人口的增长，人们对粮食和其他农产品的需求也在增加，而土地资源的有限性使得农业生产难以满足人们日益增长的需求。其次，气候变化对中国农业产生了一定的影响。极端天气事件频发、降水分布不均等问题给农业生产带来了不确定性和风险性。最后，农村劳动力短缺和农业环境污染也是当前中国农业面临的重要问题。中国农业在应对挑战中也迎来新的机遇，例如，生物技术和智能农机的应用为中国农业开辟了新的发展空间。生物技

术的应用可以提高作物的抗病性和适应性，降低农药使用量；智能农机的应用可以提高农业生产效率和精准度，减少对劳动力的需求；"互联网+农业"模式也为农产品销售提供了新渠道和平台。

3. 资本市场概况

农业作为人类社会的根基产业，其重要性不言而喻，随着科技的进步和全球化的推进，农业的重要性更加凸显，尤其是在保障粮食安全、支撑农村经济、提供就业机会、保护生态环境、促进科技进步等方面。2022 年《中国人民银行关于做好 2022 年金融支持全面推进乡村振兴重点工作的意见》发布之后，2023 年中国人民银行等五部门又联合发布了《关于金融支持全面推进乡村振兴 加快建设农业强国的指导意见》，对做好粮食和重要农产品稳产保供金融服务、强化巩固拓展脱贫攻坚成果金融支持、加强农业强国金融供给等方面提出具体要求，覆盖农产品稳产保供、高标准农田和水利基础设施建设、加强种业振兴、构建多元化食物供给体系、农业关键核心技术攻关、现代设施农业和先进农机研发、农业绿色发展、做大做强农产品加工流通业等多项内容。随着国家陆续出台农业的支持政策，不断对二级市场释放农业的利好信号，中国农业受到了资本市场的广泛青睐。

农林牧渔行业指包括种植业、养殖业、饲养业、林业、牧业、捕捞业、水利业及其相关产业在内的一系列产业。

（1）农业行业上游

农业行业上游包括经营种子、化肥农药、农机装备、种苗、饲料、动物疫苗的农业企业。

隆平高科：袁隆平农业高科技股份有限公司是由湖南省农业科学院、湖南杂交水稻研究中心、袁隆平院士等发起设立、以科研单位为依托的农业高科技股份有限公司，是一家以"光大袁隆平伟大事业，用科技改造农业，造福世界人民"为使命的农业高新技术企业，于 2000 年 5 月发行 A 股。

新安股份：新安集团主营作物保护、硅基新材料、新能源材料等，其中，草甘膦、有机硅等主导产品的产量和技术水平位居世界前列，并先后荣获中国名牌、中国驰名商标、最具市场竞争力品牌等荣誉，于 2001 年 9 月成功在上海证券交易所 A 股上市。

一拖股份：第一拖拉机股份有限公司是中国内地在香港上市的唯一农机制造与销售企业，是我国"一五"期间兴建的 156 个国家重点项目之一，也是中国农机行业的特大型企业。1997 年，中国一拖集团将与拖拉机相关的业务、资产、负债人员重组后进行股份制改造，依法设立了第一拖拉机股份有限公司，并在境外发行 H 股股票，于同年 6 月 23 日在香港上市。

新希望集团：新希望集团自 1982 年创业以来，历经三十余年的扎实发展，涉足食品与现代农业、乳业与快消品、房产与基础设施、化工与资源等多个领域，入选中国企业 500 强、《财富》世界 500 强，于 1998 年上市。

大北农：大北农集团是以邵根伙博士为代表的青年学农知识分子于 1993 年创办的农业高科技企业，经过多年的发展成为以饲料、种业为主体，以动物保健、植物保护、疫苗、种猪、生物饲料为辅的农业知识企业集团，于 2010 年上市。

中牧股份：中牧实业股份有限公司由中国牧工商（集团）总公司作为独家发起人，以募集方式于 1998 年 12 月 25 日成立的股份制有限公司，于 1999 年上市。公司始终致力于新型、环保、安全、绿色的高科技产品的开发、生产和推广利用，经过多年的不懈努力，在动物保健品和动物营养品领域始终处于领先地位。

（2）农业行业中游

农业行业中游包括种植业和养殖业的农业企业。

北大荒：北大荒农垦集团有限公司作为国家重要的商品粮基地，具备超过 400 亿斤的粮食综合生产能力和商品粮保障能力，粮食产能连续 13 年稳定在 400 亿斤以上，实现"二十连丰"。北大荒集团是国家商品粮生产基地和重要农产品生产基地，在屯垦戍边、发展生产、支援国家建设、保障国家粮食安全方面担当重要角色，是中国农业先进生产力代表，于 2001 年在港股上市，2002 年在上海证券交易所上市。

牧原股份：牧原食品股份有限公司是牧原集团旗下子公司，始创于

1992 年，历经 30 余年发展，现已形成集饲料加工、生猪育种、生猪养殖、屠宰加工为一体的猪肉产业链，于 2014 年上市。

（3）农业行业下游

农业行业下游包括经营农产品加工、农产品交易的农业企业。

中粮糖业：中粮糖业控股股份有限公司由中粮集团控股，业务在国内、外有完善的产业布局，拥有从国内外制糖、进口及港口炼糖、国内贸易、仓储物流的全产业链运营模式，于 1996 年上市。

益海嘉里：益海嘉里金龙鱼食品集团股份有限公司旗下拥有"金龙鱼""欧丽薇兰""胡姬花""香满园""海皇""金味""丰苑""锐龙""洁劲100"等知名品牌，产品涵盖了小包装食用油、大米、面粉、挂面、调味品、食品饮料、餐饮产品、食品原辅料、饲料原料、油脂科技等诸多领域，于 2020 年上市。

双汇发展：双汇是中国最大的肉类加工基地，也是农业产业化国家重点龙头企业，于 1998 年上市。公司在全国 18 个省份建有 30 个现代化的肉类加工基地和配套产业，形成了涵盖饲料、养殖、屠宰、肉制品加工、调味品生产、新材料包装、冷链物流、商业外贸等的完善产业链。

（二）农业上市企业 ESG 要求

1. 行业政策方面

（1）农业 ESG 信息披露

近年来各交易所陆续发布 ESG 信息披露指引。2021 年 11 月，香港联合交易所刊发《气候信息披露指引》，拟于 2025 年或之前强制实施符合 TCFD 建议的气候相关信息披露。2024 年 4 月，香港联交所发布《香港交易所环境、社会及管治框架下气候信息披露的实施指引》，就有关气候信息披露的新规征询市场意见。2020 年 1 月，上海证券交易所发布《上海证券交易所上市公司环境、社会和治理信息披露指引》，规定了上市公司必须按照 ESG 信息披露要求编制年度报告。2022 年 3 月，上海证券交易所正式发布《上海证券交易所"十四五"期间碳达峰碳中和行动方案》，提出优化股权融资服务，强化上市公司环境信息披露，推动企业低碳发展等举措。2022年1月，深圳证券交易所发布施行《深圳证券交易所股票上市规则（2022年修订）》，首次纳入社会责任相关内容，提出"公司应当按规定编制和披露社会责任报告"。2022年1月，深圳证券交易所发布《深圳证券交易所上市公司自律监管指引第1号——主板上市公司规范运作》，落实了企业社会责任，强化环保事项披露。值得注意的是，2024年4月12日，上海证券交易所、深圳证券交易所和北京证券交易所正式发布了《上市公司可持续发展报告指引》（以下简称《指引》），并自2024年5月1日起实施。此外，沪深北交易所还同步配发《指引》英文稿，以充分满足国际投资者需要。

（2）农业ESG发展

国际方面，2023年，第28届联合国气候大会（COP28）期间，联合国粮食及农业组织（FAO）发布一份引发全球共鸣的农业转型全球解决方案路线图（Achieving SDG 2 without breaching the 1.5℃ threshold：A Global Roadmap）。该路线图呼吁各国制定2030年的国家"行动计划"，以解决清洁能源、作物和食品浪费等关键领域的问题。FAO设定了明确的目标，到2025年全球慢性饥饿人口将降至1.5亿人，到2030年将降至零。同时，FAO还设定了2030年将全球温室气体排放削减至25%，并在2035年达到碳中和的目标，以便到2050年农业食品系统成为碳汇。[①]

国内方面，近年来中国政府对可持续发展和环境保护的重视程度显著提升，在农业ESG发展方面承担了重要责任。政府通过规制、推进和监督三个层面，积极推动农业加强ESG建设。多个部门联合出台了一系列政策，旨在为绿色农业的ESG发展提供良好的政策支持（见图1、表1）。同时，政府还鼓励和引导企业积极开展ESG行动，以推动农业现代化和产业升级。这些举措为绿色农业的规范化、可持续化发展提供了坚实的保障。

[①] FAO, Achieving SDG 2 without breaching the 1.5℃ threshold：A global roadmap, https：//doi.org/10.4060/cc9113en。

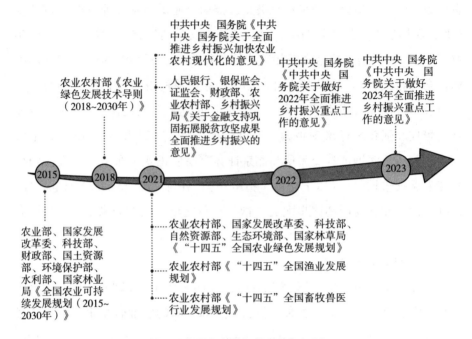

图 1   中国出台的相关政策与规划

表 1   中国绿色农业政策框架体系

发布时间	发布机构	文件名称	内容
2015 年	农业部、国家发展改革委、科技部、财政部、国土资源部、环境保护部、水利部、国家林业局	《全国农业可持续发展规划（2015－2030)年》	通过保护耕地资源、提升耕地质量、节约高效用水、治理环境污染、改善农村环境、修复农业生态等措施，推动农业向可持续发展转型。提出了到 2020 年和 2030 年的具体目标，包括耕地基础地力提升、农田灌溉水有效利用系数提高、森林覆盖率增加等
2018 年	农业农村部	《农业绿色发展技术导则（2018－2030 年)》	明确了到 2030 年的发展目标，包括构建完善的农业绿色技术体系、提升农业生产的资源利用效率、促进农产品质量和农业竞争力的提升。主要任务涵盖研制绿色投入品、研发绿色生产技术、发展绿色产后增值技术、创新绿色低碳种养结构与技术模式等

发布时间	发布机构	文件名称	内容
2021 年	农业农村部、国家发展改革委、科技部、自然资源部、生态环境部、国家林草局	《"十四五"全国农业绿色发展规划》	明确了到 2025 年和 2035 年的发展目标,提出了加强资源保护、污染防治、生态保护修复、产业链升级、科技创新、体制机制完善等关键领域的具体措施。通过实施该规划,提升农业生产的可持续性,增加绿色优质农产品供给,促进农业农村现代化,为实现乡村振兴和生态文明建设提供支撑
2021 年	中共中央　国务院	《中共中央　国务院关于全面推进乡村振兴加快农业农村现代化的意见》	提出了到 2025 年农业农村现代化取得重要进展的目标,并围绕巩固拓展脱贫攻坚成果、加快推进农业现代化、实施乡村建设行动、促进农村消费和加快城乡融合发展等方面提出了具体政策和措施
2021 年	人民银行、银保监会、证监会、财政部、农业农村部、乡村振兴局	《关于金融支持巩固拓展脱贫攻坚成果 全面推进乡村振兴的意见》	通过创新金融产品与服务,确保金融政策与乡村振兴有效衔接,加大对脱贫地区和关键农业领域的金融投入,促进农业现代化和绿色发展,提升金融服务能力,完善农村基础金融服务,强化激励约束机制,以实现到 2025 年金融服务乡村振兴的能力和水平显著提升,助力农业高质量发展和农民生活改善
2021 年	国务院	《"十四五"推进农业农村现代化规划》	提出加快数字化乡村建设,通过生物育种、耕地质量、智慧农业、农业机械设备、农业绿色投入品等关键领域,加快研发与创新一批关键核心技术及产品。发展智慧农业,建立和推广应用农业农村大数据体系,推动物联网、大数据、人工智能、区块链等新一代信息技术与农业生产经营深度融合。建设数字田园、数字灌区和智慧农(牧、渔)场
2022 年	中共中央　国务院	《中共中央　国务院关于做好 2022 年全面推进乡村振兴重点工作的意见》	全力抓好粮食生产和重要农产品供给,合理保障农民种粮收益,同时强化现代农业基础支撑,加快发展设施农业;聚焦产业促进乡村发展,持续推进农村产业融合发展;推进农业农村绿色发展,加强农业面源污染综合治理
2023 年	中共中央　国务院	《中共中央　国务院关于做好 2023 年全面推进乡村振兴重点工作的意见》	提出了 2023 年及未来一段时期内"三农"工作的总体要求、主要任务和政策措施,强调了坚持农业农村优先发展、城乡融合发展的原则,以及确保国家粮食安全、防止规模性返贫等底线任务

①综合考量国情实际，制定初步发展目标。

2015 年，农业部等八部门联合发布了一份名为《全国农业可持续发展规划（2015-2030 年）》的纲领性文件，该文件对农业可持续发展提出了明确指导。根据文件内容，到 2020 年，农业可持续发展取得初步成效，经济、社会、生态效益明显。农业发展方式转变取得积极进展，农业综合生产能力稳步提升，农业结构更加优化，农产品质量安全水平不断提高，农业资源保护水平与利用效率显著提高，农业环境突出问题治理取得阶段性成效，森林、草原、湖泊、湿地等生态系统功能得到有效恢复和增强，生物多样性衰减速度逐步减缓。到 2030 年，农业可持续发展取得显著成效。供给保障有力、资源利用高效、产地环境良好、生态系统稳定、农民生活富裕、田园风光优美的农业可持续发展新格局基本确立。

该文件旨在指导当前农业的可持续发展，综合考虑了地区农业资源承载力、环境容量、生态类型以及发展基础等因素。针对绿色农业，提出了多项宏观指标，包括节约高效用水、治理环境污染和修复农业生态等。

②构建绿色技术体系，支撑绿色农业发展。

2018 年，农业农村部发布《农业绿色发展技术导则（2018－2030 年）》，提出通过全面构建农业绿色发展体系，优化资源布局，把科技创新的重点转移到注重质量和绿色上来，推动农业农村经济发展实现质量变革、效率变革和动力变革，科技引领支撑农业农村现代化和乡村全面振兴。

该导则提出，构建支持农业绿色发展的技术体系，不仅是推动农业供给侧结构性改革、提升我国农业的质量效益竞争力的关键路径，也是实施可持续发展战略、应对我国农业农村资源环境问题的基础策略，还是实施创新驱动发展战略、促进农业绿色发展新动能增长的迫切需求。建立这样一个技术体系，对于引导农业农村科技创新聚焦绿色发展，转变科技创新方向、优化科技资源布局、改革科技组织方式，以及加速以绿色为主导的科技创新和转化应用，都具有极其重要的指导价值。

按照发展目标，该导则提出了构建农业绿色发展技术体系的七个主要攻关任务，这七个任务清单涵盖了农业产前、产中、产后各个环节需要研发和推广的绿色投入品、技术模式和标准规范等，分别为：研制绿色投入品，研发绿色生产技术，发展绿色产后增值技术，创新绿色低碳种养结构与技术模式，绿色乡村综合发展技术与模式，加强农业绿色发展基础研究，完善绿色标准体系。

③细分农业绿色发展，多部专项规划出台。

推动农业的绿色化发展是一项系统工程，要求社会各界加强协调、密切配合，集合各方力量来共同推进这一艰巨任务。

2021 年，农业农村部等六部门联合印发《"十四五"全国农业绿色发展规划》，提出了全国农业绿色发展规划。具体而言，到 2025 年，农业绿色发展全面推进，制度体系和工作机制基本健全，科技支撑和政策保障更加有力，农村生产生活方式绿色转型取得明显进展。同时提出推动农业绿色发展、低碳发展、循环发展，打造绿色低碳农业产业链；全链拓展农业绿色发展空间，构建农业绿色供应链，推进产业集聚循环发展；坚持加工减损、梯次利用、循环发展，统筹发展农产品初加工、精加工和副产物加工利用，促进农产品商品化处理；以绿色为导向，推动农业与食品加工业、生产服务业和信息技术融合发展；加快绿色高效、节能低碳的农产品精深加工技术集成应用，建立健全绿色流通体系，促进绿色农产品消费。

从行业角度细分，农业农村部陆续推出《"十四五"全国渔业发展规划》《"十四五"全国畜牧兽医行业发展规划》等，设立各个行业产业发展目标、绿色生态目标、治理能力目标，为不同行业间企业具体推进、落实政府政策文件提供指引。

④乡村振兴持续推进，农业现代化开新篇。

2021 年，《中共中央　国务院关于全面推进乡村振兴加快农业农村现代化的意见》发布，提出到 2025 年，农业农村现代化取得重要进展，农业基础设施现代化迈上新台阶，要实现巩固拓展脱贫攻坚成果同乡村振兴

有效衔接；实施脱贫地区特色种养业提升行动，广泛开展农产品产销对接活动，深化拓展消费帮扶；持续做好有组织劳务输出工作；统筹用好公益岗位，对符合条件的就业困难人员进行就业援助，并加强农村低收入人口常态化帮扶。

该意见明确指出了加速实现农业现代化的迫切需求，包括要提升粮食和重要农产品供给保障能力，打好种业翻身仗，强化现代农业科技和物质装备支撑，构建现代乡村产业体系，推进农业绿色发展，推进现代农业经营体系建设。

同年 7 月，人民银行等六部门出台《关于金融支持巩固拓展脱贫攻坚成果 全面推进乡村振兴的意见》，提出金融机构要围绕巩固拓展脱贫攻坚成果、加大对国家乡村振兴重点帮扶县的金融资源倾斜、强化对粮食等重要农产品的融资保障、建立健全种业发展融资支持体系、支持构建现代乡村产业体系、增加对农业农村绿色发展的资金投入、研究支持乡村建设行动的有效模式、做好城乡融合发展的综合金融服务八个重点领域，加大金融资源投入。

2021 年 11 月，国务院印发《"十四五"推进农业农村现代化规划》，对"十四五"时期推进农业农村现代化的战略导向、主要目标、重点任务和政策措施等做出全面安排，谋划了粮食等重要农产品安全保障、乡村产业链供应链提升、乡村公共基础设施建设等重大工程，并要求健全落实相关机制，保障规划顺利实施。

2022 年 1 月，《中共中央 国务院关于做好 2022 年全面推进乡村振兴重点工作的意见》发布，提出将继续强化现代农业产业技术体系建设，推进农业现代化示范区创建。2023 年，《中共中央 国务院关于落实党中央国务院 2023 年全面推进乡村振兴重点工作部署的实施意见》发布，致力于全面推进乡村振兴，加速实现农业农村现代化的发展进程，确保为这一战略目标的实现提供坚实的保障体系。

2. 行业标准方面

在全球环境、社会与治理（ESG）投资趋势日益增长的背景下，中国农业相关行业协会充分发挥引导作用，制定和发布 ESG 相关标准（见图 2）。早在 2012 年，森林认证标委会发布了《中国森林认证 森林经营》（GB/T 28951-2012）和《中国森林认证 产销监管链》（GB/T 28952-2012）两项国家标准。2014 年，全国森林可持续经营与森林认证标准化技术委员会发布行业标准并于 2022 年最新修订为《中国森林认证 产销监管链认证操作指南》（LY/T 2282-2022）。2021 年，中国肉类协会发布业内首个有关绿色发展的团体标准《肉类产业绿色贸易规范》（T/CMATB 9001-2021），并将"避免采购毁林高风险地区的产品"纳入规范。2021 年，WWF 与中国肉类协会共同发布具有全球首创性的《中国肉类产业绿色贸易规范》标准及工具，进一步深化了合作内容。2023 年 9 月，在中国畜牧业协会的主导下，由三亚经济研究院、大北农等多家具有代表性的科研单位及农业企业共同起草并发布团体标准《畜牧行业环境、社会、公司治理（ESG）信息披露指南》（T/CAAA 120-2023），指导畜牧企业披露 ESG 信息，推动行业内部管理和外部形象的全面提升，促进畜牧业的可持续发展。

农业 ESG 行业标准的发布，不仅促进农业企业更加关注商业活动对自然环境产生的"外部性"影响，而且有利于政府更有效地引导与监管。这一举措也有助于企业提升自身价值，对社会的稳定与健康发展也有深远影响。因此，遵循农业 ESG 标准成为农业企业应对 ESG 风险和机遇，实施可持续发展战略的重要抓手。

3. 利益相关方方面

在当前社会，环境保护意识的提升和公民责任感的增强促使农业企业的环境、社会和治理（ESG）发展受到广泛重视。消费者、新闻媒体、社会组织以及 ESG 评级机构在这一过程中扮演了关键的角色，他们通过形成公众舆论、实施监督和提供专业服务，有效地提高了农业企业在 ESG 方面的意识和促进农业企业在实践中的发展。

（1）消费者方面

随着消费者对食品健康与安全日益关注，并强调维护自身权益，市场从需求侧促进了企业环境、社会和治理（ESG）的持续发展。例如，作为农产

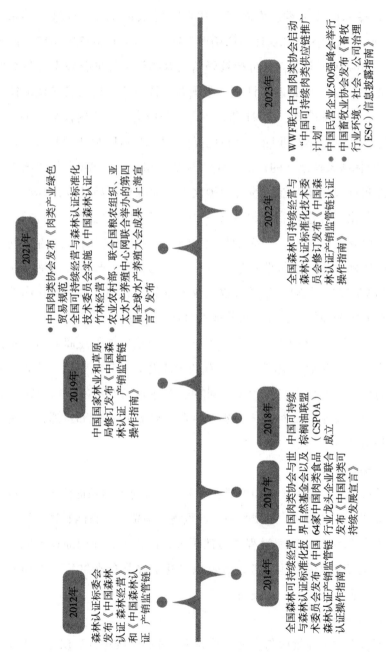

图 2 中国绿色政策发展

品和乳制品等食品的最终消费群体，消费者正在积极推动农业企业以负责任的态度与顾客建立合作关系。这一趋势不仅推动了农业企业在提升产品质量与安全水平方面采取积极行动，还促进了农业生产方式向绿色、生态方向转型，减少化学农药和化肥的使用。消费者日益重视依法维护自身合法权益，通过相关的投诉渠道维护自身权益，促进农业企业开展可持续实践。全国12315 消费投诉信息公示平台①的数据显示，截至 2024 年 10 月 14 日，食用农产品近一月投诉量 19545 件，环比下降 9.48%（调解成功率 63.19%）。以上行为都体现了消费者在促进企业 ESG 实践中的积极影响和作用。

（2）新闻媒体方面

新闻媒体在农业企业的环境、社会和治理（ESG）实践发展中扮演着监督和促进的角色。媒体机构，如《农民日报》等，通过发布评价报告、持续追踪企业 ESG 实践，并进行深入报道，有效地引导了公众对农业领域 ESG 问题的关注。这种关注推动农业企业在环境责任、社会责任和治理透明度方面的自我提升，进而促进这些农业企业的高质量发展。

（3）评级机构方面

ESG 评价活动由国内外的 ESG 评级机构等组织实施，依据一定的指标体系，对农业企业在环境、社会和治理（ESG）方面的表现进行评估，并将评价结果公之于众。ESG 评价旨在鼓励农业企业采取环保和社会责任感的经营策略，从而提高企业的可持续发展能力。ESG 评价为投资界和其他市场参与者提供了评估农业企业在 ESG 方面表现的参考，从而在投资领域内推动农业企业 ESG 实践的进步和发展。例如，上海数据交易所与德勤风驭合作发布 ESG 行业白皮书系列报告《2022 年 ESG 农林牧渔行业白皮书》，报告从风控角度出发，重点分析了农林牧渔行业及重点企业的 ESG 评级指标表现，为投资者决策提供参考。②

在国内外的 ESG 评级机构中，明晟的 ESG 评级和标普国际的企业可持

---

① 数据来源：全国 12315 消费投诉平台，https：//tsgs.12315.cn/#/viewport。
② https：//www.sohu.com/a/730264056_121649899。

续发展评估（Corporate Sustainability Assessment，CSA）较具影响力。根据明晟公布的 ESG 评级分析结果，国内农业企业在明晟指数中的整体表现稳定。益海嘉里等企业的 ESG 评级有所上升，其中益海嘉里近几年的 ESG 评分持续提升，2023 年已获得 A 级评价。温氏集团、新希望集团、海大集团和牧原股份的评级在过去几年基本保持 B 级，反映了这些公司在环境、社会和治理（ESG）方面得到了市场认可。

（4）国际组织方面

国际组织在推动中国农业的可持续发展中扮演着至关重要的角色。中国农业企业积极与国际社会合作，致力于承担社会责任和促进农业的长期可持续发展，遵守联合国全球契约组织（UNGC）、可持续棕榈油圆桌组织（RSPO）、热带雨林联盟（TFA）、世界自然基金会（WWF）、森林管理委员会（FSC）和世界动物保护协会（WAP）① 等制定的国际标准和倡议（见图3）。此外，中国农业企业通过签署《可持续发展宣言》等方式，更加全面地将环境、社会和治理因素纳入经营和投资决策。

图3　中国农业企业参与可持续发展的国际组织情况

资料来源：根据公开信息自行绘制。

---

① 2014 年 6 月，世界动物保护协会的英文名由 World Society for the Protection of Animals（WSAP）改为 World Animals Protection（WAP）。

二　农业上市企业 ESG 表现

ESG 表现和投资收益在一定程度上呈现正相关性，ESG 治理完善、环境友好、社会贡献突出的企业往往更容易得到资本市场关注，投资收益相对于 ESG 风险较高的企业也会更佳。本部分将从农业上市企业 ESG 管理现状、ESG 实践现状、ESG 信息披露表现、ESG 评级表现展开分析农业上市企业 ESG 表现。

（一）农业上市企业 ESG 管理现状

目前，具有代表性的农业上市企业均已发布 ESG 报告，并披露其 ESG 管理状况。根据图 4 可以看出，各家企业对于 ESG 管理的进程不同，其中，牧原股份、大北农等龙头企业较为完善，其在董事会声明中披露了对环境、社会和公司治理相关事宜的方针及策略，并且有明确的 ESG 管理架构及战略部署。

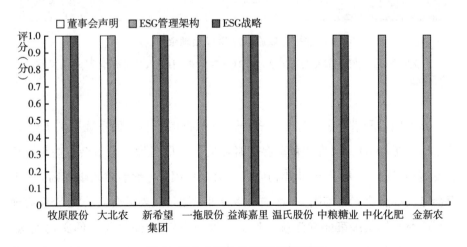

图 4　农业上市企业 ESG 管理表现

资料来源：根据公开信息自行绘制。

牧原股份在ESG报告中披露了其治理架构，建立"董事会可持续发展委员会-ESG办公室-各子公司及各部门"三级可持续发展治理架构（见图5），明确各层级的ESG职责分工，形成从决策、沟通、执行到汇报与考核的ESG闭环管理体系。同时，牧原股份积极响应联合国提出的可持续发展目标，围绕猪肉食品产业，结合各利益相关方的诉求，以"五坚持"作为牧原可持续发展战略的核心支撑，在"食品安全、绿色低碳、合作共赢、员工关怀、社会公益"五个方面综合发力。

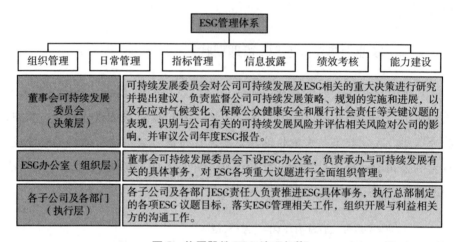

图5 牧原股份ESG治理架构

资料来源：《牧原食品股份有限公司2023年度环境、社会及公司治理（ESG）报告》，第25页。

新希望六和搭建了"监督层-管理层-执行层"自上而下完整的ESG治理架构（见图6），拟将"董事会战略委员会"更名为"董事会战略与可持续发展委员会"，并于2024年初修订《公司章程》《董事会议事规则》《董事会专门委员会实施细则》，增加战略与可持续发展委员会对公司ESG治理进行研究并提供决策咨询建议。基于"因信而立 因爱而久"的文化理念，新希望六和制定了"希望之树"ESG战略，引领推动ESG融入业务决策和运营各环节。

中粮糖业建立"五级联动"的ESG治理架构（见图7），覆盖公司总部

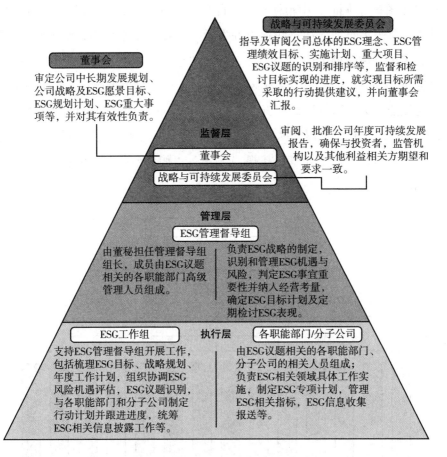

图 6 新希望六和 ESG 治理架构

资料来源:《新希望六和股份有限公司 2023 年可持续发展报告》,第 6 页。

和各分子公司。公司董事会作为 ESG 最高领导及决策机构,统筹管理公司 ESG 工作,对公司 ESG 管理重大事项进行决策、部署和指导。下设 ESG 委员会,负责研究与指导公司整体 ESG 事宜的顶层设计。成立 ESG 领导组,负责制定 ESG 年度工作计划,设立 ESG 工作组,归口部门为董事会办公室,负责规划、统筹、协调和推动 ESG 具体工作。总部相关职能部门、业务部门以及下属分子公司负责本部门/公司职责范围内的议题管理工作,各部门指定专人负责管理相关工作,形成了层级全覆盖、权责清晰的 ESG 治理架构（见图7）。同时，中粮糖业结合自身行业特点与实际运营情况，在"打造世界领先大糖商，酿造甜蜜美好生活"战略愿景指引下，坚定"甜蜜有你，未来有你"的ESG战略目标，确立"SWEET"五大战略支柱：一是安全支撑（Safety），二是温暖社区（Warm），三是绿色低碳（Eco-friendly），四是赋能谋远（Enabling），五是科技创新（Tech-innovative）。中粮糖业围绕五大战略支柱，开展支撑安全、聚焦新质、公益项目、服务社区、双碳行动、绿色运营、强本固基、扎根"三农"、优质产品、技术创新十项重点行动。

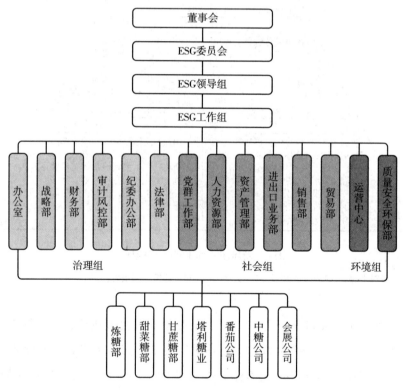

图7 中粮糖业 ESG 治理架构

资料来源：《中粮糖业2023年环境、社会及治理报告》，第18~19页。

（二）农业上市企业 ESG 实践现状

农业绿色高质量发展是国家实施生态文明战略、践行绿色发展理念的重要抓手，在提高资源利用效率和保障粮食安全等多方面发挥重要作用，关乎民生福祉。在环境层面，农业生产活动对环境带来的主要影响包括增加温室气体排放、破坏土壤与水资源质量，以及对生物多样性构成威胁。为了缓解这些负面影响，农业企业逐步采取可持续的农业生产方法，比如有机耕作和生态农业技术，助力构建资源节约和环境友好型的产业结构。在社会层面，农业企业承担着多重责任，包括保障员工合法权益、积极参与地方经济发展、确保农产品的稳定供应及其质量与安全、助力农民就业与收入提升，以及参与乡村美化工程。这些措施与国家加速构建农业强国和推进乡村振兴战略的目标相契合。在治理层面，农业企业正在逐步提升其信息透明度，持续完善风险管理体系和内部控制流程，建立健全 ESG 治理架构，结合发展实际，逐步开始制定 ESG 战略、管理计划和目标。

牧原股份秉承"内部价值、客户价值、社会价值"三层价值，并将其视为企业安身立命的准则。牧原股份严格遵循环境管理原则，致力于"减量化生产、无害化处理、资源化利用、生态化循环"，推动发展以"养殖—沼肥—绿色农业"为核心的循环经济体系。在实现绿色固碳的目标上，采取了多项关键措施：低蛋白日粮的使用、无供热猪舍技术的应用、沼气的高效利用、土壤的碳固定以及光伏发电等，有效降低了生产和运营过程中的碳排放。牧原股份不仅致力于环境保护，还积极承担社会责任，关注食品安全、合作共赢、乡村振兴、员工发展和社会公益等多个层面。特别是在乡村振兴方面，通过建设高标准农田，促进农村地区的经济发展和生态改善。在科技创新方面，牧原股份高度重视科技的力量，通过自主研发和应用智能环控、智能饲喂、智能屠宰等一系列智能化设备，实现了养猪产业的智能化升级，提高了生产效率和产品质量，同时也为行业的可持续发展做出了贡献。

温氏股份遵循"资源化、生态化、无害化、减量化"原则，秉承预防优先与综合治理相结合的原则，整合清洁生产、节能降耗、废物循环利用

和可持续发展。公司专注于采用先进技术推动环保事业发展，通过强化科技项目和技术导向，有效推进畜禽养殖废弃物的处理。在废水处理、粪便管理、病死畜禽安全处理、恶臭控制以及资源回收方面，温氏股份已经开发了众多技术，并制定了全面的环保解决方案。此外，温氏股份还致力于实现环保管理和设施操作的自动化与智能化，以创新科技为美丽乡村建设提供支持。

大北农秉承"三生共赢"理念，即生产、生活、生态的共赢，积极响应国家乡村振兴战略。大北农以产业扶贫为核心，智力支持为基础，优先在贫困地区建立生产基地。为此，大北农成立了专项公益基金并发起中关村乡村振兴联盟，旨在推动农业现代化进程，致力于构建全球领先的农业种质资源企业库，专注于育种技术的创新突破。通过整合国际优质资源和吸引顶尖科研人才，大北农努力实现种业全面振兴。此外，大北农设立了"大北农科技奖"，该奖项是全国唯一一家由民营企业设立且具备国家科技奖励提名资格的奖项，用于表彰在农业科研领域取得显著成就的科技人员。

新希望集团致力于将环境、社会和治理（ESG）原则纳入其核心管理策略，全面关注包括消费者、用户、员工、社区和环境在内的各利益相关方的利益。为了实现这一目标，通过推出一项节约饲料的专项计划，旨在每年减少1%的饲料使用量。该节粮计划主要涉及三个方面：优化育种过程、改良饲料配方、提升养殖效率。此外，为进一步促进节能减排，新希望集团在其养殖场推广应用光伏发电项目。

农业领域的先行企业在推动可持续发展方面积累了宝贵经验，尤其在绿色低碳发展方面，这些企业积极推广使用太阳能热水器、太阳能灯和太阳房等设施，利用农业设施棚顶、鱼塘等资源发展光伏农业。此外，清洁炉具、生物质锅炉的使用以及气联产技术的采纳，都有助于实现清洁低碳转型。通过采用高效、环保的机械化技术，如侧深施肥和精准施药等技术，有效降低能源消耗并提升其能效。

另外，对于降碳减污，这些企业在渔业产区，采用生态健康的养殖模式、池塘标准化改造和尾水治理，以及多营养层次立体生态养殖等方式，旨在降低排放并增加碳汇。在畜禽规模养殖场，通过引进高产低排放的畜禽品种、改进饲养管理方式和粪污处理设施，运用粪污密闭处理和气体收集利用或处理技术，实现低碳减排。对于水稻主产区，通过稻田水分管理和节水灌溉技术的引入、施肥管理方式的改进，及推广高产、优质、低碳水稻品种等方式，达到稻田甲烷减排的目的。同时，推动氮肥减量增效策略，结合水肥一体化技术及有机肥与化肥的综合运用，积极研发并推广新型肥料产品，提高作物对养分的吸收率和利用率，从而减少对土壤环境的负面影响。为了增强农田碳吸收能力，这些企业还会采取包括培肥固碳模式的应用、秸秆还田免耕播种技术的推广以及绿肥种植等措施，以强化退化土地的治理和高标准农田的建设。

目前，有些企业还会将秸秆用于农田保育和结合种植与养殖，进行肥料化、饲料化以及基料化处理；秸秆生物质能则用来供应气体、热量和电力，实现能源转换。另外，以秸秆浆替代木材浆进行造纸，还能够将秸秆转化为环保型板材和碳基产品，实现其作为原料的价值。

（三）农业上市企业 ESG 信息披露表现

ESG 信息披露不仅要满足监管要求，还需要满足投资者对于高质量信息的需求，从而更好地服务于投资决策。农业企业作为推动农业现代化的关键力量，不仅对提升农业生产力、增加农民收入具有显著作用，还在承担社会责任方面发挥着重要作用，如促进绿色发展、保障粮食安全、助力乡村振兴以及带动农民增收等。农业企业通过 ESG 信息披露，能够有效吸引投资者关注并利用资本市场力量推动中国农业可持续高质量发展，同时也能够支持农业企业信贷产品创新与应用，助力完善大中型银行"三农"金融服务专业化工作机制。

根据金蜜蜂报告评估系统统计，2022 年发布了 50 余份农业企业 ESG/社会责任/可持续发展报告。大多企业除根据监管机构制定的信息披露规范指引编制报告外，更多参考和融合全球报告倡议组织《可持续发展报告标准》（GRI 标准）、中国社会科学院《中国企业社会责任报告编写指南》（CASS-

CSR4.0)、联合国可持续发展目标（SDGs）、中华人民共和国国家标准《社会责任报告编写指南》（GB/T 36001-2015）、国际标准化组织《ISO 26000：社会责任指南（2010）》等 ESG 披露标准要求。

在报告质量方面，以牧原股份、大北农、新希望集团、益海嘉里、温氏股份、金新农六家位于行业领先水平农业企业为例，分析六家农业企业 ESG 信息披露质量。在 ESG 信息披露质量六大评估维度得分上，牧原股份在报告可信性方面有待提高；大北农在报告可读性、报告创新性方面有待提高；新希望集团在报告可信性、报告实质性和报告完整性方面有待提高；益海嘉里在报告可信性、报告实质性方面有待提高；温氏股份在报告可信性方面有待提高；金新农的报告质量整体上有待进一步提高（见图 8）。

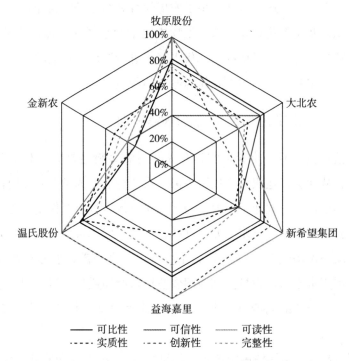

图 8 六家农业企业 2022 年报告六个维度得分率

资料来源：金蜜蜂中国企业社会责任报告数据库。

在环境维度，ESG 信息披露主要覆盖能源与节能管理、污染防治以及气候变化应对策略等方面。在能源管理方面，企业主要披露能源消费结构和能源消耗情况，以及综合能耗及能耗强度等信息。在节能管理方面，企业主要披露包括中水资源循环利用、清洁能源使用、资源循环利用等一系列措施。在污染防治方面，企业主要披露污染物与废弃物处理工艺和举措，以及污染防治的定量绩效数据。在应对气候变化方面，企业主要披露了一系列实践举措，如牧原股份通过低蛋白日粮、热交换系统、灭菌除臭技术、沼气利用、土壤固碳、节能措施及光伏发电等，持续增强低碳减排的效果；在温室气体排放方面，主要披露范畴一和范畴二的排放量、总排放量及其密度等关键绩效数据。

在社会维度，ESG 信息披露主要包括员工责任、客户责任和社区责任三个方面。在员工责任方面，企业主要披露多元化与平等雇佣、民主式管理、薪酬福利、员工培训和关怀等方面，常见的定量指标包括员工结构分布、培训覆盖率、培训频次以及劳动合同签订率等。在客户责任方面，企业主要披露产品安全与质量、客户服务、动物福利等方面。社会公益方面，企业主要披露促进社区发展、助力乡村振兴、组织多项志愿和公益活动等情况。

公司治理维度 ESG 信息主要包括党建工作、治理结构、ESG 管理、风险管理和内部控制六方面。在党建工作方面，企业主要披露了党史学习教育等活动开展情况。在治理结构方面，企业主要披露了股东大会、董事会和监事会结构与会议召开频次等相关信息。在 ESG 管理方面，企业主要披露了 ESG 治理架构、职责范围和 ESG 战略等相关信息。在风险管理和内部控制方面，企业主要披露了公司风险管理体系、合规管理制度、反腐败机制等相关信息。

（四）农业上市企业 ESG 评级表现

结合当前主流 ESG 评级机构公布的结果，国内农业上市企业评级处于中下游水平，本报告选取大北农、牧原股份、温氏股份、海大集团、益海嘉里、新希望集团六家具有代表性的农业上市企业为样本，分析 Wind ESG 评

级和 MSCI ESG 评级结果。

Wind ESG 评级是符合国内市场需求的特色化 ESG 评级指标体系，涵盖环境、社会和治理三大核心维度，进一步细化为 27 个具体议题，包含超过 300 个评估指标，通过分析新闻舆情、监管处罚和法律诉讼等信息，对公司的争议事件进行评估，评估等级包括高水平（AAA、AA、A）、一般水平（BBB）、低水平（BB、B、CCC）。

从评级结果上看，六家农业企业在 ESG 表现上总体上呈现积极态势。其中，益海嘉里连续三年维持 A 级评级；新希望集团除在 2022 年 ESG 评级是 BBB 级外，其他年份评级均为 A 级；牧原股份与海大集团在 2022 年和 2023 年 ESG 评级均获得 BBB 级。另外，大北农 2023 年的 ESG 评级也达到 BBB 级（见表 2）。聚焦于具体议题层面，益海嘉里环境议题、社会议题以及新希望集团的治理议题在行业内处于领先水平。

表 2　国内农业上市企业 Wind ESG 评级情况

企业	2023 年	2022 年	2021 年	2020 年	2019 年
大北农	BBB	BB	BB	B	B
牧原股份	BBB	BBB	A	A	B
益海嘉里	A	A	A	/	/
温氏股份	BBB	A	A	BBB	A
新希望集团	A	BBB	A	A	A
海大集团	BBB	BBB	BB	BB	BB

资料来源：根据公开信息自行绘制。

MSCI ESG 评级模型指标体系主要由 3 大范畴、10 项主题、35 个 ESG 关键议题和上百项指标组成，评级结果包括领先水平 AAA 和 AA 级，平均水平包括 A、BBB、BB 级，落后水平包括 B、CCC 级。基于 MSCI ESG 评级情况发现，MSCI ESG 评级结果比其他评级机构评级低。国内已有研究者提出 MSCI ESG 评级方法论在环境和社会议题下，会给不同国家和地区设定差异化的风险敞口，而发展中国家的风险敞口通常认为是更大，因此对于发展中国家中的企业的 ESG 评级要求也更高，获得理想的评级结果也更加困难。

此外，在评估 ESG 信息披露不足的企业时，MSCI ESG 评级方法论会根据其所在市场的监管力度和有效性，自动分配一个基础分数，通常情况下发达国家企业的基础分数较高，发展中国家则相对处于劣势。

从评级结果上看，益海嘉里评分依然最高，2021~2023 年评分持续提升，2023 年已被评为 A 级；大北农 2019~2023 年均被评为 CCC 级，评级较低。MSCI 指标体系下，农业 ESG 信息披露需要加强。被纳入评级范围的有大北农、益海嘉里、牧原股份、温氏集团、海大集团、新希望集团六家公司，其中只有益海嘉里达到了 MSCI 评级平均水平，其余五家评级较低，详见表 3。

表 3　国内农业上市企业 MSCI ESG 评级情况

企业	2023 年	2022 年	2021 年	2020 年	2019 年
大北农	CCC	CCC	CCC	CCC	CCC
牧原股份	B	B	B	CCC	/
益海嘉里	A	BBB	CCC	/	/
温氏股份	B	B	BB	B	B
新希望集团	B	B	B	B	B
海大集团	BBB	BBB	BB	BB	BB

资料来源：根据公开信息绘制。

三　农业上市企业 ESG 价值量化与投资应用

探索具有中国特色的估值体系不仅是建设中国特色现代资本市场的重要组成部分，也是立足新发展阶段、贯彻新发展理念、构建新发展格局的必然要求。本部分将从农业 ESG 指数构建起源、构建实操、投资应用三方面展开剖析 ESG 价值量化对于农业 ESG 投资的支持作用。

（一）农业 ESG 指数构建起源

2022 年 11 月中国证监会在金融街论坛上提出探索建立具有中国特色的

估值体系，"中国特色估值体系"的本质是考虑企业发展对经济运行产生的外部溢出效应，因地制宜地建立具有中国特色的估值体系，更好地发挥资本市场价值和资源配置的作用，推动多种所有制经济实现优质健康发展。企业发展对经济运行产生的外部溢出效应可分为正外部效应和负外部效应，这些效应全面覆盖环境、社会和公司治理三个维度。

在当今时代，随着全球对环境保护、社会责任以及公司治理（ESG）的关注日益加深，企业ESG表现的衡量方式亦逐步演进。传统的定性评价体系虽有其价值，但受限于主观判断的影响，难以全面客观地反映企业的ESG表现。因此，引入量化指标，以数据为支持的评估方法，成为"中国特色估值体系"发展的重要方向。量化投资策略因能够有效避免人为情感的干扰，通过历史数据的深入分析，实现对ESG价值的精准把握，受到市场的广泛认可和投资者的青睐。由此可见，将量化方法应用到ESG投资中，不仅是提升投资效率与效果的关键，也是推动真正意义上ESG投资实践发展的必经之路。

中国特色估值体系应该符合中国式现代化的基本内涵，要对企业所创造的有利于全体人民的共同富裕，有利于物质文明和精神文明相协调，有利于人与自然和谐共生，有利于走和平发展道路的外部价值进行核算。[1] 2008年，上海证券交易所提出用"每股社会贡献值"更全面地衡量企业为社会创造的价值，探索如何将企业承担社会责任的程度反映在资本市场表现中，为评估公司价值提供了的全新视角。国际上，各大组织，如国际可持续准则理事会（ISSB）、自然相关财务披露工作组（TNFD）、气候相关财务信息披露工作组（TCFD）、全球报告倡议组织（GRI）等，制定了企业可持续发展相关财务信息的议题框架。

国内政策对ESG信息披露要求不断提高，2024年4月12日，上海、深圳和北京证券交易所正式发布了《上市公司可持续发展报告指引》，标志着

---

① 《殷格非：探索ESG价值量化，助力中国特色估值体系建设》，搜狐网，https：//gov.sohu.com/a/635550560114984。

中国企业可持续信息披露进入新阶段。同年 5 月 27 日，财政部发布《企业可持续披露准则——基本准则（征求意见稿）》，提出到 2027 年，我国企业可持续披露基本准则、气候相关披露准则相继出台；到 2030 年，国家统一的可持续披露准则体系基本建成。越来越多的企业发布 ESG 报告或者在年报中披露 ESG 执行情况，基于 ESG 指标体系开展 ESG 净值核算更加客观地体现企业对环境、社会的外部化价值，符合中国特色估值体系的内在要求和时代风向。中国特色估值体系是基于传统的财务经济价值核心，将符合中国式现代化议题的"中国化"ESG 价值，即 E 是自然和谐共生的价值，S 是助力共同富裕的价值，G 是物质文明与精神文明相协调的价值，融入企业价值评估体系所形成的"E+ESG"的全面视角估值体系，也就是企业为社会所创造的整体价值。[1]

北京一标数字科技团队率先研发 ESG 净值核算方法，构建每股 ESG 净值、ESG 市盈率、综合市盈率等特色指标，旨在突破财务指标，直观体现公司活动对环境、社会的外部化价值。通过计算企业的碳排放、性别平等、乡村振兴等外部化价值减去外部化成本所得的外部化净值。在外部化净值核算基础上，结合投资者使用需要，可进一步计算出每股外部化净值、外部化市盈率等特色指标。投资者可以获得企业为中国式现代化进程所创造的价值和投资必要参考指标的直观数字。基于货币化核算的结果，投资者可以优先筛选掉外部化净值较低的不能为环境和社会做出贡献的企业。后续再通过正面筛选的方式，选出能够为中国式现代化进程做出贡献的外部价值较高的企业进行投资。ESG 货币化核算通过量化计算，识别企业为环境与各利益相关者所带来的影响，通过量化核算外部化净值，为投资者开展农业 ESG 投资提供最为直观的参考依据。[2]

---

[1] 《殷格非：探索 ESG 价值量化，助力中国特色估值体系建设》，搜狐网，https：//gov.sohu.com/a/635550560114984。

[2] 《殷格非：探索 ESG 价值量化，助力中国特色估值体系建设》，搜狐网，https：//gov.sohu.com/a/635550560114984。

（二）农业 ESG 指数构建实操

农业 ESG 指数是基于 ESG 净值核算方法，依据农业上市企业在环境和社会方面量化价值所计算的 ESG 潜值对上市企业进行加权汇总，筛选出 ESG 潜值为正的股票，以反映具有较强 ESG 竞争力的农业企业股价总体走势和股市表现。

农业 ESG 指数样本选取 2024 年 6 月 A 股指数涵盖的企业，业务涉及渔业、种植业、饲料、养殖业、农业综合、农产品加工、动物保健、林业，样本企业的业务覆盖农业产业链的各个环节，全面反映农业证券的股市表现。

农业 ESG 指数构建过程分为三步。第一步，选择农林牧渔业 A 股指数为基准指数，并作为样本选取的初始范围。第二步，根据样本企业的 ESG 潜值[①]标准化处理后确定权重。第三步，对样本股进行加权。为保证指数之间的可比性，该指数参考 A 股指数以 2011 年 12 月 31 日为基期，以 1000 点为基点。

农业 ESG 指数计算公式为：

$$报告期指数 = 报告期样本加权总市值 / 基期样本总市值 \times 1000$$

其中，加权总市值 = $\sum$（报告期总市值×权重因子）。权重因子介于 0 和 1 之间。

为进一步探索农业 ESG 指数的特征，本报告在指数构建步骤中加入负面筛选，负面筛选的具体做法：如果样本企业的 ESG 潜值为负，代表企业的 ESG 潜值不及行业平均水平，则将该企业从样本股中剔除，形成新的样本股，以新的样本企业 ESG 潜值进行标准化处理并确定一系列全新的权重。

农业 ESG 价值指数构建基于 2022 年的 ESG 价值数据，股市价格的样本区间为 2022 年 1 月至 2024 年 8 月。考虑到 ESG 因素对企业的长期财务表现与估值产生影响，因此 ESG 指数重点考察滞后一期及以后的 ESG 价值对当期股票收益的影响。

---

① ESG 潜值是指企业在社会和环境的外部化净值与行业均值比较得到的风险机遇值。

图 9 反映农业 ESG 指数和沪深 300 指数、上证 50 指数、中证全指农牧渔指数的累计收益率走势。从图 9 能够看出，在 2022 年 12 月之前，农业 ESG 指数的表现与沪深 300 指数、上证 50 指数、中证全指农牧渔指数的表现相比优势较为有限。2023 年 1 月以后农业 ESG 指数和沪深 300 指数、上证 50 指数、中证全指农牧渔指数的累计收益率平均差值稳定在 30% 左右，两者的累计收益率变化趋势总体保持一致。这表明尽管 ESG 潜值是基于非财务信息而来，但投资者在追求 ESG 投资时也能获得相对更好的投资回报。农业 ESG 指数的表现优于沪深 300 指数、上证 50 指数、中证全指农牧渔指数的原因可能是，ESG 表现更好的农业企业同样拥有更好的财务表现，并且政策和利益相关方更倾向于支持 ESG 表现更好的企业，这种资源优势使这些企业往往能够获得更多的盈利，资本市场也更愿意为 ESG 表现更好的农业企业投资，在一定程度上 ESG 投资浪潮也引起了投资偏好的转移。

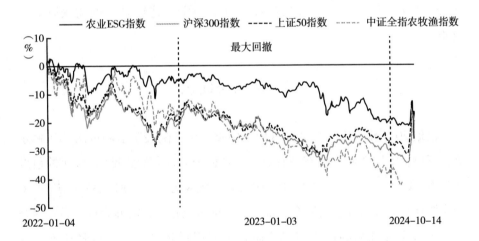

图 9　农业 ESG 指数和沪深 300 指数、上证 50 指数、中证全指农牧渔指数累计收益率

注：回撤收益率为 2022 年 1 月 4 日~2024 年 10 月 14 日的累计计收益率，按等权重分配成分股资金占比，默认以 2022 年 1 月 4 日为基准日期。

资料来源：OneESG 平台。

（三）农业 ESG 指数投资应用

农业 ESG 指数主要运用在三个方面。

政府部门依托于农业 ESG 指数中 ESG 价值数据，能够聚焦于"三农"工作和乡村振兴战略实施、绿色低碳循环农业发展等国家重点关注领域精准施策，引领中国农业可持续高质量发展。

企业依托于农业 ESG 指数中 ESG 价值数据，能够直观判断自身在可持续发展管理能力和实践成效所处的行业水平，为自身识别和控制 ESG 风险，把握 ESG 机遇提供有效的实施路径，有助于树立负责任的 ESG 品牌形象，受到资本市场和利益相关方的广泛认可，获得更多的资源支持。

投资机构农业 ESG 指数中 ESG 价值数据，能够有效识别 ESG 表现优秀的企业，克服将单一财务因素作为投资决策考量的局限性，提升投资决策的前瞻性与可持续性，将资金投向投资收益稳定可持续且发展前景理想的企业。

四　结论与建议

根据 2024 年中央一号文件《中共中央　国务院关于学习运用"千村示范、万村整治"工程经验有力有效推进乡村全面振兴的意见》，农业绿色发展和生态改善、"三农"工作和乡村振兴领域成为农业 ESG 投资重点。ESG 价值核算是对公司环境与社会外部性影响的量化核算，能够为投资者考察企业在 ESG 重点领域的风险与机遇敞口情况提供参考，更好地服务于农业 ESG 投资。本部分将围绕农业绿色发展和生态改善领域、"三农"工作和乡村振兴领域、ESG 投资潜值为正的企业提出 ESG 投资结论与建议。

（一）农业绿色发展和生态改善领域成为农业 ESG 投资重点

根据农业农村部报告，2023 年中国农业在绿色发展领域迈出了坚实的步伐，农业生态环境持续得到改善，化肥和农药的使用量持续减少，同时效率得到了提高，全国畜禽粪便的综合利用率、秸秆的综合利用率以及农膜的回收率分别超过了78%、88%和80%。[①]《中共中央 国务院关于学习运用"千村示范、万村整治"工程经验有力有效推进乡村全面振兴的意见》强调，将扎实推进化肥农药减量增效工作，推广种养结合的循环模式；持续巩固长江十年禁渔的成果；加快推进长江中上游坡耕地的水土流失治理，扎实推进黄河流域的深度节水控水。除此，我国出台了一系列支持低碳农业发展的政策，如《农业绿色发展技术导则（2018-2030年）》《"十四五"全国农业绿色发展规划》等。这些政策主要包括加强农业生态环境保护、推广绿色农业技术、提高农产品质量安全、加强农业科技创新等。具体实践包括开展有机农业、精准农业、农田水利工程建设、农业废弃物资源化利用、生态系统保护等。

因此，这些政策的发布将进一步加强引导农业深入践行"双碳"战略目标，通过实施科技创新、农业废弃物的处理、农业生态环境保护、农业产业链的协同发展等实践举措，多措并举推进农业产业绿色发展。农业ESG投资应重点关注农业绿色发展领域，引导资金更多流向有益于践行"双碳"目标和生态环境保护的农业企业。

具体而言，有机农业是一种在完全不使用化学肥料与农药的前提下，通过科学的耕作、合理的施肥及病虫害防治手段，旨在维持土壤生态平衡，从而提升农产品品质与安全性的农业模式。有机农业不仅能够显著减少化学肥料与农药的使用，降低温室气体排放，还对改善土壤质量、保护生态环境起到积极作用。进一步而言，精准农业利用先进技术如遥感、GPS、无人机等进行农田精细化管理，实现精确施肥、灌溉和病虫害防控，极大提高了农业生产的效率与产品品质。先进技术的应用有助于缩减农业生产中的浪费与损失，同时减少温室气体的排放，提高资源使用效率。在农田水利工程建设方面，通过建立水库、水渠、水塘等设施来实现高效的农田灌溉排水系统，有效提

[①] 《国新办举行"推动高质量发展"系列主题新闻发布会》，中华人民共和国农业农村部，http://www.moa.gov.cn/hd/zbft news/tdgzlfz。

升了农田用水效率，降低了水资源的浪费与污染。农业废弃物资源化利用是将农业生产中产生的废弃物，例如秸秆、畜禽粪便等，通过生物质能转换、有机肥料生产等方式转化为有价值的能源和肥料，实现了资源的循环再利用。这一过程不仅减少了农业生产中的废弃物和温室气体排放，还进一步提高了生产效率和产品质量。农业生态系统保护工作着重于保护和恢复农业生态系统，实现生态平衡和可持续的发展目标。这一措施能有效减少农业生产过程中的生态破坏和温室气体排放，同时促进农业生产效率和产品质量的提升。

（二）"三农"工作和乡村振兴领域成为农业 ESG 投资重点

农村金融服务的完善对于推进乡村振兴战略具有不可替代的作用，国家金融管理部门已连续发布多项政策文件，明确要求加大对"三农"工作和乡村振兴领域的金融支持，以期优化资源配置，促进农业和乡村经济的全面发展。中国人民银行、国家金融监管总局、中国证监会、财政部、农业农村部印发《关于金融支持全面推进乡村振兴 加快建设农业强国的指导意见》，对做好粮食和重要农产品稳产保供金融服务、强化巩固拓展脱贫攻坚成果金融支持、加强农业强国金融供给等九个方面提出具体要求，尤其对于农业ESG 投资提出了建设性意见。在做好粮食和重要农产品稳产保供金融服务方面，提出要加大粮食和重要农产品生产金融支持力度，强化高标准农田和水利基础设施建设融资服务，持续加强种业振兴金融支持，做好构建多元化食物供给体系金融服务。在强化对农业科技装备和绿色发展金融支持方面，提出要做好农业关键核心技术攻关金融服务，加大现代设施农业和先进农机研发融资支持力度，加强农业绿色发展金融支持。在加大乡村产业高质量发展金融资源投入方面，提出要支持农产品加工流通业做大做强，推动现代乡村服务业和新产业新业态培育发展，支持县域富民产业发展壮大，促进农业创业就业增收。在强化金融支持农业强国建设政策保障方面，提出要加大货币政策工具支持力度，加强财政金融政策协同，推动融资配套要素市场改革，完善金融管理政策。

因此，多项政策的发布标志着未来我国的金融服务将更多地关注农业和农村地区，助力乡村振兴战略的深入实施。农业 ESG 投资应重点关注"三农"工作和乡村振兴重点领域，引导资金更多地流向有益于促进农民增收、农业发展、农村稳定的领域。助力乡村振兴尤其是农业相关产业振兴的农业企业，不仅符合国家支持重点领域农业企业发展的政策导向，也符合有助于提升投资收益的稳定性与韧性。

（三）ESG 投资潜值为正的企业成为农业 ESG 投资重点

与传统的投资策略不同，纳入 ESG 考量的投资策略会将评估视角拓展至企业长期时间维度上的发展，从而提供了一个更为全面和前瞻性的视角来评估企业未来的发展前景。在 ESG 框架下，以公司治理议题为例，企业组织架构和管理层行为，如董事独立性、股东减持等相关因素可能会对企业声誉、股东权益和长期价值产生重大影响。在环境议题方面，农业企业在生产与经营过程中，往往伴随着对自然资源的大量消耗和对生态环境的影响，ESG 管理水平较高的农业企业能够系统地识别和管理这些"外部性"，通过采取节能减排、循环利用资源等措施，减少对环境的负面影响，进而能够克服短期风险，把握长期发展机遇同时，也能够通过承担更多的社会责任，使得其经营目标不局限于追求利润，也兼顾国家战略和社会利益，通过平衡好商业目标与社会责任的关系，从而实现可持续经营。在社会议题方面，契合国家战略与政策导向的农业企业往往会获得政府部门、消费者等利益相关方的资源支持，如致力于助力乡村振兴的农业企业通常会获得当地政府部门的组织动员与政策支持，销售助农产品的助农企业往往会获得很多乐于践行公益与社会责任的消费者的青睐与支持，从而实现农产品和农副产品收入增加。

ESG 价值核算数据是对企业环境与社会外部性影响的量化核算，能够为投资者考察公司在农业绿色发展和生态改善、"三农"工作和乡村振兴等重点领域的风险与机遇敞口情况提供参考。投资者可以参考 ESG 投资潜值进行投资组合构建与调整，即依托于 ESG 价值数据的货币化特征，与企业估值模型也能够更好地融合，服务于中国农业 ESG 投资。

B.7
ESG 基金产品发展报告（2024）

课题组*

摘　要： 本报告深入探讨 ESG 基金产品的兴起、发展和实践情况，首先回顾 ESG 概念的起源和在金融领域的演变情况，强调 ESG 在资源配置、市场定价和风险管理中的作用；详细分析 ESG 基金产品的定义、特点和市场表现，指出 ESG 基金产品能够提供长期稳定的收益并降低投资风险，进一步探讨 ESG 基金产品的演进情况及在全球范围内的发展趋势，特别是在中国提出碳达峰碳中和目标后的发展趋势。同时，本报告涉及 ESG 基金产品的评价方法与实践，包括定量和定性评价方法，以及如何通过评价提升 ESG 基金产品信息披露的透明度。本报告认为，ESG 基金产品在全球可持续发展中发挥越来越重要的作用，这一趋势将持续下去。

关键词： 资源配置　气候主题公募基金　ESG 基金产品　金融业

一　ESG 及 ESG 基金产品的概念和发展情况

（一）ESG 概念在金融领域的兴起

ESG 概念最早在 2004 年由联合国全球契约组织（United Nations Global

---

* 课题组组长：刘均伟，硕士，中国国际金融股份有限公司研究部执行总经理、量化及 ESG 团队首席分析师，主要研究领域为量化策略、金融产品、ESG。课题组组员：胡骥聪，硕士，中国国际金融股份有限公司研究部副总经理、量化及 ESG 团队金融产品负责人，主要研究领域为金融产品；郭婉祺，硕士，中国国际金融股份有限公司研究部量化及 ESG 团队研究助理，主要研究领域为 ESG 趋势和投资研究；潘海怡，硕士，中国国际金融股份有限公司研究部经理、量化及 ESG 团队 ESG 方向负责人，主要研究领域为 ESG 评级、ESG 披露与投资研究；白乾政，硕士，中国国际金融股份有限公司研究部量化及 ESG 团队研究助理，主要研究领域为 ESG 评级研究；金成，博士，上海财经大学金融学院助理研究员，主要研究领域为可持续金融。

Compact，UNGC）在题为《关怀者胜》（Who Cares Win）的倡议书中提出，其呼吁金融机构在投资研究过程中充分考虑所涉及的上市公司在环境（environmental）、社会（social）和治理（governance）三个方面的具体表现。

在全球范围的资本市场内，ESG 的发展过程可以分为四个主要阶段：融入基于伦理道德观念的商业投资行为阶段、逐渐兴起的责任投资阶段、可持续发展理念的推出阶段、形成较为成熟的全面可持续的金融实践局面阶段。值得注意的是，20 世纪后期，以联合国为首的各类组织开始推出一系列文件，助力贯彻可持续发展理念，逐步构建全球经济背景下的 ESG 体系。

ESG 概念随着社会以及资本市场的发展而逐渐完善，换句话说，ESG 概念与资本市场的发展息息相关。基于可持续发展原则，资本市场逐渐形成从信息披露到投资的 ESG 体系。其涉及四个环节：①ESG 体系指引国际机构、监管部门、交易所制定一套生态规则；②基于以上规则，企业可以根据相应行业情况进行信息披露；③评级机构和投资咨询机构结合企业披露的信息对企业进行评级；④资产管理机构和资产所有者根据相关信息采纳 ESG 因素。资本市场中的 ESG 体系见图 1。

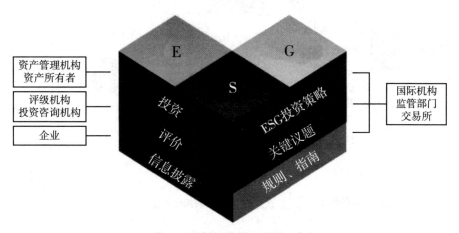

图 1　资本市场中的 ESG 体系

资料来源：UNGC、中金公司研究部。

ESG 可在资本市场形成一个闭环流程，渗透所在生态圈的方方面面。近年来，日渐增长的投资者需求推动金融机构和其他利益相关方提供更高质量的 ESG 相关产品和服务。

ESG 在资源配置、市场定价和风险管理三个方面发挥重要作用，能够有效推动资本市场的转型与发展。ESG 为资源配置者提供了识别风险和机遇的工具，有助于纠正市场失灵、提高资源配置效率、优化市场定价，并帮助企业和投资者进行风险管理。具体而言，在宏观层面，ESG 可通过"二次分配"识别负外部性；在微观层面，ESG 参与社会的资源分配，提高企业的经营能力和识别投资机遇的水平。在市场定价方面，ESG 表现逐渐被纳入估值模型，影响企业的市场价值。在风险管理方面，ESG 涉及更广泛的风险，帮助企业和投资者发现潜在风险。然而，ESG 的目标可能与短期经济目标存在冲突，并且受到股东和投资者的流动性偏好与风险厌恶的限制。总体来看，金融创新为 ESG 的融入提供了更多途径，促进其在资本市场被广泛应用。ESG 在资本市场的运作机制见图 2。

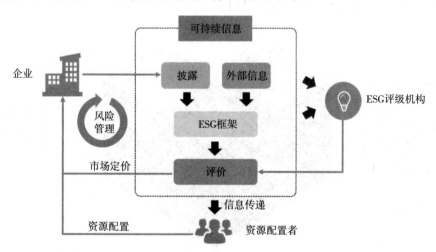

图 2　ESG 在资本市场的运作机制

资料来源：Patrick Bolton, Simon Levin, Frédéric Samama, "Navigating the ESG World 1," in Herman Bril, Georg Kell, Andreas Rasche, eds., *Sustainable Investing* (London：Routledge, 2020)；中金公司研究部。

（二）ESG 基金产品的定义和特点

1. ESG 基金产品的定义

相较于 ESG 本身的清晰定义，将 ESG 作为一种考量因素纳入投资流程的"ESG 基金产品"的界定方式则相对模糊。从不同主体角度出发，ESG 基金产品的界定方式与目的不尽相同。作为基金产品，与其直接关联的两个主体分别为：基金管理与发行方（基金公司、保险公司等）、基金投资方（个人投资者、FOF 等）。

对于基金管理与发行方，其管理的基金产品是否可以被认定为 ESG 基金产品，可以从三个角度评判（是否有 ESG 因素参与其中）：投资目的、投资流程、投资标的（按 ESG 主动参与程度从高到低排列）（见图 3）。

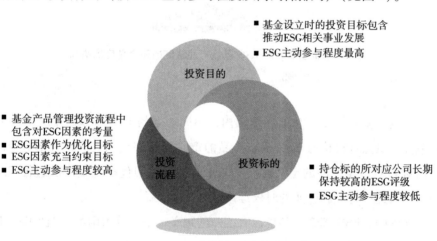

图 3　基金管理与发行方对 ESG 基金产品认定的三个角度的情况

资料来源：中金公司研究部。

对于基金投资方，对于基金产品是不是 ESG 基金产品，其主要从识别与鉴定的角度评判。由于基金投资方几乎不可能主动参与到基金产品的构建流程中，因此基金投资方对于 ESG 基金产品的认知主要源于其他机构的认定与背书。按照认定方式可以从两个角度评判：持仓披露与标签认证（见图 4）。

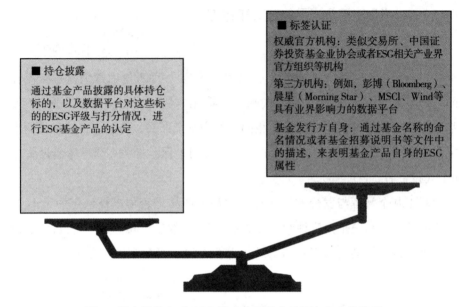

图4　基金投资方对 ESG 基金产品认定的两个角度的情况

资料来源：中金公司研究部。

在具体实践维度，在国际范围内，不同地区的 ESG 基金产品的定义稍有差异。虽然各机构对 ESG 基金产品的定义有些许差别，但是大部分金融机构对 ESG 基金产品的定义有一些基本共性，其中包括基金产品遵循 ESG 理念，在选择行业和企业的时候运用了 ESG 策略。

在中国，ESG 基金产品也没有统一的定义，主要分为两类："泛 ESG 基金产品"与"纯 ESG 基金产品"（见图5）。

"泛 ESG 基金产品"或称"广义 ESG 基金产品"，本身没有采用完整的 ESG 投资理念，而是侧重于其中的某一个理念（环境、社会、治理之中的一个）。根据 Wind 统计，截至 2023 年 8 月初，国内市场的"泛 ESG 基金产品"有 780 多只，总规模超过 5900 亿元。"纯 ESG 基金产品"包含环境、社会、治理三个理念。根据 Wind 统计，截至 2023 年 8 月初，国内市场的"纯 ESG 基金产品"有 109 只，合计规模超过 400 亿元。

中国的 ESG 基金产品市场相对海外更加多元化，尤其是泛 ESG 基金产

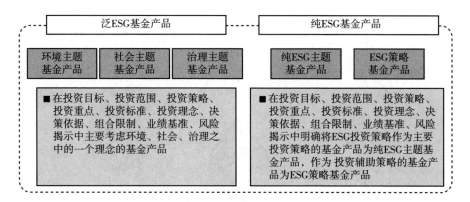

图 5   中国 ESG 基金产品的分类情况

资料来源：Wind、中金公司研究部。

品。从广义上说，光伏、新能源汽车等基金产品属于 ESG 投资范畴，但从狭义上说，这些基金产品的 ESG 元素占比较低，其选择的行业或企业也许在"环境"方面做得相对出色，但可能在"社会"或"治理"方面存在信息披露不足、表现不佳的情况。需要注意的是，目前，对于在基金名称中加入 ESG 关键词，监管机构并无相关要求，这不仅给筛选和定义 ESG 基金产品增添了难度，还存在"漂绿"的风险。对此，中国证监会在 2022 年 4 月 26 日出台了《关于加快推进公募基金行业高质量发展的意见》，强调公募基金要践行责任投资理念，总结 ESG 投资规律（见图 6）。

2. ESG 基金产品的特点

ESG 基金产品的特点体现在以下几个方面。

（1）收益特点。本报告将国内已发布的存续 ESG 基金产品划分成两组进行样本提取和分析：一类是 Wind ESG 评级在 BB 级及以上的 ESG 基金产品，不限主题；另一类是纯 ESG 基金产品。经对比，可以得出以下结论：从长期收益来看，纯 ESG 基金产品的拟合业绩比例高于沪深 300 指数的比例（见图 7）；从综合数据来看，BB 级及以上 ESG 基金产品把 2018～2023 年的数据作为参考数据得到的复权单位净增长率可以超过 50%（见图 8）。

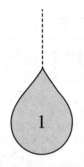

· 积极发挥公募基金的专业买方作用
· 促进全面实行股票发行注册制改革平稳落地
· 支持北交所改革发展

· 推动公募基金等专业机构投资者积极参与上市公司治理
· 助力上市公司高质量发展

· 引导行业总结ESG投资规律
· 大力发展绿色金融
· 积极践行责任投资理念

图6 《关于加快推进公募基金行业高质量发展的意见》对 ESG 基金产品的要求

资料来源：中国证监会、中金公司研究部。

图7 纯 ESG 基金产品的拟合业绩比例与沪深 300 指数的比例

注：数据截至 2023 年 8 月 15 日。

资料来源：Wind、中金公司研究部。

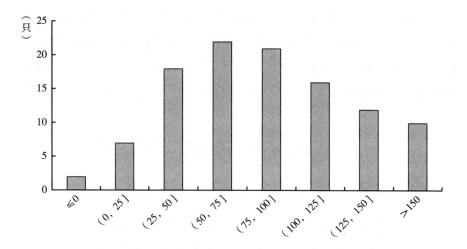

图 8　2018~2023 年 BB 级及以上 ESG 基金产品的复权单位净增长率

注：数据截至 2023 年 8 月 15 日，横轴为增长率区间（单位为%），纵轴为产品个数。
资料来源：Wind、中金公司研究部。

（2）用户需求特点。ESG 基金产品在满足用户偏好、降低风险和实现长期回报方面相较于其他基金产品具有显著优势。

①企业绩效提升：企业在 ESG 方面的努力通常会带来更多的长期收益。尽管不同类型的企业对 ESG 的关注点可能有所不同，但通过持续改善 ESG 表现（如节能减排、履行社会责任、提升治理的透明度），企业的现金流将得以增强，这将反映在企业估值和股价上。

②规避下行风险：与传统投资相比，ESG 投资通过主动管理风险，规避下行风险，如环境污染罚款、意外事故、法律纠纷等，这提升了整体投资组合的风险防御能力。

③优化资产配置：在"碳中和"背景下，ESG 投资有助于优化资产配置（如投资可再生能源和环保行业），同时避免对盈利能力受限的"棕色资产"进行投资。

从中长期来看，投资 ESG 基金产品不仅能够发现具备可持续发展能力的企业，还能有效规避尾部风险。其优势体现在收益长期性和风险稳定性上。对于追求投资收益的投资者，其可以选择收益表现较优的 ESG 基金产

品，如股票型、混合型及国内市场的新兴指数型基金。对于注重低风险的投资者，由于具备更加严格的筛选标准和明确的投资范围、目标和 ESG 评估标准，纯 ESG 基金产品能够更好地满足其投资偏好。许多纯 ESG 基金产品已经设立了自己的评级体系，以便满足投资者的多样化需求。

二 ESG 基金产品的演进与实践

（一）概述

在 ESG 体系完善的背景下，相关产品发展迅速。自 2020 年中国提出碳达峰碳中和目标以来，中国 ESG 基金产品的数量和资产规模稳步增长，ESG 基金产品在中国基金市场中的作用日益重要。截至 2023 年 6 月 30 日，中国 ESG 基金产品数量为 473 只，资产规模近 5920 亿元，ESG 基金产品规模占非货币基金产品规模的比重达到 3.73%，与 8% 的全球水平相比仍有可以提升的空间，但已高于美国（1.28%）、日本（2.62%）、加拿大（3.33%）等市场，这意味着中国公募机构在理念与实践层面均积极布局 ESG 投资。

中国 ESG 基金产品的发展与监管方、资金方自上而下的推动密切相关。近年来，中国 ESG 基金产品投资相关监管政策见图 9。

（二）ESG 基金产品类型分布与持仓变化

从 ESG 基金产品类型分布情况来看，主动权益基金产品居多，被动指数型基金产品的关注度提升。在国内 ESG 基金产品中，偏股混合型基金产品占比最高，截至 2023 年 6 月 30 日，偏股混合型基金产品的规模达到 2222.58 亿元（见图 10），占 ESG 基金产品总规模的比重为 37.5%。若把偏股混合型、普通股票型和灵活配置型基金产品作为主动权益基金产品的统计口径，则同期主动权益基金产品的规模占 ESG 基金产品总规模的比重为 64%。被动指数型基金产品的规模占比位列第二，截至 2023 年 6 月 30 日，其规模达到 1005.54 亿元。被动指数型基金产品的规模占 ESG 基金产品总规模的比重自 2020 年以来连续上升，从 12% 上升至 2023 年 6 月 30 日的 20.9%。

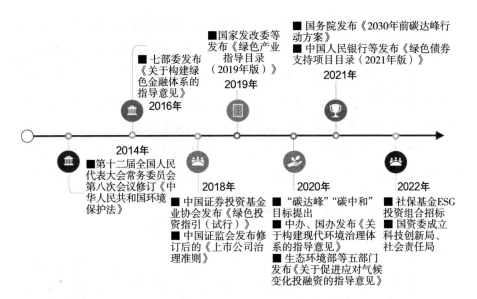

图 9　中国 ESG 基金产品投资相关监管政策

资料来源：中国证券投资基金业协会、中金公司研究部。

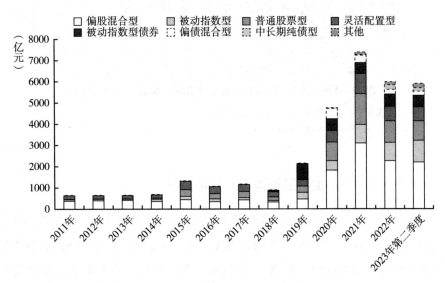

图 10　国内 ESG 基金产品类型分布情况及变化趋势

注：2023 年第二季度的数据截至 2023 年 6 月 30 日。

资料来源：Wind、中金公司研究部。

从持仓的行业特征来看，ESG基金投资以新能源产业链为主，行业集中度下行。截至2023年6月30日，ESG基金产品持仓较多的三个行业依次为电力设备及新能源、基础化工和汽车行业，比例自2020年以来增长，主要是因为顺应新能源及汽车行业的快速发展趋势，同时，发展新能源作为减缓气候变化的解决方案，受到越来越多国内投资者的关注。从行业集中度来看，行业集中度在2016年到达低点后整体上行，并在2022年年中到达高位（见图11），这表明ESG基金投资主要分布于部分行业，行业"抱团现象"出现一定的下行趋势。

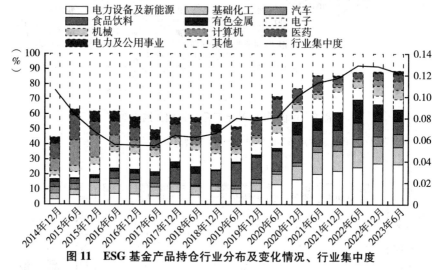

图11　ESG基金产品持仓行业分布及变化情况、行业集中度

注：2023年6月的数据截至2023年6月30日。

资料来源：Wind、中金公司研究部。

（三）ESG基金产品管理人的分布情况

从全部ESG基金产品的角度来看，头部规模管理人相对稳定。根据Wind数据，2018年至2023年第二季度，汇添富基金的全部ESG基金产品管理规模居于国内首位。自2021年以来，东证资管、华夏基金、富国基金的ESG基金产品规模稳居第二位至第四位。截至2023年6月30日，排在前四位的机构的ESG基金产品规模分别约为1325亿元、344亿元、343亿元和281亿元（见图12），占比分别约为22.4%、5.8%、5.8%和4.8%。

序号	2018年	2019年	2020年	2021年	2022年	2023年第二季度
1	汇添富基金	汇添富基金	汇添富基金	汇添富基金	汇添富基金	汇添富基金
	158	320	1768	2050	1425	1325
2	广发基金	民生加银基金	富国基金	东证资管	东证资管	东证资管
	97	284	254	403	350	344
3	兴证全球基金	广发基金	华夏基金	华夏基金	华夏基金	华夏基金
	86	217	190	387	313	343
4	易方达基金	易方达基金	民生加银基金	富国基金	富国基金	富国基金
	84	199	181	348	278	281
5	富国基金	富国基金	中银基金	工银瑞信基金	中银基金	广发基金
	76	183	174	290	239	268
6	嘉实基金	工银瑞信基金	农银汇理基金	农银汇理基金	工银瑞信基金	工银瑞信基金
	39	146	155	289	227	178
7	工银瑞信基金	交银施罗德基金	工银瑞信基金	博时基金	广发基金	易方达基金
	33	111	140	229	204	177
8	交银施罗德基金	兴证全球基金	兴证全球基金	东方基金	易方达基金	东方基金
	31	100	137	225	182	169
9	汇丰晋信基金	上银基金	广发基金	信达澳亚基金	嘉实基金	中银基金
	30	82	134	213	177	166
10	中银基金	嘉实基金	信达澳亚基金	景顺长城基金	农银汇理基金	南方基金
	25	56	126	212	173	162

图 12　国内 ESG 基金产品的机构布局情况

注：2023 年第二季度的数据截至 2023 年 6 月 30 日；单位为亿元。
资料来源：Wind、中金公司研究部。

部分机构的 ESG 基金产品的规模逆势上行。2023 年，在市场波动的背景下，华夏基金、富国基金、广发基金、南方基金的 ESG 基金产品的规模均实现逆势上行，这一方面源于投资者较强的投资意向，另一方面源于新能源板块震荡背景下抄底资金的持续流入。其中，广发基金的 ESG 基金产品的规模上升较为显著，从 2022 年的约 204 亿元上升至 2023 年第二季度的约 268 亿元。

对 2023 年第二季度 ESG 基金产品规模排名前 10 的机构进行分析可以发现不同机构关注的 ESG 投资领域各有侧重，其中，以 ESG 策略基金产品、环境主题基金产品为主。汇添富基金、东证资管、中银基金的 ESG 基金产品以 ESG 策略基金产品为主，将 ESG 作为辅助投资策略。华夏基金、富国

基金、工银瑞信基金、易方达基金、东方基金和南方基金的 ESG 基金产品
以环境主题基金产品为主，广发基金除布局环境主题基金产品之外，还布局
了占较大比重的社会主题基金产品（见图 13）。

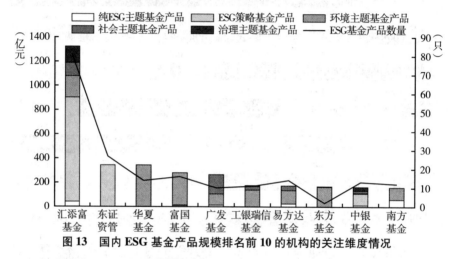

图 13　国内 ESG 基金产品规模排名前 10 的机构的关注维度情况

注：数据截至 2023 年 6 月 30 日。

资料来源：Wind、中金公司研究部。

我们认为，ESG 基金产品管理人在固收、权益维度积极搭建 ESG 投资
基本框架：ESG 权益投资体系较为完善，权益型基金占比领先，权益型基
金产品市场发展趋势有望延续；同时，ESG 债基产品处于发展机遇期，泛
债基产品将迎来新的发展机遇，形成新的增长点。相关机构可以积极探索固
收类 ESG 基金产品，完善投研体系，争得先发优势。

（四）公募基金机构的 ESG 基金产品投资实践

在全球可持续发展趋势与中国碳达峰碳中和目标的引领下，中国资管机
构积极拥抱 ESG 理念，踊跃参与相关国际倡议。自 2020 年以来，中国金融
机构成为联合国责任投资原则组织（UN PRI）的签署机构的数量快速增长，
2022 年新增 42 家。截至 2023 年 7 月，已有 138 家中国金融机构成为 UN
PRI 的签署机构（见图 14），其中，资管机构占比最高，为 72%；资产所有
者和服务提供方的数量分别占签署机构数量的 3% 和 25%。2021 年至 2023

年 7 月，中国的 UN PRI 的签署机构净增 58 家，其中有 39 家为资管机构，资管机构已成为我国践行社会责任的中坚力量。

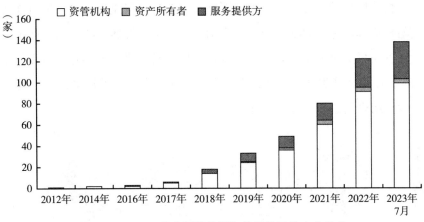

图 14   UN PRI 的中国的签署机构的数量的变化趋势

注：2023 年 7 月的数据截至 2023 年 7 月 31 日。
资料来源：UN PRI、中金公司研究部。

资管机构纷纷明确了 ESG 基金产品投资流程、ESG 基金产品主题，构建了 ESG 基金产品评级体系和 ESG 基金产品团队架构等。对于 ESG 基金产品投资流程，大部分 ESG 基金产品管理人会采用正面与负面筛选的方式事前筛选标的，多数管理人会从整合或主题投资的维度在组合中考量标的的 ESG 因素，部分管理人会从投后的角度提升投资标的的 ESG 表现。对于 ESG 基金产品评级体系，多数管理人搭建了内部的 ESG 基金产品评级体系。对于 ESG 基金产品团队架构，部分基金公司搭建了专职 ESG 基金产品团队，多数基金公司仍将 ESG 基金产品与其他研究条线相融合。

以兴证全球基金为例，作为国内最早开展责任投资实践的公募机构之一，其除了关注对客户和股东的责任外，还关注对员工、社会和合作伙伴的责任。自 2008 年发行首只社会责任投资理念基金以来，2023 年，兴证全球基金践行责任投资理念已有 15 年的历程。

兴证全球基金建立起了完整的管理体系和投资框架。兴证全球基金的 ESG 管理体系分为四层，包括监督层、战略层、组织层和执行层，它们对

应董事会、ESG 领导小组、ESG 牵头部门和各业务部门四层架构，以确保责任投资理念完善落实。对于投资框架，兴证全球基金综合考虑重要的 ESG 因素、投资标的的业务价值与外部因素，将其与投资流程、决策相结合，并积极与投资标的进行对话和合作，推动企业可持续发展，践行社会责任。

在责任投资决策中，兴证全球基金采用"社会责任四维选股模型"（见图15），按照经济责任、可持续发展责任、法律责任、道德责任进行选股入池、股票组合构建与调整等工作。

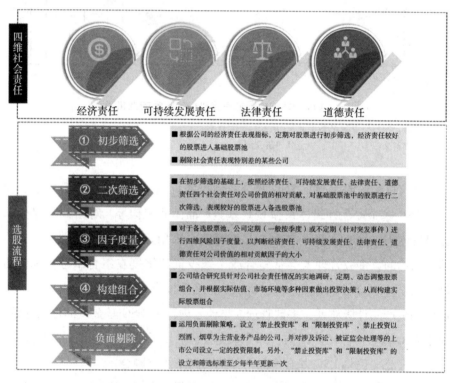

图15 兴证全球基金的"社会责任四维选股模型"

资料来源：兴证全球基金官网、中金公司研究部。

兴证全球基金旗下的 ESG 基金产品包括 1 只纯 ESG 主题基金产品和 2 只社会主题基金产品（见表1）。这些产品的单只规模较大，且成立时间较早，具有较强的代表性，历史业绩较为稳健。

表 1 兴证全球基金的 ESG 基金产品情况

单位：亿元，%

基金代码	简称	产品类型	基金类型	成立日期	基金经理	基金规模（合计）	2023年上半年收益率	2018~2023年年化收益率	2023年上半年年化波动率	2018~2023年年化波动率	2023年上半年最大回撤	2018~2023年最大回撤
163409. OF	兴全绿色投资基金	纯ESG主题基金产品	偏股混合型	2011年5月6日	邹欣	59.55	-4.64	14.9	15.02	20.26	-17.05	-36.20
340007. OF	兴全社会责任基金	社会主题基金产品	偏股混合型	2008年4月30日	季文华	38.99	-16.95	2.6	16.28	25.19	-27.15	-48.72
340008. OF	兴全有机增长基金	社会主题基金产品	灵活配置型	2009年3月25日	钱鑫	18.87	-7.51	9.0	14.64	19.16	-17.30	-37.38

资料来源：兴证全球基金官网、中金公司研究部。

本报告接下来将以兴全绿色投资基金为例具体阐述兴证全球基金的 ESG 基金产品的投资框架。

兴全绿色投资基金是境内首只绿色投资理念基金。兴证全球基金认为投资绿色科技产业或企业在获得良好回报的同时，也能保护或改善生态环境，推动社会可持续发展。该基金的绿色投资涵盖三个层次，包括清洁能源产业、环保产业以及其他产业，其积极履行环境保护责任，致力于投资绿色领域或在绿色相关产业发展过程中做出贡献的公司。其中，清洁能源产业涉及风能、太阳能、地热能、水力资源、生物燃料和其他替代能源及相关科技创新研究等领域；环保产业涉及节能减排、水治理、环境服务、绿色运输和可持续生活领域（见图16）。

图16　兴全绿色投资基金投资环保产业涉及的领域及其评价标准

资料来源：兴证全球基金官网、中金公司研究部。

兴全绿色投资基金采用将负面筛选方法、正面筛选方法、股东倡导方法等多种方法相结合的投资方法，在追求资本长期稳定增长的同时，起到推动社会可持续发展的作用。①负面筛选方法：禁投对环境造成严重污染的公司。②正面筛选方法：对上市公司的环境责任的履行情况进行综合打分，进行相对排名筛选，优先考虑环境责任履行方面领先的公司。③股东倡导方法：通过提案、管理层沟通、呼吁等多种形式积极做好股东倡导工作，以对上市公司形成外部约束。

兴全绿色投资基金除运用上述方法进行股票选择外，还辅以一定的行业配置调整策略，对各行业权重进行"绿色"优化。同时，兴全绿色投资基金重点关注绿色科技产业和其他产业中积极履行环境责任、致力于向绿色领域转型的公司或在绿色相关产业发展过程中做出贡献的公司。

（五）ESG 基金产品在中国公募基金市场的发展趋势

ESG 基金产品在中国公募基金市场的发展趋势如下。

（1）拓展主动产品深度、被动产品广度。当前，中国的 ESG 投资以主题投资为主，将更多注意力集中在特定行业和主题领域，把 ESG 纳入策略的产品的占比较低。在产品的设计上，主动型 ESG 基金产品更注重 ESG 研究的深度，提升整体的 ESG 研究能力，结合 ESG 与市场经济指标（如GDP）或市场整体表现（Beta），提升产品的多样性。

（2）机构投资者与个人投资者并重。当前，中国 ESG 基金产品的机构投资者的占比低于全市场同类基金产品的机构投资者的占比，远低于海外 ESG 基金产品的机构投资者的占比。我们认为，机构投资者的进一步引入有望为 ESG 基金产品带来更广阔的发展空间。同时，应关注个人投资者的投资需求，积极布局相关产品。

（3）权衡 ESG 基金产品的收益与风险。有效的 ESG 基金产品整合可以带来更多的收益，同时避免出现较高的尾部风险。这需要资产管理人认真考虑 ESG 数据的质量、投资策略的调整情况，以及保持 ESG 基金产品的发展目标与可持续性目标一致，在权衡短期业绩目标与长期业绩目标的同时，应做好 ESG 基金产品投资者的教育工作。

（六）海外 ESG 基金产品市场的发展情况

就全球市场而言，作为全球 ESG 基金产品的领跑者，欧洲市场在 ESG 投资方面更多的是以一种自上而下的方式在推动。政府机构对投资框架与政策工具的大量运用，使欧洲率先建立了全链条的 ESG 投资监管体系。无论是对

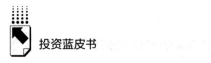

ESG 基金产品的信息披露，还是对 ESG 基金产品评级的监管，欧洲市场都进行了严格的规定。截至 2023 年第一季度，已有 824 家金融机构在欧洲市场布局 ESG 基金产品，ESG 基金产品的总数量达 6415 只，规模为 28224 亿美元。部分欧洲国家的 ESG 基金产品的规模占基金产品总规模的比重已经超过 62%。

作为全球最成熟的金融市场之一，美国市场在 ESG 投资方面则以一种自下而上的方式推动。美国当前尚未建立系统性的 ESG 投资监管框架，但所有 ESG 基金产品需遵循《1940 年投资公司法案》以防止误导投资者。特别是对于名称中含有"ESG"等的基金产品，要求其持仓 80% 以上的资产为"ESG 资产"。自 2021 年起，美国监管机构开始关注"反漂绿"问题，密集发布相关政策。截至 2023 年第一季度，美国的 ESG 基金产品的数量为 658 只，规模为 3069.47 亿美元。

作为亚太地区 ESG 基金产品的先行者之一，虽然日本市场没有从法律法规层面要求投资者在投资过程中纳入 ESG 因素，但是日本的各个政府部门发布了一系列 ESG 指引性文件，自上而下地指引日本国民养老金（GPIF）在整个投资生命周期贯彻负责任投资、对上市公司尽责管理的要求。政策指引协同资金引导，是日本市场的 ESG 基金产品发展的"柔性"推手。日本 ESG 基金产品的市场布局呈现较明显的本土化特征，截至 2023 年第一季度，日本共有 236 只 ESG 基金产品，规模为 246.8 亿美元。

作为可持续投资的"后起之秀"，近年来，加拿大市场不断完善 ESG 投资政策和披露框架，在养老金领域推动责任投资实践。加拿大证券管理局与证券交易所积极改进 ESG 基金产品的披露政策。截至 2023 年第一季度，加拿大的 ESG 基金产品的数量达 276 只，规模为 424.06 亿美元。

三 ESG 基金产品的评价方法与实践

（一）ESG 基金产品评价的意义与基础框架

1. ESG 基金产品评价的意义

ESG 在全球经济活动中形成了双向的价值链。如图 17 所示，金融机构在 ESG 价值链中是披露 ESG 信息的中介：将有关投资的 ESG 信息进行统一化披露，即向资产所有者、监管机构及利益相关方披露一致的、具有可比性的可持续发展信息。不仅如此，金融机构还是 ESG 理念的引导者：通过资源配置手段、尽责管理等途径，督促企业提升 ESG 水平。

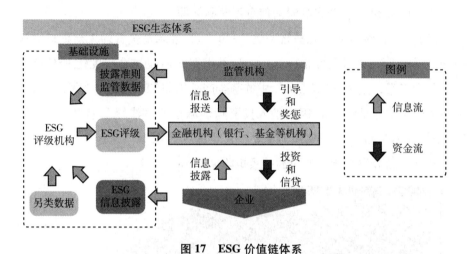

图 17　ESG 价值链体系

资料来源：《ESG 趋势：前言 以包容性视角理解 ESG "价值链"》，新浪财经，https：//stock. finance. sina. com. cn/stock/go. php/vReport_ Show/kind/search/rptid/722071366665/index. phtml。

其中，作为金融机构，公募基金管理人在 ESG 价值链中扮演了重要的角色。由于基金产品本身需要遵循强制性、标准化的定期信息披露规则，ESG 信息能够通过公募基金的募集说明书、定期报告等披露，公募基金管理人可以与投资者、监管机构以及其他利益相关方进行沟通。

但从目前情况来看，不同基金管理人对于 ESG 投资策略的认知程度、实践积极性以及投后产生的环境、社会效益存在较大的差异。不仅如此，很多国家和地区还没有制定基金层面的相对统一的 ESG 信息披露规范。因此，从基金投资者的角度来看，需要构建一个相对公允的评价标准，以横向比较基金管理人的能力。

ESG 基金产品评价把可信度高、一致性高的 ESG 数据作为基础。目前，欧盟市场和中国香港市场在构建 ESG 信息披露规则体系方面走在前列，为

ESG 基金产品的评价打下了良好的数据基础。

2. ESG 基金产品评价的基础框架

欧盟市场的监管者针对金融机构颁布了两大 ESG 监管规则，其核心目标就是通过提升基金投资组合层面的 ESG 信息披露透明度，减少利益相关方筛选、评价 ESG 基金产品时的信息不对称问题。

（1）《可持续金融信息披露条例》（SFDR）要求基金管理人定期披露被投资公司的 ESG 关键负面指标（PAIs）并根据 ESG 的整合程度把 ESG 基金产品分为三类，其中，"条款6"中的基金产品为非 ESG 基金，"条款8"中的基金产品指的是将 ESG 因素纳入投资筛选流程的"浅绿"基金，"条款9"中的基金产品是把 ESG 作为主要投资目标的"深绿"基金。SFDR 中的 ESG 基金产品分类与所投公司的关系矩阵见图 18。

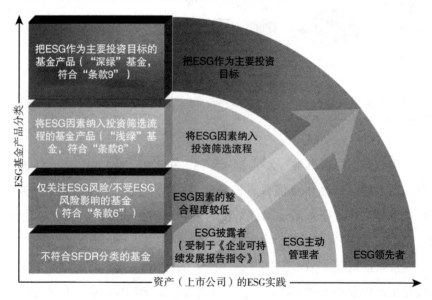

图 18　SFDR 中的 ESG 基金产品分类与所投公司的关系矩阵

资料来源：《ESG：欧盟 ESG 监管及其影响机制》，新浪财经，https：//stock. finance. sina. com. cn/stock/go. php/vReport_ Show/kind/search/rptid/732703298539/index. phtml。

（2）《欧盟可持续金融分类方案》（EU Taxonomy，简称《欧盟分类方案》）依据技术中立（Technology Neutral）原则，定义了相应的科学指标或阈值，要求基金管理人依托根据目录制定的科学指标体系对所投资资产端的 ESG 指标进行分步骤测试、识别。

2019 年 12 月，香港证券及期货事务监察委员会（以下简称"香港 SFC"）联合香港金融管理局成立了"绿色和可持续金融跨机构督导小组"，通过设立逐步强制的 ESG 信息披露规则、制定 ESG 基金产品设立规则并公开发布符合要求的 ESG 基金产品列表（即 ESG 贴标基金），为 ESG 基金产品的投资活动打下了坚实的规则基础。

（1）强制披露：要求大型基金管理人披露持仓层面的气候相关风险。

2020 年 10 月，香港 SFC 发布了《有关基金经理管理及披露气候相关风险的咨询文件》①。咨询文件建议修订《基金经理操守准则》（第三版），以促使基金经理在投资及风险管理流程中妥善考虑气候相关风险，并进行适当的披露。香港 SFC 发布该文件的目的在于：①提升所有基金经理对碳排放以及碳排放造成的实质性气候灾害的认知程度；②促使由气候变化对企业造成的财务风险变得可预测、可管理；③提高 ESG 基金产品的信息披露透明度，减少 ESG 基金产品在发行过程中的"漂绿"行为。

2021 年 8 月，香港 SFC 对近一年所收集的基金经理对气候信息披露立法的相关建议进行了整理与总结，在参考了气候相关财务信息披露工作组（TCFD）的披露框架的背景下，发布了《致持牌法团的通函——基金经理对气候相关风险的管理及披露》②，并给予不同类型的资管产品为期 12~15 个月的过渡期，以为该文件的正式实施做好准备。《致持牌法团的通函——基金经理对气候相关风险的管理及披露》涵盖的事项见表 2。

---

① 《有关基金经理管理及披露气候相关风险的咨询文件》，香港证券及期货事务监察委员会网站，https：//apps. sfc. hk/edistributionWeb/api/consultation/openFile？ lang=TC&refNo=20CP5。
② 《致持牌法团的通函——基金经理对气候相关风险的管理及披露》，香港证券及期货事务监察委员会网站，https：//apps. sfc. hk/edistributionWeb/api/circular/openFile？ lang = TC&refNo = 21EC31。

表2 《致持牌法团的通函——基金经理对气候相关风险的管理及披露》涵盖的事项

事项	分类	具体事宜	披露内容
治理	基本	①将气候相关因素纳入投资、风险管理流程 ②基金公司的董事会执行气候风险整体管理和监察职能 ③基金公司提供足够的人力、技术资源以保证董事会的职能可以顺利执行	与①、②相关的治理架构、流程
投资管理	基本	①识别气候相关风险(实体风险、转型风险)与投资的关联性/重大性 ②如果气候相关风险与投资是有关联的,则将重大的气候相关风险加入投资管理流程(例如,加入组合策略、纳入气候相关数据),并评估气候相关风险对基金业绩表现的潜在影响	流程、步骤、评估工具和指标
风险管理	基本	①流程:涉及策略/基金维度识别、评估、管理和监察有关联/重大影响的气候相关风险 ②量化分析:采用适当的工具、指标量化评估气候相关风险	流程、步骤、评估工具和指标
风险管理	进阶	①情景分析:针对投资策略,在不同路径假设下,分析气候相关风险的韧性(抵御力),如果情景分析的结果被认为有关联,基金经理就需要制订计划,定期进行情景分析 ②计算投资组合的碳足迹:如果气候相关风险被评估为有关联或者有重大影响,则应该识别、计算基于投资组合市值的加权平均碳排放当量(范围1与范围2碳排放,鼓励在有条件的前提下披露范围3碳排放)	举例说明管理重大气候相关风险的政策、碳足迹的数值、计算方法、相关假设及限制、涵盖的样本比例

资料来源:香港SFC、中金公司研究部。

2024年10月,香港SFC正式修订《基金经理操守准则》(第五版),第3.1A、3.11.1(b)和6.2A条款明确规定基金经理应当识别、管理风险并根据基金的管理规模、气候风险对投资组合的影响程度进行适度的气候风险信息披露。

上述针对基金披露的信息多数是定性的,而在"风险管理"(进阶)方面,大型基金经理需要定期披露投资组合的碳足迹(即按市值加权平均计算投资组合的"总排放量")。投资组合的碳足迹的计算方法为:

$$\sum_{i=1}^{I} \frac{(\frac{\text{组合中公司 } i \text{ 的持仓市值}}{\text{公司 } i \text{ 的总市值}} \times \text{被持仓公司 } i \text{ 的范围 } 1 \text{ 与范围 } 2 \text{ 碳排放})}{\text{投资组合的总净值}} ^{①}$$

（2）贴标：公开披露 ESG 基金产品名单。

根据香港 SFC 在 2021 年 6 月 29 日发布的《致证监会认可单位信托及互惠基金的管理公司的通函-环境、社会及管治基金》，为了提高 ESG 投资的实质性、影响力以及避免基金管理人潜在的"漂绿"行为，香港 SFC 针对中国香港地区发行的 ESG 基金产品从命名、范围界定、信息披露、定期报告等方面提出了官方指引[②]。

为了帮助基金投资者更好地评价 ESG 基金产品，香港 SFC 在其官方网站披露了符合香港 SFC 规范的 ESG 基金产品名单。[③]

（二）ESG 基金产品评价办法

传统基金研究的核心目标是预测基金未来的收益、风险特征。基金投资评价大致可以分为对基金投资的定量评价和定性评价，其中，定量评价通常基于基金历史的净值和持仓数据，进行对应的归因分析，能够准确地刻画基金产品过去的交易特征、风格特征等微观信息；定性评价通常基于定量评价的历史结果，结合尽职调查访谈、模拟演绎等方法，前瞻性地刻画基金管理人的投资理念、投资手法以及在不同市场环境的应对方法和应对能力，预测基金管理人的投资表现。

在对 ESG 基金产品进行评价的过程中，也可以进行定量评价和定性评价。其中，可以通过历史持仓数据与 ESG 评级的映射、加权平均值来得到

---

① 资料来源：《致持牌法团的通函——基金经理对气候相关风险的管理及披露》，香港证券及期货事务监察委员会网站，https：//apps. sfc. hk/edistributionWeb/api/circular/openFile? lang = TC& refNo = 21EC31。

② 《致证监会认可单位信托及互惠基金的管理公司的通函-环境、社会及管治基金》，香港证券及期货事务监察委员会网站，https：//sc. sfc. hk/TuniS/apps. sfc. hk/edistributionWeb/gateway/TC/circular/doc？refNo=21EC27。

③ 《环境、社会及管治基金列表》，香港证券及期货事务监察委员会网站，https：//sc. sfc. hk/TuniS/www. sfc. hk/TC/Regulatory-functions/Products/List-of-ESG-funds。

基金投资组合层面的历史 ESG 评级数据；相比投资层面的定量评价，ESG 基金产品的定量评价通常相对稳定，特别是海外 ESG 基金产品面临相对硬性的 ESG 投资约束，这使其投资组合必须符合一定的 ESG 评级标准。ESG 基金产品的定性评价通常在有关基金的尽职调查访谈中加入与 ESG 相关的问卷调查，针对基金管理人的 ESG 能力情况、策略实施、尽责管理等方面进行自上而下的了解。通常情况下，对 ESG 基金产品的定性评价结果能够反映基金管理人内部的 ESG 投研、风控体系的成熟度，对于整个投资生命周期的 ESG 融入及主动管理程度。

基金投资评价与 ESG 基金产品评价的能力对比见表 3。

表 3　基金投资评价与 ESG 基金产品评价的能力对比

类型	基金投资评价		ESG 基金产品评价	
	定量评价	定性评价	定量评价	定性评价
精确度	● ● ●	● ●	● ●	●
稳定性	●	● ●	● ●	● ● ●
前瞻性	●	● ● ●	● ●	● ● ●

注："●"的数量多少代表相应能力的相对大小。
资料来源：中金公司研究部。

1. 基于历史的定量评价

目前，全球主流 ESG 评级机构对 ESG 基金产品的定量评价主要基于 ESG 基金产品的持仓市值加权平均值，具体原则如下。

（1）当投资组合中的资产市值占投资组合总净值的比例超过某个阈值（多数评级机构要求超过 60%）而获得评级机构的"覆盖"时，则将 ESG 基金产品纳入评级机构的 ESG 基金产品评分、评级范围。

（2）在计算基金投资组合的 ESG 评分过程中，使用等比例放大后的持仓加权平均得分。

（3）根据 ESG 基金产品的评分区间，得到相应的 ESG 基金产品评级。

ESG 基金产品的评级方法为：

$$Fund\_ESG = \sum_{s \in 基金持仓} \left\{ \frac{资产 s 的持仓市值}{所有具有 ESG 评级的资产总市值} \times ESG(资产 s) \right\}^{①}$$

接下来，我们将以第三方 ESG 基金产品评级机构 MSCI 的 ESG 基金产品评级实践为例，介绍其定量评价流程。

以全球上市公司的 ESG 得分数据为基础，MSCI 对全球超过 27000 只 ESG 公募基金进行了定量打分和评级。为了避免资产管理人通过做空具有低评级的 ESG 资产来提升投资组合总体的 ESG 得分，并且考虑到对 ESG 资产的评分覆盖度有限，MSCI 对 ESG 基金产品评级的具体计算步骤见图 19。

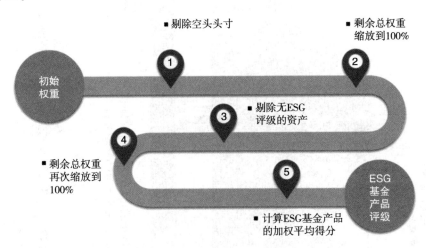

图 19　MSCI 对 ESG 基金产品评级的具体计算步骤

资料来源：MSCI ESG Fund Ratings Methodology（2023 年 4 月），中金公司研究部。

另外，基金投资者可以在 MSCI 的 ESG 评价报告中看到以下内容。

（1）ESG 基金产品的总体水平：这涉及 ESG 基金产品的质量得分（0 ~ 10 分）和 ESG 基金产品评级，以及同类可比基金产品的质量得分。

（2）ESG 基金产品的得分归因：这涉及超过 600 个 ESG 议题在基金持仓层面的风险暴露程度。MSCI 的 ESG 基金产品的风险归因矩阵见图 20。

---

① 资料来源：中金公司研究部。

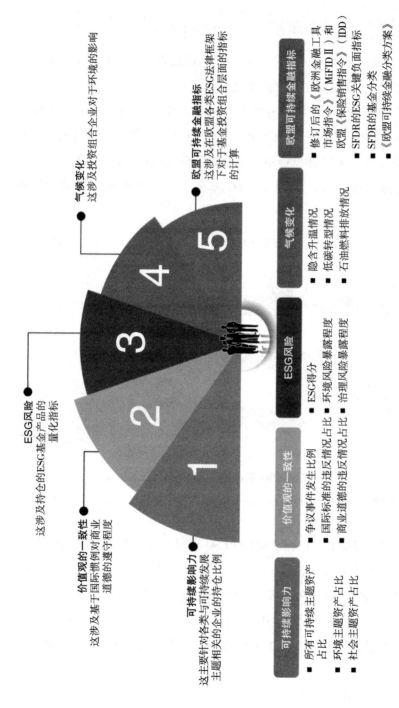

图 20 MSCI 的 ESG 基金产品的风险归因矩阵

资料来源：MSCI，中金公司研究部。

（3）对前 10 大持仓基金产品的环境、社会影响力的分析：这包括但不限于可持续营业收入、对石油化工资产的持有情况、是否被社会责任投资原则所排除以及碳强度。

（4）情景分析：针对持仓 ESG 基金产品的分布情况对 ESG 基金产品的得分趋势进行评估。

2. 面向未来的定性评价

目前，UN PRI 是全力推动全球 ESG 基金产品发展的主要国际机构，通过提供丰富的指引和具体的技术指南，帮助投资者更加系统化、前瞻性地评价基金管理人的 ESG 管理体系的成熟度及其对 ESG 因素的整合能力、在投后的尽责管理能力。

如图 21 所示，针对不同种类的资产，UN PRI 确定了相应的 ESG 投资工具，主要覆盖股票（上市股权）、私募类资产以及固定收益，以使资产管理人进行识别和评价。

图 21　UN PRI 的 ESG 投资工具指南

资料来源：UN PRI、中金公司研究部。

根据 UN PRI 的底线要求（Minimum Requirement），与 ESG 基金产品相关的资产管理机构应当满足以下要求。

（1）资产覆盖度（UN PRI 报告框架 SG01）：制定资产管理机构整体的 ESG 投资政策，并使 ESG 投资政策覆盖不少于公司资产管理总规模的 50%。

（2）高级管理人员义务（UN PRI 报告框架 SG07）：资产管理机构的管理层对 ESG 投资活动负有监督义务。

（3）人员配置（UN PRI 报告框架 SG07）：资产管理机构配置专门的 ESG 投资人员。

基于对资产管理机构的上述要求，ESG 基金产品的投资者对于 ESG 基金产品的定性评价通常包括"初选、复选、尽职调查、委托"四个步骤（见图 22），最终选择相应的资产管理机构，对 ESG 基金产品进行投资。

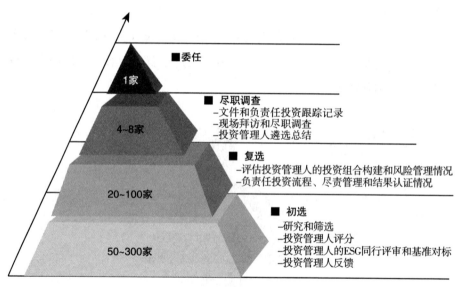

图 22　ESG 基金产品的定性评价流程

资料来源：UN PRI、中金公司研究部。

对于与 ESG 基金产品相关的资产管理机构的定性评价会以打分卡的结果量化展示。UN PRI 设计了完整的与 ESG 基金产品相关的资产管理机构的量化打分卡模板，以针对资产管理机构的 ESG 投资政策、尽责管理以及各类资产的 ESG 管理绩效打分。同时，对于不同的角色，UN PRI 建议采用以下打分模式。

（1）资产管理机构的 ESG 自评：UN PRI 建议从机构整体的投资与尽责管理政策以及各资产端维度出发，通过填写 UN PRI 标准化问卷进行汇总自评。模块的得分是相对独立的，并不会展示资产管理机构层面的 ESG 自评综合分数。资产管理机构的 ESG 自评打分卡见表4。

表4　资产管理机构的 ESG 自评打分卡

资产类别规模占总管理规模的比例	评价模块名称	得分	星级	在行业中的位数的得分
	投资与尽责管理政策	86	★★★★	60
10%~50%	股票-主动基本面-ESG 整合	89	★★★★	71
10%~50%	股票-主动基本面-投票	70	★★★★	54
10%~50%	债券-公司债	93	★★★★★	62
10%~50%	债券-SSA 债（超主权、主权与国际机构债）	88	★★★★	50
<10%	债券-资产证券化	71	★★★★	55
<10%	债券-私募债	84	★★★★	67
<10%	房地产	87	★★★★	69
<10%	基础设施	55	★★★	77
<10%	私募股权	42	★★★	66
<10%	股票-被动-投票	70	★★★★	57
<10%	股票-被动-ESG 整合	0	★	35

注：本打分卡依据 UN PRI 的 2021 年年度报告和评估框架得到，资产管理机构进行自我评估形成分项得分；其中，基于 ESG 得分的阈值25、40、65、90，星级分为五类（★/★★/★★★/★★★★/★★★★★）。

资料来源：UN PRI、中金公司研究部。

（2）基金产品的 ESG 自评：不同类别的底层资产运用的 ESG 投资策略不尽相同，图23 展示了 UN PRI 从总体方针、投资前、投资后三个方面进行的 ESG 自评情况。

（3）基金投资者对 ESG 基金产品的评价：为了方便基金产品的潜在投资者进行 ESG 层面的横向筛选，UN PRI 建议从投资与尽责管理政策、ESG 融入程度以及 ESG 信息披露透明度三个维度进行打分（见图24）。

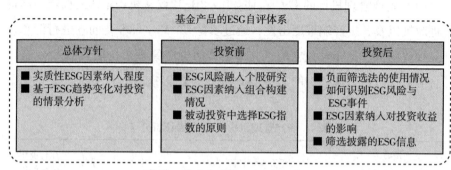

图 23 基金产品的 ESG 自评体系

资料来源：UN PRI、中金公司研究部。

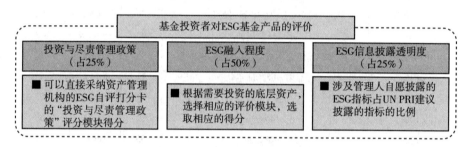

图 24 基金投资者对 ESG 基金产品的评价建议

资料来源：UN PRI、中金公司研究部。

四 ESG 主题投资

（一）概述

主题投资是一种前瞻性的投资方法，通过研究宏观经济、地缘政治和技术趋势来洞察未来。它关注那些能够引发长期、结构性变革的新兴趋势，如创新商业模式、颠覆性技术以及不断变化的消费者偏好和行为。主题投资的目标是寻找那些在这些趋势中处于有利位置的公司，并以此为基础进行投资。由于主题投资聚焦单个或多个主题，在投资中会有更加明确的风格，因此投资者可以基于自身对于相应主题的趋势的判断选择合适的产品。

依托 ESG 主题投资的定义和 Morning Star 数据库，我们基于对 ESG 投资的理解对可持续主题投资进行分类。

（1）气候变化投资：气候变化投资是涵盖与气候变化有关的专题投资。其侧重于投资对向低碳经济转型做出较大贡献的公司，具体包括绿色能源和清洁技术项目，例如风能、太阳能、水能、潮汐能和地热发电项目。这一主题投资下的分主题投资涉及碳转型、脱碳、减少温室气体排放、适应和减缓气候变化以及寻求气候解决办法等方面。

（2）资源安全投资：其涉及资源的有效利用和循环经济。其中，资源包括水、木材、金属、矿物、气体和所有类型的人造材料。这一主题投资侧重于可二次利用的废水、生态高效的产品、废物管理和回收等方面。

（3）健康生态系统投资：其涉及保护土地、空气和水等，侧重于投资对环境有积极影响的行业。其不涉及水或温室气体排放等次级主题，因为这些次级主题为其他主题投资所涵盖。这一主题投资下的分主题投资涉及生物多样性、水下生命、自然生态系统、地球边界、地球健康和可持续农业等方面。

（4）基本需求投资：其涉及人类的基本需要，侧重于投资需要帮助的个人，例如为需要帮助的人提供食物、住房、医疗保障和能源。同时，其还涉及人类安全，如安全的工作场所和社区。这一主题投资下的分主题投资涉及安全的饮用水、能源、卫生设施、粮食安全、安全的工作条件和劳动者权益等方面。

（5）人类发展投资：其关注提高人的能力和促进社会进步，包括支持教育、促进就业和公平。这一主题投资下的分主题投资涉及公平和包容、教育、普惠金融、工作和经济增长等方面。

（6）影响力投资：其旨在产生可度量的环境与社会影响力，同时兼顾财务价值，以获得双重回报。这一主题投资包括一级、二级市场的股权投资，债权投资，固定资产投资等。

ESG 主题投资分类见图 25。

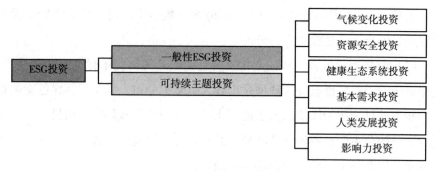

图 25　ESG 主题投资分类

资料来源：Morning Star、中金公司研究部。

近年来，主题投资产品规模迅速增长，其中，气候变化投资产品及资源安全投资产品规模较大。从趋势来看，2019 年以来，各类产品规模增长明显。根据 Morning Star 的数据，在五大主题投资产品中，气候变化投资产品的关注度最高，规模最大，接着为资源安全投资产品（见图 26）。随着 2019 年以来 ESG 相关技术壁垒的突破，以及大家对气候变化及资源安全的关注度的提升，整体来看，这两类主题投资产品的规模显著上行。

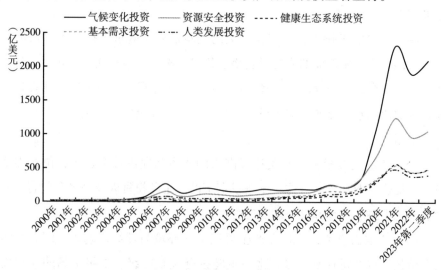

图 26　不同 ESG 主题投资产品的规模

注：2023 年第二季度的数据截至 2023 年 6 月 30 日。
资料来源：Morning Star、中金公司研究部。

（二）气候变化投资

1. 气候变化投资的重要意义

气候变化已成为全球无法回避的重要议题，各国政府和国际组织纷纷将气候治理和相关投资纳入政策日程。2018～2022 年，欧盟出台了《欧盟气候基准》、《欧盟可持续金融分类方案》和《可持续金融信息披露条例》等法律文件，美国出台了《为可持续增长融资的行动计划》，以支持和规范气候变化投资。自党的十八大以来，中国一直强调生态文明建设的重要地位，并通过发布一系列文件（如 2014 年修订的《环境保护法》、2016 年发布的《关于构建绿色金融体系的指导意见》以及 2021 年发布的《2030 年前碳达峰行动方案》和《中国应对气候变化的政策与行动》白皮书）推动绿色金融和气候变化投资发展。

气候治理的成果来之不易，气候变化投资有望加快碳转型进程。自 2020 年以来，中国中央财政累计投入生态环保资金达 1.78 万亿元，全国碳排放权交易市场启动并运作，截至 2022 年底，碳排放配额的累计成交量达 2.3 亿吨，成交额达 104.75 亿元。此外，2020 年中国单位 GDP 的二氧化碳排放量较 2005 年降低了约 48.4%，并且，中国新能源汽车的产销量连续 8 年保持全球第一。近几年，气候主题公募基金迅速发展，根据 Morning Star 的统计数据，截至 2023 年第二季度，全球气候主题公募基金总计 705 只，总规模高达 2100 亿美元（见图 27）。总体而言，气候变化投资不仅支持能源转型和促进"碳中和"目标实现，还将长期增长。

2. 全球气候变化投资的发展情况

气候变化投资产品以股票型气候主题公募基金为主。根据 Morning Star 的数据，截至 2023 年第二季度，全球股票型、债券型和配置型气候主题公募基金的规模分别为 2099 亿美元、400 亿美元和 221 亿美元（见图 28），占比分别为 76.0%、14.5% 和 8.0%。其中，股票型气候主题公募基金的规模的占比自 2019 年以来明显提升，而债券型气候主题公募基金的规模的占比呈现下行趋势。

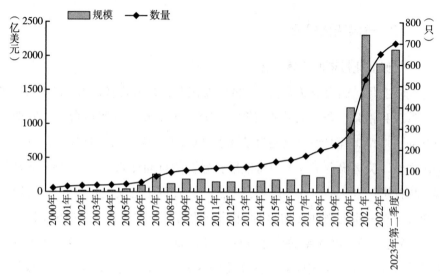

图 27　全球气候主题公募基金的规模和数量

资料来源：Morning Sstar、中金公司研究部。

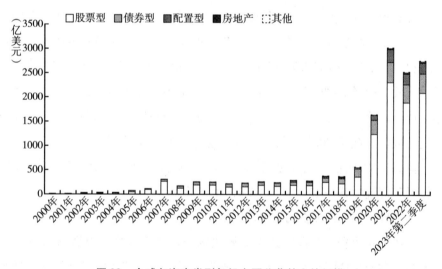

图 28　全球各资产类型气候主题公募基金的规模

资料来源：Morning Star、中金公司研究部。

从国际市场来看，截至 2023 年第二季度，欧洲气候主题公募基金的投资规模占约 70%的市场份额（见图 29）。作为气候变化投资的发源地，欧洲一直是气候变化投资的引领者和推动者。截至 2023 年第二季度，从气候主题公募基金的统计情况来看，欧洲气候主题公募基金的数量占比超过 50%。根据 Morning Star 的数据，中国在 2021 年时超过美国成为气候主题公募基金投资的第二大市场，仅次于欧洲。另外，值得关注的是，以中国、日本、韩国为代表的亚洲市场的气候主题公募基金的数量稳步增加，但整体资产管理规模与欧洲相比仍有较大的差距。

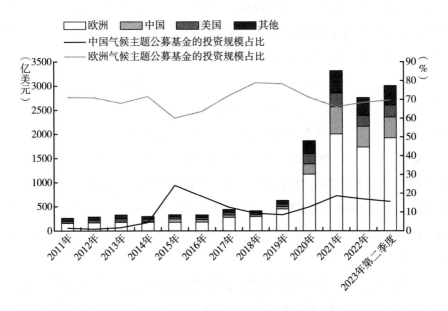

图 29　不同区域气候主题公募基金的投资规模及中国与欧洲的占比

资料来源：Morning Star、中金公司研究部。

从发行人来看，全球头部资产管理机构积极布局气候主题产品。如 Amundi、BNP Paribas、Invesco、BlackRock、UBS、Pictet、Natixis 等国际头部机构设立的气候主题公募基金的数量整体上呈上升趋势。其中，Amundi、BNP Paribas 和 Invesco 的气候主题公募基金的资产管理规模较大。

主动型气候主题基金的规模大于被动型气候主题基金，同时，收益稳定性优于后者；但被动型气候主题基金在 2018~2023 年的平均收益率更高。根据 Morning Star 的数据，截至 2023 年上半年，452 只主动型气候主题基金

的规模约为 1526 亿美元；253 只被动型气候主题基金的规模约为 563 亿美元。从总体收益表现来看，截至 2023 年上半年，主动型气候主题基金在 2018~2023 年的平均收益率为 4.6%，而被动型气候主题基金为 10.8%，这主要得益于后者在 2020 年取得了超过 50% 的高回报。

在公共部门，气候变化主题基金占比优先，较大的两个气候变化主题基金是绿色气候基金（Green Climate Fund，GCF）和气候投资基金（Climate Investment Funds，CIF）。根据 Morning Star 的统计数据，在可持续主题公募基金中，气候变化主题基金的规模的占比最大。截至 2023 年第二季度，气候变化主题基金的规模达到 2100 亿美元（见图 30）。在众多气候变化主题基金中，迄今为止，绿色气候基金的规模最大，承诺金额达 206 亿美元，实际拨款金额为 170 亿美元。GCF 作为联合国气候变化框架公约（UNFCCC）的财务机制之一，已批准为 129 个发展中国家的 216 个项目提供 120 亿美元的资金支持[①]。气候投资基金于 2008 年应 G8 和 G20 的要求成立，通过六家多边开发银行（MDBs）独立开展工作，动员投资以试点和推广前沿气候解决方案，应对 MDBs 无法独自应对的气候挑战。迄今为止，捐助国已承诺向 CIF 提供超过 110 亿美元的资金，以使其能够支持 72 个中低收入国家的近 400 个项目[②]。

在私营部门，气候变化主题基金投资规模迅速增长，其具有巨大的发展潜力。据联合国环境规划署（UNEP）估计，每年新增气候领域融资约为 3000 亿美元，但与 210 万亿美元的私人资产管理总额相比，其规模仍然非常小[③]。根据国际货币基金组织的分析，全球被标注为气候投资基金的总资产

① Thwaites, Joe, Brendan Guy, *U. S. Delivers for the Green Climate Fund and the World's Most Vulnerable*, NRDC, April 20, 2023, https：//www. nrdc. org/bio/joe - thwaites/us - delivers - green-climate - fund - and - worlds - most - vulnerable #：~：text = The% 20largest% 20climate% 20fund.，projects%20in%20129%20developing%20countries.

② Climate Investment Funds, *A Global Leader in Climate Finance*, September 10, 2024, https：// www. cif. org/#：~：text = A% 20global% 20leader% 20in% 20climate,% 2D% 20and% 20low% 2Dincome%20countries.

③《联合国适应差距报告披露：资金、行动仍然滞后》，澎湃新闻，https：//www. thepaper. cn/newsDetail_ forward_ 15319489。

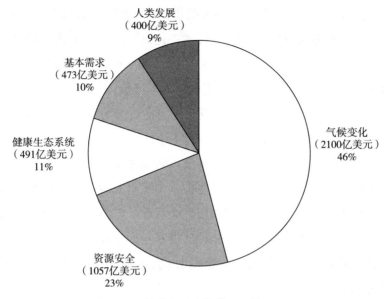

图 30　可持续主题公募基金规模及占比

注：数据截至 2023 年 6 月 30 日。

资料来源：Morning Star、中金公司研究部。

管理额在 2010~2020 年增长了 10 多倍，达到 1330 亿美元。然而，被标注为私人气候投资基金的资产管理额占总资产管理额的比重在 0.3% 以下。[①]

　　为了实现适应气候变化、促进低碳发展的目标，资产管理机构往往针对气候变化主题基金设立量化的评价标准，以衡量其 ESG 表现。以 HSBC GIF Global Equity Climate Change 基金为例，该基金的碳强度较 MSCI ACWI 指数的加权平均值低，因此具有更高的得分。与此同时，在正常市场条件下，该基金将至少 70% 的净资产用于购买与气候转型相关的股票及股票等价证券。[②]

　　3. 中国气候变化投资的发展情况

　　中国已成为气候主题公募基金投资的第二大市场。根据 Morning Star 的

---

①　Prasad et al., "Mobilizing Private Climate Financing in Emerging Market and Developing Economies," *Staff Climate Notes*, July 27, 2022, https://doi.org/10.5089/9798400216428.066.

②　RL360, *Climate Change Thematic Funds*, 2024, https://www.rl360.com/row/funds/responsible-investing/climate-change.htm.

数据，中国发行的气候主题公募基金的规模在2021年末创历史新高，中国首次取代美国成为欧洲以外最大的气候变化投资市场。伴随政策端对"碳中和"的持续加码、对新能源领域的扶持，以及传统高耗能产业转型、深化碳排放等，气候主题公募基金投资规模大幅增长。

从投资机会来看，中国气候主题公募基金主要涉及三个方面：能源变革、碳减排、"碳中和"趋势的间接受益标的。

目前，中国头部气候主题公募基金以新能源主题产品为主，同时存在部分低碳环保产品。各类基金的整体持仓情况具有较强的一致性，持仓行业集中于电力设备、有色金属和公用事业行业，电力设备行业几乎是全部同类基金的第一大重仓行业。此外，这类基金的重仓股票大多集中于新能源、光伏产业链上下游各股，如宁德时代、亿纬锂能、比亚迪、天齐锂业、隆基绿能等。

中国广义气候主题公募基金的新发集中于2021年和2022年。截至2023年3月31日，对于气候主题公募基金，主动基金规模为1334.33亿元（见图31），平均规模为12.95亿元，管理规模最大的为农银汇理新能源主题A（002190.OF），规模为167.05亿元。截至2023年第一季度，对于气候主题

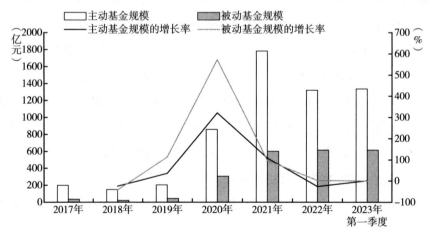

图31 中国气候主题公募基金规模及增长率

注：2023年第一季度的数据截至2023年3月31日。
资料来源：Wind、中金公司研究部。

公募基金，被动基金规模为 614.12 亿元，平均规模为 10.24 亿元，管理规模最大的为华夏中证新能源汽车 ETF（515030.OF），规模为 92.92 亿元。截至 2023 年 3 月 31 日，对于气候主题公募基金，主动基金整体规模更大，但两类基金在平均规模上的差别不大，且均占据一定的市场份额；主动和被动基金规模的增长率相近。

（三）生物多样性投资

1. 生物多样性投资的重要意义

根据世界经济论坛（WEF）的统计，全球逾半的 GDP 依赖生物多样性创造的价值，而生物多样性丧失令生态系统的服务能力下降，每年给全球经济造成超过 5 万亿美元损失。[①] 生物多样性丧失，还会带来与原材料成本大幅波动及营运和供应链中断相关的经济风险。根据世界银行的估算，到 2030 年，若三种生态系统服务（野生授粉、木材供应和鱼类供应）崩溃，便会使全球 GDP 损失的比例达到 2.3%。[②]

人类活动是生物多样性减少的主要原因，改变土地和海洋用途以及直接利用资源就占全球生态系统衰退因素的 50% 以上[③]。过度伐木、违规开采、不可持续的农耕等正在对陆地生态系统造成严重的破坏。过度捕捞、污染和开发对海洋造成不可逆转的危害。碳排放的增加、全球变暖、极端天气增多、冰川融化严重威胁海洋生产力，动物栖息地大面积减少。促进资金流向生物多样性和生态保护领域，增加保护生物多样性的融资来源，是减缓生物多样性丧失速度的重要途径。

[①] World Economic Forum, *Investing in a Biodiversity-Integrated Manner*, White Paper, June 2022, https://www3.weforum.org/docs/WEF_Investing_in_a_Biodiversity_Integrated_Manner_2022.pdf.

[②] World Bank Group, *The Economic Case for Nature*, World Bank Publications, 2021, https://www.worldbank.org/en/topic/environment/publication/the-economic-case-for-nature.

[③] 《IPBES 生物多样性和生态系统服务全球评估报告决策者摘要》，IPBES 网站，https://files.ipbes.net/ipbes-web-prod-public-files/2020-02/ipbes_global_assessment_report_summary_for_policymakers_zh.pdf。

生物多样性投资具有促进循环经济发展和保护既有自然资本的双重价值。第一，通过促进循环经济发展，利用自然资源的天然优势，减少需要通过人力来获取同等资源的开销，保护生物多样性。第二，通过促进产业升级，减少资源消耗，保护既有自然资本。以 AXA WF ACT 生物多样性基金为例，其于 2022 年 11 月发行，2023 年第二季度的资产管理规模为 1.7 亿美元。从行业分布情况来看，工业占 38.67%，基础材料占 15.25%，健康行业占 12.86%。它采用 ESG 负面筛选策略，排除了涉及白磷、争议性器具、烟草、国防、UNGC 原则、低 ESG 质量、具有严重争议的投资对象。它的战略旨在直接和积极落实以下联合国可持续发展目标（SDGs）：清洁水和卫生设施（SDG 6）、负责任的消费和生产（SDG 12）、水下生物（SDG 14）以及陆地生物（SDG 15）。

就生物多样性投资的角度而言，生物多样性构成因素多种多样，与其相关的风险与机遇值得探究。如图 32 所示，水资源、海洋、土地等影响生物多样性的因素会在物理风险、诉讼风险、声誉风险等领域对公司的财务表现产生影响。

2. 全球生物多样性投资的发展情况

根据联合国环境规划署的统计，截至 2020 年年底，生物多样性投资在所有市场的规模约为 1330 亿美元，[①] 这距离实现 2030 年生物多样性目标所需资金仍有很大的敞口。

根据 Morning Star 的数据，整体来看，二级市场的健康生态系统主题产品的规模和数量在 2019 年及之后有明显的抬升，反映了金融市场和投资者对于生物多样性的重视程度提高。截至 2023 年第二季度，从全球范围来看，其规模仅为 500 亿美元左右，数量约为 180 只（见图 33）。生物多样性投资规模仍有明显的提升空间。由于在一级市场直接投资具体的生态保护项目，政府资金支持或者慈善捐赠可能是当前保护生物多样性的更大资金来源。

---

① UN Environment Programme, "World Needs USD 8.1 Trillion Investment in Nature by 2050 to Tackle Triple Planetary Crisis," UNEP, May 27, 2021, https：// www. unep. org/news – and – stories/press – release/world – needs – usd – 81 – trillion – investment – nature – 2050 – tackle – triple.

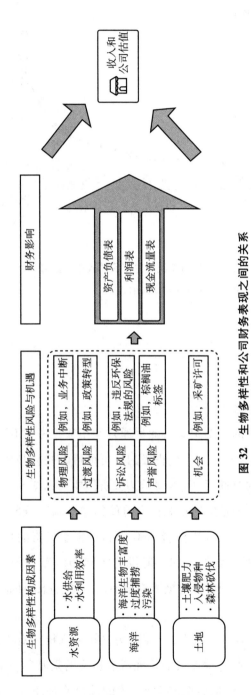

图 32 生物多样性和公司财务表现之间的关系

资料来源：气候相关财务信息披露工作组（TCFD），中金公司研究部。

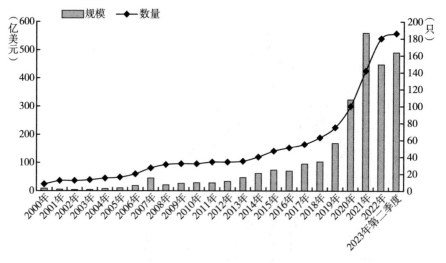

图33 全球的健康生态系统主题产品的规模与数量

注：2023 年第二季度的数据截至 2023 年 6 月 30 日。
资料来源：Morning Star、中金公司研究部。

（四）影响力投资

1. 影响力投资的重要意义

目前没有影响力投资的标准定义，业界通常使用或参考 GIIN 对于影响力投资的定义："影响力投资是以产生积极的、可衡量的社会和环境影响为目的同时获得财务回报的投资。"GIIN 影响力投资四要素见图34。相比传统投资，影响力投资突出实现投资回报和社会价值的"双赢"；ESG 投资从风险控制的角度出发，在投资实践中整合 ESG 项目；主题投资的目标是实现投资"覆盖"可持续发展领域的公司，但没有明确如何衡量产生的影响；社会责任投资常常仅寻求实现社会消极影响最小化，对投资的回报的考虑相对较少。

全球报告倡议组织（GRI）提出，"影响力是指一家机构对于经济、环境和社会的作用，即对于可持续发展的正面或者负面的贡献"。因此，"影响力回报"指的是由投资活动直接或间接产生的社会或环境改善效果。影

意向性
■ 影响力投资有意识地促进社会和环境问题的解决。这使影响力投资策略与其他策略（如ESG投资策略、负责任投资策略和筛选策略）相区别

财务回报
■ 影响力投资寻求得到财务回报，这涉及从低于市场利率的情况到基于风险调整市场利率的情况。这使影响力投资与慈善事业相区别

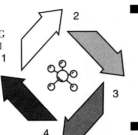

影响评估
■ 影响力投资的一个标志是投资者承诺衡量和报告基础投资的社会和环境绩效

资产类别范围
■ 影响力投资可以涵盖的资产类别

图 34 GIIN 影响力投资四要素

资料来源：GIIN、中金公司研究部。

响力投资"积极产出可度量的社会或环境影响力"，强调投资给社会效益带来的"改变"。影响力投资策略的特殊性和高正外部性将其与其他把财务回报作为核心要求的投资策略区分开来，因此，影响力投资逐渐受到全球资本市场的追捧，成为具有代表性的 ESG 主题投资之一。

2. 全球影响力投资的发展情况

全球影响力投资的市场规模正在快速增长，吸引越来越多的资金方和组织参与。从 GIIN 参与成员所属地区来看，截至 2022 年第四季度，50%的参与成员来自美国，31%来自欧洲（见图 35），而撒哈拉以南非洲、拉丁美洲和亚洲等地区的参与成员相对较少。

海外市场对影响力投资的研究相对较为系统，但国内对影响力投资的认知还不足。在中国市场，影响力投资仍处于初步发展阶段。尽管越来越多的企业涉足影响力投资，但专门进行影响力投资的企业仍然较少，且缺乏年度报告和及时可靠的信息、数据。

2012 年 6 月，国内首家针对环保型中小企业提供投资的影响力基金——中国影响力基金（China Impact Fund）宣布成立。2014 年 9 月成立的中国社会企业与影响力投资论坛（简称社企论坛，CSEIF），由中国 17 家支持社会企业和影响力投资发展的基金会、公益创投机构和社会企业研究机构共同发起。2016 年 9 月，社会价值投资联盟成立。

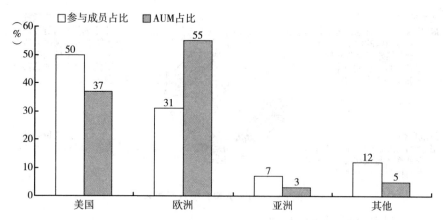

图35　GIIN参与成员与资产管理规模（AUM）占比

注：数据截至2022年第四季度。

资料来源：GIIN、中金公司研究部。

2022年4月，中国影响力投资网络（China Impact Investing Network，CIIN）成立，中国影响力投资网络由中国社会企业与影响力投资论坛发起，促进中国影响力投资者之间进行交流。它的成立标志着中国影响力投资的发展程度逐步提升，有助于推动社会企业发展。

从全球资本市场来看，PE/VC投资是影响力投资的重要形式之一。在2020年GIIN开展的影响力投资被投企业调研中，成长阶段企业的AUM占被投企业的AUM的比重超过1/4（28%）（见图36）。PE/VC投资有利于实现影响力投资的目标。相比公开市场投资、债权投资，PE/VC投资参与影响力投资被投企业运营的可能性更高，可以更方便地定期了解被投企业的影响力表现，进而实现影响力投资的目标。同时，PE/VC投资在一定程度上可以为影响力投资被投企业吸引更加多元化的资金，从而降低项目失败的风险，增强被投企业的影响力。

现阶段，中国影响力投资产品主要集中在私募市场。目前，采用明确的影响力投资策略的中国本土投资机构的数量有限。大多数机构主要关注处于早期发展阶段的社会企业投资，其投资主要集中在私募股权和债权方面，公益性较强，有时对财务回报并没有硬性的预期或要求。目前，国内影响力投

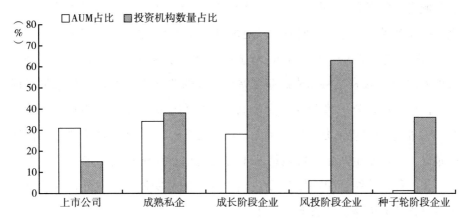

图 36　影响力投资被投企业的 AUM 占比和投资机构数量占比

注：数据截至 2020 年第四季度。
资料来源：GIIN、中金公司研究部。

资机构对于标的影响力的度量和管理实践相对较少。大多数机构在社会或环境使命目标方面进行明确的设定，但很少有机构将对标的影响力的度量与管理体系相结合。

五　结语

自 2004 年提出以来，ESG 理念已成为全球金融领域的重要理念，推动资本市场在资源配置、市场定价和风险管理方面进行转型。它具备帮助市场纠正失灵、提高资源配置效率，并促进企业和投资者更好地识别和管理风险等功能。总体来看，ESG 基金产品的市场表现优于传统基金产品，既能满足多样化的投资需求，又能帮助投资者规避下行风险。随着全球对可持续发展的需求增加，ESG 基金产品将继续在金融市场发挥重要作用，推动高质量的 ESG 产品和服务发展，为促进全球可持续发展贡献力量。

自 2020 年中国提出碳达峰碳中和目标以来，ESG 基金产品在数量和规模上迅速增长。与全球平均水平相比，中国 ESG 基金产品的比例仍有提升的空间，但已高于美国、日本、加拿大等。这表明中国公募机构在 ESG 投

资领域进行积极布局。展望未来，中国 ESG 投资应进一步加强主动产品研究，拓展被动产品广度，同时引入更多机构投资者，扩大市场空间。

ESG 基金产品的评价在 ESG 基金产品市场中具有重要作用。不同基金管理人的 ESG 投资策略和成效存在差异，各国缺乏统一的 ESG 信息披露标准。因此，构建公平的 ESG 基金产品评价标准至关重要。欧盟和中国香港在 ESG 信息披露规则方面处于领先地位，为 ESG 基金产品评价奠定了良好的基础。ESG 基金产品评价包括基于历史的定量评价和面向未来的定性评价，将两种评价结合能够提升 ESG 信息披露的透明度和一致性，为投资者提供可靠的 ESG 基金产品选择标准。

ESG 主题投资是一种具有前瞻性的投资，主要包括气候变化投资、生物多样性投资和影响力投资等。气候变化投资专注于支持进行低碳转型的公司，是推动实现能源转型和"碳中和"目标的关键动力，中国已成为气候变化投资的第二大市场。生物多样性投资强调保护自然生态系统，降低生物多样性丧失产生的经济风险。影响力投资旨在通过产生积极的社会和环境影响获得财务回报。尽管中国影响力投资处于初步发展阶段，但私募市场的影响力投资机构数量和规模已显著增长。总体而言，ESG 主题投资正在全球范围内快速增长，特别是在气候变化和影响力投资领域，增长潜力巨大。

参考文献

《【第 29 号公告】〈上市公司治理准则〉》，中国证券监督管理委员会网站，http：//www. csrc. gov. cn/csrc/c101864/c1024585/content. shtml。

《关于促进应对气候变化投融资的指导意见》，中华人民共和国生态环境部网站，https：//www. mee. gov. cn/xxgk2018/xxgk/xxgk03/202010/t20201026_ 804792. html。

《关于构建绿色金融体系的指导意见》，中华人民共和国生态环境部网站，https：//www. mee. gov. cn/gkml/hbb/gwy/201611/t20161124_ 368163. htm。

《关于加快推进公募基金行业高质量发展的意见》，中国政府网，https：//www.

gov. cn/zhengce/zhengceku/2022－04/27/content_ 5687452. htm。

《关于印发〈绿色产业指导目录（2019 年版）〉的通知》，国际科技创新中心网站，https：//www. ncsti. gov. cn/kjdt/tzgg/202109/P020210910637720844002. pdf。

《国务院关于印发 2030 年前碳达峰行动方案的通知》，中国政府网，https：//www. gov. cn/gongbao/content/2021/content_ 5649731. htm。

《〈基金经理操守准则〉（第四版）》，香港证券及期货事务监察委员会网站，https：//www. sfc. hk/－/media/TC/assets/components/codes/files－current/Fund－Manager－Code－of－Conduct_ Chi_ 20082022. pdf? rev＝a680d9a05ec14f1fb7a1a079c3c1660f。

《基金投资也要讲社会责任——访国内第一只 SRI 基金经理刘兆洋》，兴证全球基金网站，https：//www. xqfunds. com/info. do? contentid＝3534。

卢轲、张日纳：《可持续金融概念全景——影响力投资》，社会价值投资联盟网站，https：//www. casvi. org/h-nd-1086. html。

《绿色投资指引（试行）》，中国证券投资基金业协会网站，https：//www. amac. org. cn/xwfb/tzgg/201811/P020231126363560986557. pdf。

《如何筛选绿色上市公司——构建绿色评价指标体系》，兴证全球基金网站，https：//www. xqfunds. com/info. hsweb? contentid＝37529 。

《有关基金经理管理及披露气候相关风险的咨询文件》，香港证券及期货事务监察委员会网站，https：//apps. sfc. hk/edistributionWeb/api/consultation/openFile? lang＝TC&refNo＝20CP5。

《政策制定者如何实施可持续金融体系改革》，联合国责任投资原则组织网站，https：//www. unpri. org/download? ac＝19168。

《致持牌法团的通函——基金经理对气候相关风险的管理及披露》，香港证券及期货事务监察委员会网站，https：//apps. sfc. hk/edistributionWeb/api/circular/openFile? lang＝TC&refNo＝21EC31。

《中共中央办公厅 国务院办公厅印发〈关于构建现代环境治理体系的指导意见〉》，中国政府网，https：//www. gov. cn/gongbao/content/2020/content_ 5492489. htm。

《中国人民银行 国家发展改革委 证监会关于印发〈绿色债券支持项目目录（2021 年版）〉的通知》，中国政府网，https：//www. gov. cn/zhengce/zhengceku/2021－04/22/content_ 5601284. htm。

Dean Hand et al. , 2020 *Annual Impact Investor Survey* , June 11, 2020, https：//thegiin. org/publication/research/impinv-survey-2020/.

《ESG：欧盟 ESG 监管及其影响机制》，新浪财经，https：//stock. finance. sina. com. cn/stock/go. php/vReport_ Show/kind/search/rptid/732703298539/index. phtml。

《ESG 趋势：前言 以包容性视角理解 ESG "价值链"》，新浪财经，https：//stock. finance. sina. com. cn/stock/go. php/vReport_ Show/kind/search/rptid/722071366665/index. phtml。

European Commission, *EU Taxonomy for Sustainable Activities* , 2020, https：//finance. ec.

europa. eu/sustainable-finance/tools-and-standards/eu-taxonomy-sustainable-activities_ en#legislation.

European Union, *Sustainability-related Disclosure in the Financial Services Sector*, 2019, https：//eur-lex. europa. eu/legal-content/EN/TXT/? uri=CELEX：32019R2088.

Global Impact Investing Network (GIIN), *Core Characteristics of Impact Investing*, April 3, 2019, https：//thegiin. org/publication/post/core-characteristics-of-impact-investing/.

IFC Advisory Services in Environmental and Social Sustainability, *Who Cares Wins*, IFC, August, 2004.

MSCI ESG Research LLC, *MSCI ESG Fund Ratings Methodology*, July, 2023, https：// www. msci. com/documents/1296102/34424357/MSCI+ESG+Fund+Ratings+Methodology. pdf.

Patrick Bolton, Simon Levin, Frédéric Samama, "Navigating the ESG World 1", in Herman Bril, Georg Kell, Andreas Rasche, eds. , *Sustainable Investing* (London：Routledge, 2020).

《SRI产品注重"四维"选股》，兴证全球基金网站，https：//www. xqfunds. com/ info. do? contentid=3409。

United Nations Principles for Responsible Investment (UN PRI), *Annual Report* 2021, https：//www. unpri. org/annual-report-2021.

United Nations Principles for Responsible Investment (UN PRI), *Quarterly Signatory Update*, https：//www. unpri. org/signatories/signatory-resources/quarterly-signatory-update.

专题篇

B.8
供应链金融科技在 ESG 投资体系中的价值与应用

童泽恒　陈　佳　黄利泉*

摘　要： 　近年来，ESG 投资受到越来越多的关注，但如同企业 ESG 报告主要关注企业整体的 ESG 治理和表现一样，ESG 投资主要依据企业 ESG 报告及 ESG 评级。本报告立足企业供应链生态视角和实践，分析了供应链金融科技在 ESG 投资体系中的价值和应用情况。研究指出，通过加强供应链金融科技应用，可以在靠近供应链网络中心位置的企业的加持下，通过向上影响供应商、向下影响经销商，以及企业自身加强 ESG 治理，不仅有利于整个产业链上企业的 ESG 投资，而且有助于产业链整体更好地发展新质生产力。

* 童泽恒，博士，简单汇信息科技（广州）有限公司董事长，主要研究领域为商业银行资本管理、金融科技和企业管理；陈佳，简单汇信息科技（广州）有限公司资深产品经理，主要研究领域为供应链金融、小微金融和金融科技应用；黄利泉，广东恒诚信用管理有限公司高级数据产品经理，主要研究领域为供应链金融、数据和信用评级。

关键词： 供应链 金融科技 ESG 投资 新质生产力

近年来，随着长期性和可持续性的 ESG 理念与 ESG 投资在公司治理及金融投资中越来越受到关注，研究视角也不断丰富和立体，开始从企业外部环境和内部管理的影响，延伸到对企业复杂供应链网络的影响。但是，受限于供应链管理技术，企业自身很难找到有效、合理的方式将 ESG 理念深入应用到其供应链生态中，尤其是传导到供销链末端的中小企业，围绕 ESG 的相关金融资源就更难以穿透到企业的供应链网络末端。

2015 年以来，各种金融科技应用在供应链领域的不断落地，推动了供应链金融业务的创新发展，成为企业数字化转型和"稳链、固链、强链"的重要抓手，也为 ESG 在供应链网络中的应用提供了重要载体。换言之，供应链金融科技不仅为企业推行 ESG 理念、确保供应链可持续性提供了助力，而且为 ESG 投资深入企业供应链网络、高效便捷地获取信息、完善 ESG 评价体系提供了优质工具。

本报告从企业运用供应链金融科技以优化运营管理的视角出发，阐述企业通过供应链金融科技影响其供应链网络、传导 ESG 理念，进而开展资源分配，以提升供应链的稳定性和持续性，推动 ESG 投资深入企业供应链网络的作用和价值。

一 ESG 理念助力供应链管理升级

（一）生产型企业注重 ESG 应用渐成趋势

党的二十大报告强调，"必须牢固树立和践行绿水青山就是金山银山的理念，站在人与自然和谐共生的高度谋划发展"。党的二十大以来，衡量企业生态环境保护、社会责任履行、治理水平的 ESG 越来越受到企业的重视，制造业是实体经济的主体以及经济高质量发展的关键，ESG 理念的应用对制造业自身乃至整个产业链的高质量发展具有重要的推动作用。

1. 政策驱动下越来越多的上市公司披露 ESG 报告

2018 年 9 月，中国证监会发布了新版《上市公司治理准则》，明确提出上市公司应当贯彻落实"创新、协调、绿色、开放、共享"五大发展理念，积极履行社会责任。2024 年 4 月，在中国证监会的指导下，上海证券交易所、深圳证券交易所和北京证券交易所发布了《上市公司可持续发展报告指引》，明确了上市公司的披露内容及披露原则，要求围绕"治理""战略""影响、风险和机遇管理""指标与目标"四个核心内容进行分析和披露。

在政策的指引下，近年来，A 股上市公司发布 ESG 报告的数量逐年增加。根据 Wind 数据，2017~2022 年，A 股披露 ESG 报告的上市公司数量由712 家增加至 1738 家，总体披露率由 20.55%升至 34.38%（见表 1）。

表 1 制造业上市公司 ESG 报告发布情况

单位：家，%

指标	2017 年	2018 年	2019 年	2020 年	2021 年	2022 年	2023 年
A 股上市公司数量	3464	3562	3753	4134	4643	5055	5346
披露 ESG 报告的上市公司数量	712	888	987	1112	1366	1738	2121
总体披露率	20.55	24.93	26.30	26.90	29.42	34.38	39.67
A 股制造业上市公司数量	2201	2253	2366	2627	2898	3313	3608
披露 ESG 报告的制造业上市公司数量	397	428	515	644	727	992	1335
制造业披露率	18.04	19.00	21.77	24.51	25.09	29.94	37.00
制造业在总体披露中的占比	55.76	48.20	52.18	57.91	53.22	57.08	62.94

资料来源：Wind。

2. 制造业在 ESG 实践中走在前列

在全球气候、环境、资源挑战愈加凸显的背景下，履行更多社会责任、实现可持续发展成为新形势下对制造业企业的内在要求。一方面，ESG 作为一种综合性评估指标，在引导企业走向绿色、和谐、可持续发展的同时，将作为关键指标衡量企业可持续发展的潜力。另一方面，良好的 ESG 表现对企业经营绩效的促进作用在国有和非国有制造业企业中均较为显著（张文瑞等，2024）。

从披露 ESG 报告的上市公司数量来看，制造业企业居前列。由表 1 可知，2017 年披露 ESG 报告的制造业上市公司有 397 家，占全部披露企业的 55.76%，2022 年制造业在总体披露中的占比小幅提升到 57.08%。2023 年，在披露 ESG 报告的制造业上市公司中，披露数量最多的细分行业为化工，达 170 家，其后依次为医药生物 153 家、机械设备 134 家、电子 102 家、电气设备 96 家、汽车制造业 73 家、有色金属 61 家、轻工制造 59 家、食品饮料 56 家、纺织服装 39 家、国防军工 38 家，其他细分行业均不超过 30 家。

不仅如此，制造业中获得高 ESG 评级的上市公司也越来越多。由表 2 可知，截至 2024 年 6 月 13 日，在 2023 年获得最新评级的 1855 家制造业上市公司中，ESG 评级为 A 及以上的占比为 3.56%；在 2024 年获得最新评级的 712 家制造业上市公司中，ESG 评级为 A 及以上的占比大幅提升至 26.54%。

表 2 制造业上市公司 ESG 评级分布

单位：家

年份	获得最新评级的制造业上市公司数量	AAA	AA	A	BBB	BB	B	CCC
2023	1855	0	10	56	502	1145	140	2
2024	712	1	14	174	347	264	111	8

资料来源：Wind。

造成制造业上市公司 ESG 报告高披露率和高评级占比的原因，是 ESG 报告与企业的内在发展要求高度一致。

首先，ESG 要求制造业企业关注其生产经营活动对环境的影响，推动企业在节能减排、资源循环利用、生态保护等方面采取积极措施。这有助于引导制造业企业从传统的"高污染、高能耗"模式向"绿色、低碳、循环"

模式转变。

其次，ESG 强调企业社会责任。树立良好的社会形象，增强公众对企业的信任和支持，不仅有助于企业的长期发展，而且能够为社会创造更多的价值。

最后，ESG 要求企业完善内部治理结构，提高决策透明度和公正性。通过建立健全的内部控制体系、加强信息披露、推动股东参与等方式，企业可以为可持续发展提供坚实的制度保障。

（二）供应商管理与 ESG 理念

1. 供应商对供应链的影响

供应商管理是企业经营管理的重要环节，供应商的 ESG 表现对供应链具有重大影响。一是影响供应链的稳定性和连续性。如果供应商在 ESG 方面表现不佳，可能导致供应链中断、质量不合格、法律诉讼和声誉损失等风险。二是影响企业可持续发展。与 ESG 绩效优秀的供应商合作，有助于维持整个供应链的稳定。三是影响企业履行合规责任、满足合规要求。传统的合规管理主要关注贸易和反腐败问题，而新的合规管理中 ESG 属性凸显。

2. ESG 理念改善供应商管理的途径

企业在向供应商推行 ESG 理念时，需要将 ESG 理念融入供应商管理的各个环节。

首先，应重新定位企业与供应商的关系。供应商不再只是为生产产品提供原材料，供应商是与买家处于同一供应链中的利益相关者，它们是一个相互联系、相互影响的整体。双方需要从以产品为中心的供求关系转变成以相互成就可持续发展为中心的战略合作关系。

其次，需要以 ESG 推动供应商产品技术的创新。当前，企业在 ESG 发展实践中对传统生产过程、经营模式及业务组织进行重构与改造，其绿色生产技术和绿色管理理念不仅向关联的供应商企业扩散，而且会通过市场信号传递，提高外部市场关注关联企业生产、服务的绿色标准，进而驱动供应商企业的绿色创新（史梦昱、闫佳敏，2024）。此外，还会倒逼供应商管理层采取绿色创新策略以迎合其下游客户的绿色发展理念，促使供应商与客户的

环保意识趋同（肖红军等，2024）。

最后，企业需要以 ESG 构建可持续供应链管理体系。其目的是通过购买符合可持续发展标准的产品和服务，实现对环境和社会的保护。也就是说，企业不仅要考虑供应商产品的价格、质量和交付时间等经济因素，而且要考虑其产品对环境和社会的影响，如考虑其资源利用率、能源效率、社会责任等因素。

3. 典型案例：TCL 科技对供应商的 ESG 管理

TCL 科技是一家全球化的高科技产业集团，其主营业务包括半导体显示、光伏上游产品和半导体材料。该公司始终坚持"以人为本，环境友好"的长期经营战略，持续加强负责任供应链建设，并与广大的供应商伙伴共同践行绿色发展的社会责任。

首先，在供应商评估、引入、业务履行和绩效考核等阶段建立了全面的管理机制，在对供应商的年审中，将供应商对环境和社会风险的管控情况纳入考察范围，采用业务连续性计划（BCP）评估风险对公司业务的影响。

其次，在供应商管理制度中增加了绿色供应链管理条款，在现场审核、年度招标及年度业绩评价中，均会对其信用、环保方面的表现加以评估。对未达到环境管理要求的供应商督促其整改，而对未能达标的供应商则采取相应的淘汰机制。

最后，为供应商提供各类培训，与供应商开展产业联创，赋能供应商提升服务质量和创新能力，实现产业链上下游共同发展。

可见，该公司对供应商的 ESG 管理秉持长期主义的理念，以相互成就的关系开展更加紧密的合作，从而激发供应链各个环节的变革与创新，共同构建一个可持续的供应链体系。

（三）经销商管理与 ESG 理念

经销商在企业销售、运营和市场拓展过程中起着至关重要的作用。有效推行 ESG 理念对经销商乃至整个供应链具有深远的意义，可以促进可持续发展，构建一个更加绿色、可持续的供应链生态系统。

1. 经销商对供应链的影响

一方面，消费者越来越关注企业的社会责任和可持续发展，经销商践行 ESG 理念，有利于增强消费者对品牌的信任和忠诚度，从而提高产品的复购率。

另一方面，提升企业与经销商之间的信息透明度，不仅有助于降低协调成本、优化库存管理，而且有助于提升供应产品的质量、增强供应链的韧性（王雅格、胡志强，2024）。

2. ESG 理念改善经销商管理的途径

首先，企业需要提高经销商对 ESG 原则和实践的认识与理解，引导经销商利用数字工具进行自我评估和持续学习。

其次，应定期对经销商实践 ESG 的效果进行评估。例如，建立定期审查机制，监控 ESG 目标的进展，并根据市场和法规的变化进行调整，确保业务决策与 ESG 目标的一致性。

最后，加强与经销商的联系，及时共享资源和知识，鼓励经销商加入行业协会或可持续发展组织，共同推动 ESG 实践和创新。例如，利用数字渠道，如企业网站和在线报告，向利益相关方展示 ESG 努力和成效；拓展开放的沟通渠道，鼓励经销商提供反馈和建议，不断改进 ESG 实践。

3. 典型案例：长城汽车对经销商的 ESG 管理

长城汽车是中国汽车市场的重要参与者。根据其官网披露的产销数据，2024 年 1～5 月，该公司累计销售汽车 461589 辆，同比增长 11.42%。其中，新能源车型 106267 辆，同比增长 59.67%。随着新能源汽车市场竞争的日益激烈，负责任营销成为企业可持续发展的关键因素之一。

首先，着力培养以用户为中心、真正懂用户的高质量经销商。长城汽车通过体系化的新人、产品、技术培训，帮助经销商树立用户思维，与用户建立信任关系，积极践行对社会、用户的责任担当。与之相配套，该公司建立了应急响应机制，确保在突发事件中能够迅速提供服务和支持。

其次，通过一系列措施实施负责任营销机制，通过加强对经销商合规宣传管理，对存在风险的宣传物料进行严格的审核、整改、跟进和系统防控，

确保消费者接收到的信息真实可靠。公司还鼓励经销商开展用户教育活动，帮助消费者更好地了解汽车产品和使用维护知识。

最后，建立全球数据安全与合规组织，确保消费者的个人信息和隐私得到充分保护。通过这些努力，力图使经销商在营销活动中遵循合规、公平、诚信的原则，保护消费者权益，进而提升品牌形象和市场竞争力。

可见，ESG理念在经销商中的实践不仅有助于企业构建负责任和可持续的供应链，而且通过提升服务质量和客户满意度，能够强化市场地位和品牌形象。

二　供应链金融是推动 ESG 应用的重要载体

（一）企业借助供应链金融帮助供销网络企业盘活运营资产

2020年，中国人民银行等八部门联合印发的《关于规范发展供应链金融　支持供应链产业链稳定循环和优化升级的意见》（银发〔2020〕226号）指出，供应链金融是指从供应链产业链整体出发，运用金融科技手段，整合物流、资金流、信息流等信息，在真实交易背景下，构建供应链中占主导地位的核心企业与上下游企业一体化的金融供给体系和风险评估体系，提供系统性的金融解决方案，以快速响应产业链上企业的结算、融资、财务管理等综合需求，降低企业成本，提升产业链各方价值。

该定义首次在供应链金融中强调"金融科技"的应用，明确了核心企业能够通过整合真实交易关系产生的物流、资金流和信息流，构建供应链一体化的风控体系，推动集结算、融资、财务管理等服务于一体的供应链金融供给体系建设，借助供应链金融能够以降低成本和提升价值为抓手，帮助核心企业推动供应链网络的发展。

具体来看，这种影响主要体现在企业的运营资产上，目前一般包括应收账款和存货，对应两种主要的金融服务模式，即应收账款融资和存货融资。

1. 应收账款融资业务

在供应链网络中，占据主导地位的核心企业相对于广大的中小供应商而言具有更高的资信水平，因此金融机构可以在核心企业配合下评估买方信用风险后，占用核心企业的授信额度，通过受让中小供应商相应的应收账款，为供应商提供保理融资服务。

墨西哥国家金融开发银行（Nafin）通过在线方式为中小供应商提供保理服务（被称为"生产力链条"计划），就是此模式的成功范例。Nafin 在线上构建大企业与小供应商之间的供应链交易链，使得融资难、融资贵的小供应商能够以其对大企业的应收账款进行流动资产融资，并用大企业低信用风险替换自身的高信用风险，从而降低融资成本。"生产力链条"计划成功的主要因素是保理业务的电子化，大幅压缩了操作成本，提高了交易效率。

国内供应链金融科技服务平台简单汇信息科技（广州）有限公司（以下简称 JDH）进一步优化了线上反向保理业务，将大数据、云计算、人工智能等金融科技集成应用，推出了应收账款电子债权凭证业务，被称为"金单"。"金单"是从企业线上确认供应商应收账款债权开始，支持电子债权的拆分、流转、保理融资等，将企业与一级供应商的交易链扩展到多级供应商网络，适配越来越复杂的企业供应链生态。相对于"生产力链条"计划，"金单"通过更多的技术应用，使得电子交易链覆盖更广，对产业链的影响力更大。

2. 存货融资业务

在供应链网络中，中小企业由于各种原因需要保持大量的在途或在库存货，因而其流动性资金压力较大。金融机构借助核心企业对这些库存保有较高控制权的优势，通过设立质权或者占有物权等方式，为中小企业提供流动性资金支持。

美国 GE 公司推出的贸易分销服务旨在盘活供应链网络中中小企业存货占用的资金。GE 直接从中小企业处购买存货，获得在途或在库商品的所有权以提供流动资金支持，当企业需要提货销售时再从 GE 处买回。GE 这种存货代占融资模式的优势在于运用信息化的仓储管理系统来承载。

国内某大型钢铁企业的供应链金融科技平台在自身钢铁仓储运输网络的基础上，增加了物联网、区块链等技术应用，在钢铁动产融资场景下较好地实现了行车定位、远程监管、轨迹跟踪等数字化风险管理，能够帮助金融机构依托其对存货的真实交易流、物流和资金流进行闭环管理。该钢铁企业借助此服务，帮助经销体系更好地管控存货，提升了动产的流动性，助力供应链生态企业发展。

除此之外，企业通过供应链金融对供应链网络的影响还有订单融资，包括企业向供应商确认订单的真实性并承诺履约后付款，金融机构根据订单向供应商提供融资；企业向经销商以核定订单赊销额度或者承诺款到发货等方式为其提供交易性担保，金融机构以此向经销商提供融资；企业向金融机构提供其供销数据，由金融机构构建数字风控模型，向其供销网络中的中小企业提供信用贷款；等等。

总的来说，企业可以凭借自身在供应链网络中的优势地位，更多地获取交易信息、更深地掌控交易商品、更好地承担信用分担，使其能够有效通过各种供应链金融模式影响供应链生态的众多参与企业。

（二）企业借助供应链金融向供应链网络中的企业传导 ESG 理念

随着金融科技的发展，处于供应链网络中心位置的企业获取信息和资源的优势不断增强，因此有能力向生态企业传导 ESG 理念。这不仅是 ESG 评价中企业履行和承担社会责任的表现，而且是构建和维护有韧性、高安全性、可持续的供应链网络，进而提升企业 ESG 表现的重要举措。

结合国内企业实践来看，这种传导主要通过信息化建设和数字化管理，连续深入地将 ESG 发展理念从企业延伸到供应链网络。

1. 信息化建设层面

信息化建设是助推供应链金融快速、高质量发展的核心动力，也是企业增强向供应链网络施加影响力的重要手段。因此，近年来随着金融科技在供应链金融领域的普遍应用，越来越多的企业搭建各种类型的信息化平台，整合自身与供应链上企业的交易流、物流和资金流。如前文提及的 JDH 平台就是通过帮助企业链接采购、销售、仓储、财务等系统，整合其供应链网络的贸易信息，并以真实交易为基础形成标准化、数字化的应收账款债权和订单，然后对接各类金融服务，以提升供应链网络整体运营资本的效率。

企业通过供应链金融信息平台的业务引导，带动供应链网络中的中小企业进行无纸化、线上化作业，这本身就是一种 ESG 发展的表现，以高效、便捷的业务体验影响利益相关企业主动选择节省资源、绿色运营，还能够以供应链金融赋能为正向激励手段，更广泛、深入地获取供应链网络的交易、运营信息，推动企业供应链生态的全面信息化建设。

简单来说，信息化建设层面的 ESG 理念影响，主要是企业通过提供信息化服务吸引供应链网络中的相关企业参与各类线上业务，从而产生积极效应。同时，企业搭建供应链信息化平台也是数字化管理和数据赋能的基础。

2. 数字化管理层面

数字化不仅是供应链金融科技发展的主要特征，而且是企业向供应链网络传导 ESG 理念的主要物质保障。由此，当企业以供应链金融服务为切入口，建设信息化服务平台，将自身对供应链网络综合数据的掌控力度提高到一定程度后，就能更好地借助利益相关方的主体、经营、交易等信息，开展一系列的供应链管理工作，引导和激励供销网络绿色、可持续发展。例如，国内某新能源汽车厂商借助自身搭建的供应链金融科技服务平台，整合上游多层级供应商网络的贸易和经营数据，支撑其量化分层分类管理绿色供应商体系，以更多的交易机会、更好的结算条件为动力来引导合作方进行 ESG 建设。

企业通过数字化管理方式向符合 ESG 发展理念的供销生态伙伴倾斜资源，一方面代表了企业在推动供应链可持续发展、履行社会责任中的贡献，可以直接给相关企业带来经济价值；另一方面在一定程度上使得企业作为供销资源的提供者，成为整个供应链网络 ESG 价值链中的重要组成部分。

综合来看，数字化管理层面的 ESG 理念传导，主要表现为企业以充分掌控供应链网络信息为基础，凭借自身资源引导供应链网络中的利益相关企业遵循 ESG 发展理念。

（三）ESG 投资者借助供应链金融及科技应用提升资源分配效果

由于供应链金融的发展及科技的应用，处于供应链网络核心地位的企业能够通过信息化建设形成对供应链生态的数字化管理，这不仅可以帮助企业制定规则，合理分配自身业务、信息、资金等优势资源，提升 ESG 表现，推动产业升级，而且能够成为 ESG 投资深入企业供应链生态的有效抓手和量化工具。

在供应链金融科技加持下，ESG 投资深入企业供应链网络能够更好地获取长期、稳定、超额的收益。这种深入供应链网络的效果一般体现为 ESG 投资者的资源配置方式优化和企业 ESG 表现的全面提升。

1. 优化 ESG 投资者的资源配置方式

ESG 投资者能够借助供应链金融及科技应用，将资源配置从单个企业延伸到企业供销网络中的利益相关方，丰富了 ESG 投资的内涵和外延。如国内日照银行的绿色供应链票据业务即通过供应链票据①贴现进行绿色信贷投放。在该业务模式下，日照银行借助供应链票据平台的技术将行内认可的绿色企业、绿色项目与票据的业务主体、交易背景进行智能匹配，筛选出符合要求的供应链票据打上绿色标识，并向持有此类供应链票据的企业提供绿色贴现，这是绿色企业或项目信贷向绿色供应链信贷转变的创新探索。

相较于 ESG 投资的一般资源配置方式，深入供应链的 ESG 投资模式不仅是简单地将资源分配从一个点延伸到产业链，在一定程度上分散投资风险和加强利益相关方之间的联系，更重要的是借助供应链金融工具和金融科技应用，ESG 投资者能够更加深刻、全面地认识投资标的的整体运营和供销环境，完善了 ESG 量化分析和投资决策的研究。

2. 全面提升企业 ESG 表现

通过供应链金融相关服务，产业链利益相关方能够分享 ESG 投资带来

---

① 供应链票据于 2020 年在市场上推出，这是中国人民银行下属上海票据交易所的票据创新产品，特指企业以供应链平台为票据接入机构签发的电子商业汇票。

的好处，如更多的融资机会、更优的融资条件、更低的融资价格等，这种资源、信息、机会等方面的共享不仅是企业提升 ESG 表现的一种有效方式，而且可以为整个供应链网络的相关方注入 ESG 发展的强劲动力。

ESG 投资者借助供应链金融工具沿着企业产业网络分配资源，不仅可以帮助企业深入贯彻 ESG 发展理念，而且能够对产业生态整体的 ESG 表现产生积极作用，进而形成良性循环，更好地保障 ESG 投资者的长期财务回报。

三　供应链金融科技助力 ESG 投资者深入供应链交易细节

（一）传统基于企业或项目 ESG 评价的投资存在不足

对比国际市场，国内的 ESG 实践、ESG 评级、ESG 投资等起步较晚，2016 年之后才逐步被各方关注。但 ESG 的"可持续发展""绿色低碳"等核心理念与我国的发展战略高度契合，故从 2017 年中国证券投资基金首个 ESG 指数（MSCIKLD400 社会指数）发布，到 2018 年 A 股被正式纳入 MSCI 新兴市场指数和 MSCI 全球指数，再到 2022 年中国证监会将"公司的环境、社会、治理信息"纳入上市公司投资者关系管理工作指引等，国内 ESG 信息披露与 ESG 投资发展迅速。

参考明晟、富时罗素、穆迪、汤森路透等海外影响力较大的 ESG 评价体系，国内华证、中证、商道融绿、嘉实等主流评价体系的主要思路也是围绕企业或项目展开，应用到国内的 ESG 投资中至少存在三个可研究的优化方向，分别为评价的局限性问题、表现的量化问题和投资的规范化问题。

1. ESG 评价的局限性问题

国内 ESG 投资基础设施相对薄弱，如披露机制尚处于从自愿向强制、从部分披露向全部披露发展的阶段，ESG 评价的数据获取、信息质量等方面仍需完善。因此，在 ESG 投资的探索发展阶段，围绕企业或项目的 ESG

评价天然存在局限性。

这种局限性主要从两个角度来分解。一是当缺少产业链、供应链、生态圈中多个利益相关方的数据进行多方校验时，企业选择性或者虚假披露ESG信息，夸大自身在ESG方面的贡献等"漂绿"现象难以有效反制，这对我国现阶段ESG投资的消极影响无疑是巨大的。二是当只能相对孤立地关注企业以及直接、主要的利益相关方的信息时，很容易出现局部的正外部效应掩盖产业链整体的负外部效应。例如，企业自身低碳生产运营，而其上下游企业仍处于高能耗的状况，甚至企业自身绿色发展就是建立在其上下游的一些非直接交易对手高污染运营之上，这可能会导致ESG投资偏离初衷。

2. ESG表现的量化问题

国内对企业ESG表现的评价标准尚需实践的进一步验证，如需要在国际先进经验的基础上进一步结合我国的发展战略、产业政策、社会文化、法律环境等要素进行一定程度的本土化调整，才可能较好地支撑ESG投资的相关量化分析。

目前国内ESG评级体系量化问题主要表现在两个维度。一是缺少丰富的数据源支撑。企业若处于供应链网络中的核心地位，则能够获取更多的信息优势，但这种优势仍然不具备多样性，并不能可靠地描绘企业ESG的相关情况，或者说仅以国内企业单一数据源开展ESG的量化分析尚没有很强的说服力。二是ESG量化评价工作不成熟。为了丰富企业ESG评价的数据源，除了参考国际经验收集结构化数据外，还应围绕企业的产业链和供应链生态广泛收集非结构化数据作为补充，而这种收集、整理、分析则需要对应的技术和工具，这种技术和工具的缺失成为开展ESG量化评价面对的困难。同时，ESG量化工作产生的结果也需要进行周期性的验证，而这种验证的缺乏，与技术和工具的缺乏共同成为国内ESG量化工作不成熟的原因。

3. ESG投资的规范化问题

随着我国绿色、低碳转型发展的加快，国内ESG投资意识不断增强，在促进产业升级、优化能源结构、推动碳市场建设等方面取得了积极成效，相应地，相关能力建设也有了一定的基础。但是由于法律、制度、监管、评级等基础设施建设仍存在一定不足，国内 ESG 投资并没有形成相对固化、规范的流程。

因此，将 ESG 因素纳入投资决策开展规范化管理，至少可以从两个方面探索。一是将 ESG 评价量化范围扩大到供应链网络。这种扩大不仅本身就是 ESG 的一种变现，而且能够较好地缓释 ESG 评价的局限性，更重要的是供应链网络信息的丰富能够弥补目前国内企业 ESG 数据单一的问题。二是结合供应链金融创新标准化 ESG 投资工具。国际上传统 ESG 投资涉及的股、债工具尚没有完成周期性的有效验证，而供应链金融领域的相关标准工具天然具备连接企业及其利益相关方的能力，且具备贸易短期性、自偿性，不仅能够较好地承接 ESG 投资资源的全面分配，而且能够短周期、多批次地积累投资反馈，或许能够缩短国内 ESG 投资的规范化进程。

（二）供应链金融科技应用能够有力地辅助 ESG 投资

以大数据、云计算、物联网、区块链、人工智能等为代表的供应链金融科技应用，一直是企业发挥产业金融优势推动产业升级、发展供应链金融业务促进全链条核心竞争力提升的重要助力。而 ESG 投资要深入企业供应链网络，提升 ESG 评价质量，产生更好的 ESG 表现，获取产业链和供应链上持续、长期的超额收益，也离不开供应链金融科技应用。

供应链金融科技应用对 ESG 投资的辅助作用，主要可以从扩大信息覆盖范围、提高数据质量和智能化投资三个方面探索。

1. ESG 信息覆盖范围的扩大

ESG 投资不论是深入供应链网络，还是打破现阶段评价信息的局限性，都需要进一步扩大信息来源，从更多的维度、更广的视角立体地认识企业及其供应链生态，为量化分析、评估和决策奠定数据基础。信息源从单一企业向供应链网络拓展，从结构化数据向非结构化或半结构化数据覆盖，若采用

传统的分析处理工具，如关系型数据库，可能需要花费大量的时间和资金，甚至难以处理，或者超出了最终应用的价值。

在这种情况下，就需要使用大数据技术，大规模并行处理数据，进行有效的数据挖掘，如需要处理更多的供应链利益相关方的经营信息，形成对企业 ESG 评价的支撑；需要分析企业与供应链网络成员以及供应链网络成员之间的交易信息，形成对企业 ESG 评价的补充；等等。作为计算和存储基础设施的云计算技术则可以与大数据配合，如大数据需要的巨大数据存储空间可以由云计算可扩展的存储方案提供，大数据需要的强大计算能力可以由云计算按需分配计算资源来满足，大数据处理负载的不稳定性可以由云计算弹性调整资源来解决，成本上云计算能够避免大数据应用在硬件上的大量投资，等等。

2. ESG 数据质量的提高

ESG 相关信息的数据质量是 ESG 投资发展的核心命脉，除了在法律环境、商业治理、企业与机构协同等制度文化层面改善外，还可以依靠金融科技应用来提高。现阶段参考国际经验通过优化 ESG 投资的相关基础设施，提高数据质量，主要是增强披露主体的主观意愿；而金融科技应用则是从丰富数据来源、增加客观数据、数据多方验证以及数据溯源等方面出发，能够在本质上推动 ESG 评价体系的数据质量提升。

关于 ESG 投资与供应链金融结合的探索有比较好的借鉴经验，如物联网方面，不仅能够通过对应的传感器直接客观地展示企业能源消费、污染排放等情况，而且能够通过连接大量物体，实现企业生产、经营等设备之间的互联互通，多元、及时地反馈数据。与之呼应的区块链技术，则能够解决物联网技术在前述应用中的数据隐私、数据安全以及分布式处理等问题，使得物联网设备与区块链网络相结合，进一步验证数据来源、确保数据加密和安全传输以及去中心化的数据管理，而两者的叠加能够帮助企业、金融机构和 ESG 投资者实现供应链信息的可视化和可追溯，直接提高 ESG 相关数据的可靠性和可信度。

3. ESG 投资的智能化

ESG 投资要进一步扩大范围、提升数字化水平和量化思维、全面推动产业升级，离不开智能化发展，这不仅是企业 ESG 发展的主要目标之一，而且是 ESG 投资体系发展的必然趋势。不论是 ESG 信息的收集与分析要从静态、单一、概括向动态、多元、具体的转变，还是 ESG 应用规则的制定和实施要从同质化、标准化向差异化、定制化的演变，抑或是 ESG 投资资源的配置和投放要从简单、粗放、集中向复杂、集约、分散的进化，都需要更多的自然语言处理、图像识别、专家系统等人工智能技术应用。

供应链金融科技在助力 ESG 投资智能化发展方面有很多有意义的实践，如通过机器学习模式来处理供应链生态多个或多类企业主体 ESG 信息，能够从行业、市场位置、细分产品和服务等方面识别数据关系，综合评价企业的可持续发展能力。同样，在分析非结构化数据时，自然语言处理技术能够帮助 ESG 投资者打破人力限制，实时、大量地收集和检测网络信息，提取潜在影响投资标的的关键信息。若与物联网技术相结合，则能够从自然环境、气候等更广的维度洞察潜在风险。总之，供应链金融领域的人工智能应用能够为 ESG 投资于特定领域、行业、产业链、供应链提供更好、更具价值的解决思路。

（三）ESG 投资与供应链金融科技融合创新案例:"绿色碳链通"

TCL 科技是国内率先将低碳理念融入生产制造、技术研发、供应链管理等产业链各个环节的企业之一。该公司主要通过新技术驱动（如布局更具环保优势的 Mini LED 技术）、全流程减碳（如绿色工厂建设、可再生能源利用和废弃物减量管理等）以及绿色清洁能源布局（如进入半导体光伏和半导体材料新赛道）等举措，积极承担低碳减排的社会责任。

不仅如此，该公司还在供应链生态圈大力推行绿色和低碳发展。凭借自身科技创新和供应链管理技术等方面的优势，积极发展绿色供应链金融业务。2021~2022 年，该公司在当地中国人民银行的指导和支持下，与广州碳

排放权交易所（以下简称广碳所）、JDH 协作创新研发了"绿色碳链通"产品，加大了对产业生态内绿色清洁能源保供的资金支持力度。"绿色碳链通"的交易结构见图 1。

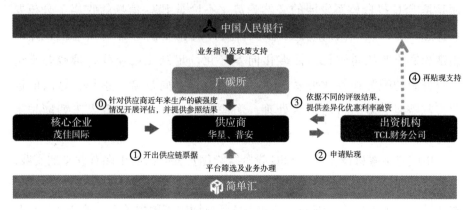

图 1 "绿色碳链通"的交易结构

资料来源：简单汇信息科技（广州）有限公司。

以中国人民银行指导创新的供应链票据产品为企业供应链交易的支付和融资工具，连接企业与供应链利益相关方、金融机构、中国人民银行，以广碳所发布的《粤港澳大湾区绿色供应链金融服务指南——低碳评级体系》为指导依据，选取企业单位产值碳排放作为衡量标准，分别对单位产值碳排放下降≤15%、15%~30% 和≥30% 的企业票据贴现进行差异化定价，其中最高碳排放下降级别的企业贴现参照当期平均银行承兑汇票贴现定价。

其中，JDH 作为上海票据交易所准入的供应链票据接入机构，承担了数据收集、归拢、整理、分析和传递工作，不仅需要从核心企业、供应商处有效获取必要的交易、生产等数据，确保票据签发、流转、融资的贸易真实性，而且需要根据广碳所、金融机构的评估标准和业务要求，多方、多元收集信息，进行交叉验证、分级筛选，最后将符合要求的供应链票据资产与项下材料封包传递到金融机构和中国人民银行，办理对应的贴现和再贴现业务。

四　供应链金融与 ESG 理念融合拓展新质生产力发展空间

新质生产力是 2023 年 9 月习近平总书记在黑龙江考察调研期间首次提到的新词。2024 年 1 月 31 日，习近平总书记在中共中央政治局第十一次集体学习时强调，要加快发展新质生产力，扎实推进高质量发展。2024 年 3 月 5 日，李强总理在做《政府工作报告》时强调，要大力推进现代化产业体系建设，加快发展新质生产力。

（一）新质生产力是企业转型升级、实现高质量发展的重要抓手

从林毅夫等（2024）的解读来看，新质生产力是摆脱传统经济增长方式，创新起主导作用，具有高科技、高效能、高质量特征，符合新发展理念的先进生产力形态。为什么在这个时点，国家会提出发展新质生产力呢？

1. 发展新质生产力的驱动因素

一方面，技术大变革时代已经来临。不论是以 ABCD（人工智能、区块链、云计算、大数据）为代表的数字技术，特别是 AI 技术，还是基因、生物制药、新能源技术等，这些技术的大变革都已经成为发展生产力非常重要的底层驱动因素。另一方面，传统要素资源配置的边际收益下降。当前，资金投入仍然是生产力发展的重要因素，但其边际效应明显下降。以贷款余额占 GDP 的比重为例，2014 年全国各项贷款余额（86.79 万亿元）占 GDP（64.35 万亿元）的比重为 135%，2023 年全国各项贷款余额（238.02 万亿元）占 GDP（126.05 万亿元）的比重为 189%，较 2014 年上升了 54 个百分点，反映出贷款对经济增长的带动作用明显下降。

从人口增长情况来看，2022 年和 2023 年我国总人口连续两年下降，劳动年龄人口占总人口的比重也在下降，劳动力成本快速上升。这些都迫切需要中国产业向高技术、高附加值、低劳动力投入转型。

2. 发展新质生产力可以带来的主要产出

一是能够推动产业链、供应链优化升级。自改革开放以来，中国经济发展取得了举世瞩目的成就，但总体而言，产业附加值还不高。在产业链上"研发、采购、生产、加工、储运、销售、品牌、售后服务"八个关键环节，中国企业主要在生产、加工环节占据明显优势，在其他环节与世界一流企业相比还有很大差距，导致中国企业"大而不强"，突出表现为产值大、利润率低。

二是能够积极培育新兴产业和未来产业。中国自 2009 年提出战略性新兴产业之后，2024 年又提出未来产业，预计氢能、新材料、生物制造、低空经济、航天等产业对未来整个中国产业链发展将发挥重大作用。特别是伴随低端产业转移到东南亚等地区，用哪些产业来填补国内产业缺口需要提上议事日程。

三是能够深入推进数字经济的创新发展。数字经济是指人类通过大数据（数字化的知识与信息）的识别、选择、过滤、存储、使用来引导和实现资源的快速优化配置与再生产。数字经济不是虚拟经济，而是"数字产业化"+"产业数字化"。发展数字经济的主要目的之一，是实现产业智能化。

（二）ESG 是发展新质生产力的重要推动因素

新质生产力以科技创新为核心，具备高科技、高效能、高质量等特征，符合新发展理念和高质量发展要求，是推动社会可持续发展的强大动力。从ESG 视角来看新质生产力，两者并非孤立的关系，而是彼此相互作用、相互促进。

1. 新质生产力的发展可以推动 ESG 的进步

一是创新驱动。在企业层面，主要采取节能低碳、污染治理等创新技术手段，新质生产力在生产过程中显著减少了废弃物产生和环境破坏，同时提高了资源利用效率。

二是产业结构调整。新质生产力倡导发展绿色低碳产业，推动传统产业向高端化、智能化、绿色化转型，从而降低高耗能、高污染产业的比重，提高环保型、资源节约型产业的比重。

三是政策引导与制度创新。政府通过制定相关政策及法规来支持和规范新质生产力的发展，如引导企业进行技术创新和绿色转型、加大监管力度确保环保标准的执行等。

2. ESG 的持续推进符合新质生产力发展要求

首先，环境维度强调企业在生产过程中应减少对自然资源的消耗和对环境的破坏，这将激发其通过技术创新提高资源利用效率，进而推动新质生产力发展。

其次，社会维度主要考量企业在经营活动中对员工、供应商、客户以及社区的影响。通过 ESG 的深入应用，企业能够树立良好的社会形象，吸引和留住优秀人才，从而推动企业的研发和创新。

最后，治理维度是企业 ESG 实践中的关键组成部分。企业构建责任明确、监督高效、沟通透明、重视各利益相关方权益的治理结构，能够显著提高运营效率，增强市场对企业的信任感，从而为新质生产力的培育和发展奠定坚实基础。

3. 产业链核心企业的 ESG 表现对整个产业链有重要影响

随着市场分工的深化，产品的生产和流通扩大了整个供应链网络。李增福和冯柳华（2022）研究表明，企业在供应链网络中的位置对企业 ESG 表现具有重要影响。

总的来说，企业越靠近供应链网络中心位置，在获取信息和资源上就越具有优势，也越容易受到更多的外部监督，因而不得不加大创新投入，进而提升了 ESG 表现，这在国有企业以及交易成本和市场地位高的企业中更为显著。

靠近供应链网络中心位置的企业，也就是产业链核心企业更加重视 ESG 表现，这必然带动产业链上下游企业提升 ESG 表现。原因在于核心企业出于提升自身 ESG 表现的需要，往往要求上下游企业在零部件供应、产品协同创新、成品销售、售后服务方面予以必要的配合。

一方面，核心企业对战略合作伙伴的选择通常基于长期主义，会考虑整体产业链的 ESG 绩效。通过加强与合作伙伴的分工协作，核心企业可以降低交易成本、提高市场地位。另一方面，产业链上下游企业只有积极响应包括 ESG 在内的核心企业的诉求，才能更好地融入其供应链网络，吸收异质性资源，在获取更大经济利益的同时实现可持续发展。

（三）供应链全链条 ESG 体系的构建

当前，核心企业主要从三个方面提升 ESG 表现：一是加强企业内部的 ESG 管理；二是通过供应商管理，推动上游企业的 ESG 表现提升；三是通过经销商管理，推动下游企业的 ESG 表现提升。

1. 提升企业内部 ESG 管理水平

近年来，不少企业加强内部的 ESG 管理，突出表现在围绕 ESG 报告的编制，调整公司的治理架构和组织设计，并制定相关的工作流程。在董事会层面，增加了 ESG 管理的专门委员会；在公司总部层面，设立了专门的 ESG 部门，或者将相关职能列入公司董事会办公室、总裁办公室；在分支公司层面，建立了定期的 ESG 相关内容报告制度。

然而，从企业的实际 ESG 报告编制过程来看，目前主要还是采取传统的科层制结构，通过内部手工收集数据来完成报告，定性多、定量少，更没有打通产业链上下游的信息链路，难以直接影响上下游产业生态的 ESG 推广。

2. 在供应商/经销商管理中引入 ESG 理念

在产业链影响方面，目前 ESG 应用比较好的企业主要是要求供应商和经销商提供 ESG 评级报告，并在同等条件下优先采购其商品和服务，或者优先使用其销售渠道等。

然而，由于目前法律法规并无强制性要求，且国内产业链核心企业毛利并不是很高，加上 ESG 评级的使用在一定程度上增加了供应链管理的难度和工作量、提高了产业链企业的成本，企业的购销部门并没有非常高的积极性在日常工作中增加 ESG 管理。同时，国家层面还没有完善的 ESG 报告的编制规范，针对上市公司或者央企的编制指引又过于复杂，不太适用于一般的中小企业。

3. 通过科技创新和连接提升 ESG 管理水平

部分全球领先的先进企业在供应链管理方面已经深度使用了科技手段，通过"五个在线"（管理在线、产品在线、供应商在线、客户在线、用户在线）打通了供应链全环节，实现了对供应商、经销商的分类评级。

在供应商端，部分企业通过 VMI（供应商管理库存）系统将供应商的库存和制造商的部件管理整合在一起，极大地提高了零部件库存管理效率和物流配送效率，在节能降耗、降低成本方面成效显著。

在经销商端，部分企业增加了 M2C（制造商直接销售给消费者）的销售模式，线下分销从传统的多级代理模式改为终端门店零售商直接和厂家的销售系统对接，物流配送由厂家负责，最大限度地降低了物流成本，提高了消费者满意度。

除此之外，不少企业还增加了供应链金融科技手段，通过将企业的采购和销售信息与商业银行交易银行产品实现在线打通，帮助产业链上企业获得更低成本的资金，降低财务成本。

（四）案例：JDH 在业务全流程中贯彻 ESG 理念

JDH 是业界领先的供应链金融科技平台，秉承"传递商业信用，赋能中小企业"的价值观，已经在业务全流程中贯彻 ESG 理念。

1. 构筑良好的数据底座，为 ESG 治理和应用奠定坚实的数据基础

一方面，JDH 通过实施一系列的数据管理制度、数据安全政策来保护客户数据的安全和隐私，确保数据的合理使用和存储。一是引入隐私设计理念，将其贯穿于安全开发的整个生命周期，包括需求、设计、开发、测试、实施及运营等各个环节。二是定期进行数据流转的安全审计分析，不定期开展敏感数据信息的监测与风险预警。三是建立数据的生命周期管理机制，确保数据从收集到最终处理都符合环保和社会责任的要求。

另一方面，通过率先应用区块链技术、引入完备的数据管理和安全认证

机制，保障数据底座的牢固。JDH 通过了 ISO27001、ISO27701 等一系列数据认证，并于 2023 年 11 月在业界首家通过了数据管理能力成熟度（DCMM）稳健级（3 级）认证。DCMM 是工业和信息化部牵头发布的我国首个数据管理领域的国家标准，是当前国内权威的数据管理能力成熟度认证体系。DCMM 模型定义了数据战略、数据治理、数据架构、数据应用、数据安全、数据质量、数据标准和数据生存周期 8 个核心能力域。

2. 以供应链票据为突破口，切实为产业链生态企业赋能

作为一家供应链金融科技企业，JDH 拥有丰富的产品线，能够帮助实体企业更好地对接金融机构交易银行产品，助力盘活企业运营资产。在 ESG 赋能产业链方面，公司经过反复研究，选择供应链票据为突破口，推出"绿色碳链通"产品，从而使得企业、金融机构和其他利益相关方能够快速实践 ESG。

首先，供应链票据作为嵌入供应链场景的商业汇票，属于法定支付工具，与所有商业银行、监管机构相连，是金融机构提供供应链服务、监管部门传递货币政策的天然工具。选择供应链票据为业务载体，为后续 ESG 投资深入供应链网络，选择标准化、规范化的金融工具做出了示范性探索。

其次，在业务层面，供应链票据能够与供应链交易的相关信息绑定，支持标记绿色、科创、农业等各种资产标签，是承接金融机构、监管部门对应信贷和政策资源的优质工具。

最后，在技术层面，JDH 平台通过技术应用，可以将复杂的供应链生态信息进行有效归集和整理，一方面是通过区块链存证支撑信息溯源和防止篡改；另一方面是构建业务数据管理模型量化区分企业和业务，智能匹配企业的金融要素和自动处理贴现业务。这为后续的批量推广和复制提供了坚实的基础。

3. 通过科技创新，在业务各环节贯彻 ESG 理念

JDH 坚持科技创新，近年来在大数据和人工智能领域发力，在提高服务客户能力的同时，降低了各环节作业成本，将 ESG 理念落到实处。

首先，通过企业身份认证技术，对照相关部门出台的目录，在系统中为

企业主体打上标识，从而可以清楚地识别"主体"是绿色还是非绿色。同时，及时跟踪中央文件，及时更新企业工商信息，保证数据的及时性、可得性。通过持续更新庞大的客户数据库，为 ESG 应用奠定了基础。

其次，利用人工智能技术优化贸易单据的审核和风险管理流程。通过算法，能够快速准确地分析大量的交易数据，提高了决策的效率和准确性，并减少了人为错误和欺诈风险。目前，JDH 的智能审单产品已深度结合企业交易场景，实现了主体和贸易资料的智能化审核。同时，支持海量合同文本的智能识别、比对和分类，能够解析贸易背景合同并给出机器决策结果。

最后，通过将不同银行的现金管理产品对接到核心企业和上下游的运营资金管理流程，将平台的 SaaS（软件即服务）嵌入供应链核心企业的财务共享体系，显著地减少了供应链各类企业在运营资产管理、资金划付方面的工作量，提高了企业财务管理的体系性，也显著降低了人工操作量和差错率，提高了工作效率。

4. 在公司治理层面，自觉践行 ESG 理念

一方面，JDH 建立了公司层级的可持续发展治理体系。首先，将 ESG 管理提升至战略高度，确保 ESG 原则在公司战略规划和日常经营管理中得到有效实施。其次，公司建立了全面的风险管理体系，通过内控体系、信息化管理和加强监管，提升对环境、社会和治理风险的管控能力。再次，公司强调商业道德和廉洁自律，制定公司"供应商阳关行为准则"等廉洁管理制度，并通过教育培训和反腐败措施，营造"简单温暖、专业高效"的企业文化。最后，公司尊重员工权益，注重职业健康与安全，并开展多项公益慈善活动。

另一方面，借助技术手段，JDH 科学合理地简化了业务评价标准，降低了供应链上中小企业实践 ESG 的成本。广大中小企业作为供应链网络、绿色供应链金融重要的一环，需要解决参与成本、效率与评价客观公正的协调性问题。若按照一般的评价和认定方式，受限于成本和效率，则难以对中小企业的绿色发展或 ESG 发展形成正向激励；而若缺乏有效的工具和评价模式，仅靠中小企业主观的数据支撑，则很难保证评价的客观公正。因此，简

化评价标准需要与新的金融科技应用相结合，才能实现平衡。

就整体而言，JDH 借助金融科技应用推动产品创新，实现了业务全线上、高效率的运营，充分描绘了绿色金融、ESG 投资在供应链网络中开展多主体、多项目资源投放的新范式（见图2）。

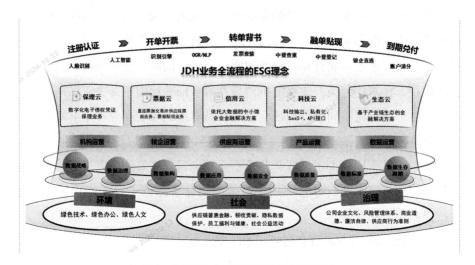

图2　JDH 业务全流程 ESG 管理体系

资料来源：简单汇信息科技（广州）有限公司。

（五）供应链金融科技助力银行等金融机构贯彻 ESG 理念

"融资难、融资贵"一直困扰着我国企业的发展，已成为制约经济转型和升级的重要瓶颈之一（余静文等，2021）。为缓解企业融资困境，党的十九大报告强调要深化供给侧结构性改革，坚持"去产能、去库存、去杠杆、降成本、补短板"。

商业信用作为企业的银行信贷替代融资渠道，能够有效缓解企业由融资约束引发的投资不足问题（修宗峰等，2021），对企业的生产和经营发挥着重要作用。此外，商业信用融资实际融入的往往是存货等有形资产，有利于抑制大量自由现金流导致的过度投资，推动经济高质量发展（黄兴孪等，2016）。Levine 等（2018）选取 34 个国家和地区为样本研究发现，商业信用占企业总债务的 25%。

然而，单纯依靠商业信用的加持还不足以推动中国实体企业的高质量发展。2023 年 10 月，中央金融工作会议首次提出了"金融强国"的概念。金融强国，就是金融系统要着力做好"科技金融、绿色金融、普惠金融、养老金融、数字金融"五篇大文章，帮助实体企业发展新质生产力。在这个过程中，供应链金融科技可以发挥较好的作用。

在供应链管理层面，供应链金融科技可以帮助企业优化供应链运作，高效管理运营资产。这种优化不仅可以提高供应链的效率，而且能够提升供应链在面临各种挑战时的稳定性。同时，通过技术创新，可以实现供应链信息的实时可追溯，提高供应链中各个环节的透明度，促进经济、社会和环境的协调发展。

在企业运营资产盘活层面，随着中国经济对房地产的依赖相对下降，以不动产为抵押品的企业融资将相对减少，以动产为抵押品的企业融资将相对提升。未来，信用证、商业汇票、保理、存货融资将在金融机构的产品中扮演更为重要的角色。而这类产品操作环节多、操作单据多、操作风险大，同时也容易贯彻 ESG 理念，必须通过技术的加持才能很好地应用，供应链金融科技大有用武之地。

（六）推动 ESG 投资在产业链上的深入应用

随着绿色发展理念的不断深化，企业越来越重视 ESG 表现。不仅如此，随着供应链金融服务及科技应用的发展，企业可以以此为载体在更广泛的产业生态网络中推行绿色、低碳等 ESG 理念，更好地推动产业链盘活运营资产，助力金融体系更好地服务实体经济。展望未来，狭义的企业整体维度的 ESG 评价将向广义的产业链、供应链维度的 ESG 评价提升，这将逐步展示和验证供应链金融科技在 ESG 投资体系中的价值，更好地推动中国特色 ESG 投资的发展。

1.理念创新推动 ESG 管理深入产业链内部

本报告分析表明，ESG 管理不仅适用于企业整体，而且能够深入企业

内部，并且通过供销网络影响产业上下游。从企业规模看，不仅大型企业和上市公司可以实施 ESG 管理，中小企业也可以用可接受的成本予以跟进。未来，企业经营者和社会各界应积极进行理念创新，将 ESG 管理深入产业链、供应链的各个环节和主体。

2. 制度创新鼓励企业提升供应链管理水平

近年来，国家出台了一系列政策推动产业链"强链、固链和稳链"，商业银行、产业链核心企业和上下游企业、科技公司也协同创新了不少交易银行产品，为产业链核心企业将 ESG 影响扩大到全产业链准备了基础条件。未来，还需要管理部门和企业适应新质生产力发展的要求，积极创新，将可持续发展、ESG、供应链金融等理念从制度创新层面嵌入产业链发展的方方面面。

3. 科技创新推动企业 ESG 管理迈上新台阶

当前，产业数字化和数字产业化正如火如荼地推进。未来，一是把 ESG 相关内容嵌入产业数字化技术之中，特别是涉及碳排放、供应链上下游的相关内容，为 ESG 报告奠定数据基础；二是推动"软科学"创新，推动针对中小企业的 ESG 报告自动生成技术发展；三是推动"硬科学"如传感器技术的普及与应用，提升 ESG 报告的客观性和准确性。

参考文献

蔡军、黄晴情：《银行业 ESG 表现与融资约束》，《合作经济与科技》2024 年第 16 期。

黄兴孪、邓路、曲悠：《货币政策、商业信用与公司投资行为》，《会计研究》2016 年第 2 期。

李增福、冯柳华：《企业 ESG 表现与商业信用获取》，《财经研究》2022 年第 12 期。

林毅夫等：《新质生产力：中国创新发展的着力点与内在逻辑》，中信出版社，2024。

史梦昱、闫佳敏：《企业 ESG 表现与供应商绿色创新——基于供应链视角的研究》，《审计与经济研究》2024 年第 3 期。

王丽杰、郑艳丽：《绿色供应链管理中对供应商激励机制的构建研究》，《管理世界》2014 年 8 期。

王鲁昱、李科：《供应链金融与企业商业信用融资——基于资产专用性的分析视角》，《财经研究》2022 年第 3 期。

王雅格、胡志强：《企业 ESG 表现对供应链韧性影响的实证检验》，《统计与决策》2024 年第 8 期。

肖红军、沈洪涛、周艳坤：《客户企业数字化、供应商企业 ESG 表现与供应链可持续发展》，《经济研究》2024 年第 3 期。

修宗峰、刘然、殷敬伟：《财务舞弊、供应链集中度与企业商业信用融资》，《会计研究》2021 年第 1 期。

仪秀琴、孙赫：《ESG 表现能否有效缓解企业融资约束：基于融资渠道的研究》，《金融与经济》2023 年第 7 期。

余静文、李媛媛、李濛西：《〈物权法〉实施对企业商业信用的影响——基于供应链上下游机制视角》，《金融经济学研究》2021 年第 3 期。

张文瑞、向季龙、王楠：《A 股市场制造业企业 ESG 对经营绩效的影响探究》，《投资与创业》2024 年第 9 期。

张月月：《企业 ESG 表现、债务融资成本与绿色技术创新》，《国际商务财会》2024 年第 10 期。

Levine, R., Lin, C., Xie, W. S., "Corporate Resilience to Banking Crises: The Roles of Trust and Trade Credit", *Journal of Financial and Quantitative Analysis*, 2018, 4.

B.9

ESG 评级体系及企业 ESG 评级表现分析

高卫涛　周美灵　李　悦　李宗财*

摘　要：　展现企业在环境保护、履行社会责任和公司治理方面表现的可持续发展报告不断获得关注和支持，被市场誉为企业的"第二张财报"。ESG 评级作为快速衡量企业 ESG 管理水平、ESG 风险的工具，在贷款授信、投资、企业内部管理等场景中显现出积极的补充性作用。基于国内外近期 ESG 政策趋势以及监管要求，ESG 披露指标呈现更加细化和严谨的趋势，企业越发关注自身 ESG 表现，本报告以我国 A 股、港股市场上市公司为研究主体，根据中诚信绿金 ESG 评级方法及 ESG Ratings 数据库 2023 年最新 ESG 数据进行评级表现分析。研究发现：我国上市公司的 ESG 信息披露水平和 ESG 评级表现相较 2022 年均有较大提升；上市公司需要关注国内外 ESG 政策制度要求和信息披露标准，识别自身不足和加强数据收集能力，对标行业内优秀公司，提升 ESG 管理水平，推动我国新质生产力发展。此外，各级监管方、证券交易所、ESG 评级机构、ESG 数据供应商等需要发挥各自优势，持续构建具有中国特色的 ESG 评级指标与体系，让 ESG 成为助推中国与国际社会发展可持续经济、开展贸易合作的新渠道。

关键词：　ESG 评级体系　上市公司　ESG 评级表现　ESG 评级发展

---

* 高卫涛，硕士，注册咨询工程师（投资），高级工程师，中诚信绿金科技（北京）有限公司副总裁，主要研究领域为绿色金融、节能环保规划、环境效益计量、ESG 等；周美灵，硕士，中诚信绿金科技（北京）有限公司 ESG 综合解决方案部业务总监，主要研究领域为 ESG 报告及咨询等；李悦，硕士，中诚信绿金科技（北京）有限公司高级分析师，主要研究领域为绿色金融和 ESG、企业 ESG 报告分析等；李宗财，硕士，工程师，中诚信绿金（北京）有限公司高级分析师，主要研究领域为绿色金融、ESG 分析等。

一 引言

2023 年下半年以来，在国内外监管机构的推动下企业 ESG 信息披露获得了巨大的政策支持，气候相关、生物多样性、自然相关披露标准及正在修订的温室气体核算标准都预示着更多公司的可持续发展信息将会在未来几年得以披露，ESG 评级行业会伴随着经济社会发展继续前行。企业披露的可持续发展报告对于了解企业发展现状与未来前景补充了获取信息的渠道，因其具有的重要意义被市场预判称为企业的"第二张财报"。ESG 评级在宏观层面提供了不同企业间比较、企业前后时期比较的可能性，为加强全面风险管理、确定 ESG 指数、提供 ESG 基金产品等奠定了基础，同时为企业提高内部管理能力、防范经营风险赋予了新的参照维度。部分地区对 ESG 评级机构、ESG 数据供应商提出了机构行为准则，为该地区 ESG 评级的真实性、可靠性提供保障。

本报告以国内外 ESG 评级体系发展进展、ESG 评级行业发展趋势与行业自律、ESG 评级方法、企业 ESG 评级实践及提升建议为四部分内容，展现近期国内外 ESG 评级市场的变化，并基于中诚信绿金 ESG Ratings 数据库呈现的中国上市公司最新 2023 年 ESG 评级情况，对比上一年分析上市公司的 ESG 绩效表现，为中国企业的高质量可持续发展提供参考及建议。

二 国内外 ESG 评级体系发展情况

随着过去一年国内外 ESG 相关政策以及新发布的披露标准推动，新的评级指标被纳入 ESG 评级体系成为可能。2023 年 6 月，国际可持续准则理事会（ISSB）发布的两项"国际财务报告可持续披露准则"成为全球 ESG 信息披露发展历程中的重要里程碑，多个国家、地区表示将采用 ISSB 准则；7 月，金融稳定委员会（FSB）宣布将气候相关财务信息披露工作组（TCFD）职责转交给 ISSB，以四支柱（治理、战略、风险管理、指标和目

标）结构继续推动建立全球可比较的可持续披露准则；9月18日，自然相关财务披露工作组（TNFD）发布最终版的《自然相关风险管理与披露建议框架》，标志着可持续信息披露领域的又一重大进展，其可帮助企业和投资者创建关于如何识别、管理和披露自然和生物多样性风险的风险管理框架，更综合地应对和把握与自然资本密切相关的风险和机会。TNFD将该建议框架拓宽至生物多样性损失、水资源管理、土壤健康、空气质量，以及更广泛的自然资源利用问题，在考虑了自然对经济活动的外部作用的基础上还探讨了经济活动反向对自然生态系统的影响，体现了"双向识别"的核心理念。为与TNFD建议框架相同步，2024年1月全球报告倡议组织发布《GRI 101：生物多样性2024》，更新和取代原有的《GRI 304：生物多样性2016》。多个国家、地区公布各自监管区的可持续发展信息披露指南，如欧盟在2023年7月发布首批12项"欧洲可持续报告准则"（ESRS）并从2024年1月1日正式实施，美国证券交易委员会（SEC）2024年3月公布《面向投资者的气候相关信息披露的提升和标准化》的最终规则，要求在美国已上市或即将上市的企业在其年度报告和招股书中披露与气候相关的信息和风险。

自2023年下半年以来，我国加速推进ESG信息披露的有关政策的制定工作。2023年7月，国务院国资委办公厅发布《关于转发〈央企控股上市公司ESG专项报告编制研究〉的通知》，指导央企控股上市公司编制ESG专项报告，全面提升ESG管理水平；2024年3月，中国人民银行等7部门发布《关于进一步强化金融支持绿色低碳发展的指导意见》，指出"制定完善上市公司可持续发展信息披露指引，引导上市公司披露可持续发展信息"，"支持信用评级机构将环境、社会和治理（ESG）因素纳入信用评级方法与模型。推动重点排污单位、实施强制性清洁生产审核的企业、相关上市公司和发债企业依法披露的环境信息、碳排放信息等实现数据共享"；4月，沪、深、北三大交易所发布"可持续发展报告（试行）"指引文件，明确可持续信息披露框架体系和强制披露样本企业范围，明确规范我国上市公司的可持续性信息披露内容；5月，财政部在借鉴国际财务报告准则

（IFRS）等相关准则并结合我国实际情况的基础上，制定了既体现国际发展前沿又符合我国特性的《企业可持续披露准则——基本准则（征求意见稿）》，强化了我国可持续信息披露的统一性、规范性和强制性；6 月，国务院国资委发布《关于新时代中央企业高标准履行社会责任的指导意见》，再次强调 ESG 工作的重要性，指出"将 ESG 工作纳入社会责任工作统筹管理，积极把握、应对 ESG 发展带来的机遇和挑战。推动控股上市公司围绕 ESG 议题高标准落实环境管理要求、积极履行社会责任、健全完善公司治理，加强高水平 ESG 信息披露，不断提高 ESG 治理能力和绩效水平，增强在资本市场的价值认同。推动海外经营机构在海外经营管理、重大项目实施中将 ESG 工作作为重要内容，主动适应所在国家、地区 ESG 规范要求，强化 ESG 治理、实践和信息披露，持续提升国际市场竞争力"。对于港股上市公司，香港联交所在 2024 年 4 月就优化环境、社会及管治框架下的气候相关信息披露的咨询文件刊发总结，对气候信息披露做出了更规范的实操要求，加强对气候变化风险与机遇同财务风险之间的联系说明，将企业评估气候变化影响的指标与目标设定具体化，港股上市公司将面临更为严格的气候相关信息披露监管。

（一）国际 ESG 评级体系

1. 评级机构概况

ESG 评级是衡量企业 ESG 绩效的重要方法，能够应对企业与投资者之间的信息不对称性问题。国际上 ESG 评级发展较早，评级机构数量众多，以专业评级公司和非营利组织为主。其中，摩根士丹利资本国际公司（MSCI）、伦敦证券交易所集团（LSEG）、富时罗素、Sustainalytics、碳信息披露项目（CDP）等发布的 ESG 评级体系有较大的国际市场影响力。

2. 评级体系构建情况

目前，国际上对 ESG 评级体系构建没有统一标准。本部分从 ESG 评级过程中的指标选取、权重设置、风险评估、机会、争议评估和最终结果几个方面，对上述五家国际评级机构的 ESG 评级体系构建情况进行阐述。

（1）MSCI 评级体系构建情况

MSCI 将 ESG 评级划分为 10 个主题，33 个关键指标及数千个数据点，具体如表 1 所示，该体系评级时会将单一公司的 2~7 个环境和社会关键议题及 6 个治理关键议题纳入考察。

表 1　MSCI ESG 评级体系

维度	主题	关键指标	
环境	气候变化	碳排放	影响环境的融资
		气候变化脆弱性	产品碳足迹
	自然资本	水资源短缺	原材料采购
		生物多样性和土地利用	
	污染和废弃物	有毒物质排放和废弃物	电子废弃物
		包装材料和废弃物	
	环境治理机遇	清洁技术机遇	可再生能源机遇
		绿色建筑机遇	
社会	人力资本	劳工管理	人力资源开发
		健康与安全	供应链劳工标准
	产品责任	产品安全与质量	隐私和数据安全
		化学安全性	负责任投资
		消费者金融保护	
	利益相关者异议	争议性采购	
		社区关系	
	社会机遇	营养和健康领域的机会	医疗保健服务可得性
		融资可得性	
治理	企业治理	董事会	所有权和控制权
		薪酬	会计
	企业行为	商业道德	
		税务透明度	

在选取关键指标之后，需对关键指标进行权重的设定。具体权重的设定主要参照两个方面，一是该指标对相应领域的影响力，二是关键指标预期的影响时间，具体如表 2 所示。

表 2　关键指标的权重

	短期(0~2 年)	长期(5 年以上)
关键指标对相应领域的影响力大	最高权重	适中
关键指标对相应领域的影响力小	适中	最低权重

在评估环境和社会维度公司面临的具体风险、机会和争议时，MSCI 会从两个角度出发来完成评价，即风险敞口和风险管理。由于不同行业的公司面对的风险不同，风险敞口较大的公司应在管理上更加严格，尽更大的努力实现公司的健康发展。对于风险敞口，MSCI 主要从业务风险敞口、地理位置风险敞口、公司级别风险敞口三个领域评估具体风险点，并体现不同行业、地域及具体公司间的差异性。在评价风险敞口时，MSCI 会对其敞口大小给出评分，从 0~10 依次代表公司该项风险敞口的大小，0 为不存在风险，10 为风险最高。

对于治理能力的评估，MSCI 主要从战略和治理、举措和计划、绩效三个维度开展。"战略和治理"部分评估组织能力和公司管理层应对关键风险和机遇的承诺强度与范围，"举措和计划"部分评估计划、措施和目标的强度与范围，以提高风险管理绩效，"绩效"部分评估公司在管理特定风险或机遇方面的业绩记录，包括收集一系列定量指标以及评价业绩的定性指标。

最后，根据每个指标的评分加权得出 ESG 总分，并对比同业标准和表现，对企业得分赋予 ESG 级别，MSCI 的 ESG 评级从高到低依次为 AAA、AA、A、BBB、BB、B、CCC7 个等级。

（2）伦敦证券交易所集团（LSEG）评级体系构建情况

伦敦证券交易所集团（LSEG，原路孚特）评级体系中的 ESG 综合评分由两大部分组成，一是 ESG 评分，二是 ESG 争议指标评分。

在第一部分的 ESG 评分中，伦敦证券交易所集团评级体系将 ESG 的三个维度划分为 10 个主题，ESG 评分选取 186 项可比指标，并通过赋予指标不同的权重最终确定 ESG 评分（见图 1）。

伦敦证券交易所集团通过确定一个重要性矩阵来决定每个主题的得分权

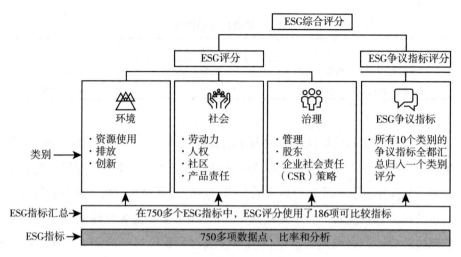

图1 LSEG ESG 评级体系

重。在环境和社会两个大类中，每个主题对于不同行业的重要性是不同的，而治理对于各个行业来说同等重要，因此所有行业的重要性标识是相同的，主要取决于各主题下的指标数量。将10个主题的得分按照行业内各个主题的相对重要性加权平均，即为公司的 ESG 评分。也可以用相同的方法计算出公司在环境、社会和治理单个类别上的得分。

在公司治理维度的评价标准上，伦敦证券交易所集团选择了同一国家内公司指标作为参照，因为同一国家内的治理标准更为趋同，指标间更具有可比性。在环境和社会维度的评价中，伦敦证券交易所集团选择同一行业内指标作为参照，因为相同行业内公司对环境和社会的影响相似。

在第二部分的 ESG 争议指标评分中，纳入评估的事件包括10个主题下的23种类型，如反垄断、商业道德、知识产权、雇用童工等，旨在分析争议性事件对公司的影响。一旦出现争议性事件，该体系将按照发生争议性事件的次数进行数值调整，再乘以相应的比率，然后按争议性事件发生次数排序，采用百分位评分法计算相应评分。

将 ESG 评分和 ESG 争议指标评分整合为 ESG 综合评分，对应到评级，由4分位点将所涉及的公司分为 A、B、C、D 四个等级，在每个等级内部又按照排名分三级，如 A-、A、A+。得到 A+ 为最高等级、D- 为最低等级。

（3）富时罗素评级体系构建情况

富时罗素（FTSE Russell）将 ESG 划分为 14 个主题，有超过 300 个细化指标，具体如表 3 所示。平均每个主题包含 10~35 个指标，每个公司的评级平均由 125 个指标决定，由于指标选取范围较大，因此该评级体系较为灵活。

该评级体系评级的方式为首先评估指标与公司的相关性，根据公司相关指标的治理程度进行打分，进而汇总到主题得分。富时罗素较为重视材料和指标的实质性，重要的 ESG 指标会被赋予更高的权重，最终主题得分加权后得出 ESG 评分。其中每个指标有 0 分到 5 分六个等级，5 分为最高分，这些指标包括气候变化的影响、污染的控制、水资源的安全等内容。

表 3　富时罗素 ESG 评级体系

维度	主题	"300+"指标
环境	生物多样性	"300+"细化指标，平均每个主题包括 10~35 个指标
环境	气候变化	
环境	污染与资源	
环境	供应链:环境	
环境	水安全	
社会	劳务标准	
社会	消费者责任	
社会	人权与社区	
社会	健康与安全	
社会	供应链:社会	
治理	反腐败	
治理	公司治理	
治理	风险管理	
治理	财税透明度	

（4）Sustainalytics ESG 评级体系构建情况

Sustainalytics 隶属于晨星公司，是一家独立的 ESG 评价机构。Sustainalytics

的 ESG 评级体系从 ESG 风险角度出发，根据企业 ESG 表现进行风险评估，并按照企业 ESG 风险得分划分风险等级，分数越高表示风险等级越高。其 ESG 评级体系包含公司治理、ESG 实质性议题和特殊议题（如"黑天鹅"事件）三个模块。

其中，公司治理作为 ESG 风险评估的基础直接反映企业面临的风险，反映公司治理不善所带来的风险，适用于所有被评企业。

ESG 实质性议题是评级体系的核心和评分关键模块，涵盖了企业在环境、社会、治理三个层面中的各类综合指标，公司在不涉及此类问题时可将此类问题剥离。最后一个模块为特殊议题，这类议题一般是由事件驱动的，如"黑天鹅"事件，不同于之前企业面对的普遍性问题，此类问题被归类于"不可预测的"问题，并且适用于所有企业。例如，会计丑闻可以发生在任意一家企业，并且此类事件的发生对企业的经济价值和未来发展影响极大。Sustainalytics 会将此类事件纳入考量并据此评估对企业的影响。

Sustainalytics ESG 评级体系基于风险敞口和风险管理（评级体系中用"管理风险"表示）两个维度对以上三个模块进行评分。其中，风险敞口代表着企业面对风险的大小，不同行业对不同风险因子（MRF）的敞口不同，同一行业下不同赛道的企业面临的风险因子也有一定差异，通常 MRF 的范围为 30%~100%。

风险管理旨在衡量企业面对风险时的管理能力，如化工企业在面对较高碳排放压力时仍能处理好排放量问题，表明该企业对该风险因子的管理能力较强。而风险管理又分为管理指标和事件指标，其中，事件指标可评估公司参与环境或社会争议性事件的程度。

Sustainalytics 认为 ESG 三个维度下单一指标较少，更多的是一个指标符合多个维度。因此，不同于其他评级体系将 ESG 三个维度单独划分，Sustainalytics ESG 评级体系的核心框架是一个预测模型，使用简化的指标集和结构综合成完整框架，Sustainalytics 将 ESG 看作一个整体，通过企业的未管理风险（unmanaged risk）总和来判断该企业的 ESG 分值。

（5）CDP 评级体系构建情况

作为一家非营利性机构，碳信息披露项目（Carbon Disclosure Proiect，CDP）的 ESG 评级体系从 ESG 投资者角度出发，通过发放调查问卷，了解企业得到的分数并评估内容的详细程度和全面性，以及了解企业对气候变化问题的认识、管理方法和在应对气候变化方面采取的行动的进展情况。

CDP 设有通用问卷，并根据行业特点，对高环境影响行业设定特定问卷，问卷指标符合 TCFD（Task Force on Climate-related Financial Disclosures）报告框架，每种问卷均包括公司治理、战略、风险管理、指标及目标等要素。CDP 评分有四个等级，这些等级代表企业环境管理工作提升的过程，包括披露等级、认知等级、管理等级和领导力等级。评分类别按主题对问题进行分组，在指标评分上 CDP 会根据企业高管做出的实质性管理行为为指标打分，分值可能与披露、认知、管理、领导力四个指标关联，最后根据指标的得分综合得出企业的环境管理得分。

参与披露的企业将在全球范围内与同行业公司比较并根据得分结果获得评级，CDP 的评级分为四级，由低到高依次为披露等级 D-及 D、认知等级 C-及 C、管理等级 B-及 B、领导力等级 A-及 A。

3. 国际评级体系建设进展

（1）LSEG 在 2023 年末更新了 ESG 评分方法，为了就每个 ESG 主题对不同行业的重要性进行客观、公正和可信的评估，其开发了专有的 LSEG ESG 量级矩阵，并在类别层面上推进应用。随着公司披露信息的不断发展和成熟，量级会自动进行动态调整。

（2）富时罗素（FTSE Russell）在 2024 年 6 月发布的 ESG 数据模型文件中公布了主题、部分指标选取参考的资料来源，以及构建 ESG 评分方法学使用的术语，如效益债券（包括绿色债券、社会债券等募集资金专项使用债券等）、绿色收入分类体系等。

（3）2024 年，CDP 将之前的三份问卷（气候变化问卷、水安全问卷、森林问卷）合并为一份 CDP 企业问卷，公司将在气候变化、森林和水资源安全方面获得单独评分，同时除中小企业和公共机构外的所有企业披露信息时都

需要回答有关塑料和生物多样性问题，对这两个新增模块的回复结果不纳入2024年评分。CDP为中小企业（SMEs）设立了专门的问卷、简化问题格式、加强指导中小企业，减轻它们的披露负担，并将重点关注气候变化的问题。

（二）国内ESG评级体系

1. 评级机构概况

在投资需求和政策要求的推动之下，我国的ESG评级机构快速发展，国内的ESG评级机构涉及评价机构、学术机构、咨询机构、数据服务机构、指数公司等。

2. 评级体系构建情况

目前，国内对ESG评级体系构建没有统一标准，各机构探索创新ESG评级体系并在实践中进行应用。本部分从ESG评级指标的选取、权重设置、数据来源、覆盖范围和评级结果五个方面，选取不同的ESG评级机构进行分析对比。包括中诚信（评价机构）、商道融绿（咨询机构）、万得（Wind，数据服务机构）、华证（指数公司）和中央财经大学绿色金融国际研究院（学术机构）等机构（见表4）。

表4　国内主要机构ESG评级方法

机构名称	评级体系	赋权方法	数据来源	评级结果	覆盖范围
中诚信	划分了57个行业评级模型，提取一级指标13个，二级指标40余个，三级指标130余个	基于行业特征指标的多种赋权方法	公司ESG报告、CSR报告、年报、企业公告、企业网站等官方披露渠道，以及政府部门和监管机构网站公布的信息	七个级别，分别为AAA、AA、A、BBB、BB、B和C	A股和港股上市公司；发债企业
商道融绿	三个一级指标、13个二级指标，127个三级指标	根据行业特征赋予权重	企业网站、年报、可持续发展报告、社会责任报告、环境报告、公告、媒体采访等	A+到D十个级别，A+代表企业具有优秀的ESG管理水平，D代表企业近期出现重大ESG负面事件	沪深300和中证500共800只标的

续表

机构名称	评级体系	赋权方法	数据来源	评级结果	覆盖范围
万得	三大维度、27 个议题、300 多个指标	基于行业实质性议题并赋权,突出行业 ESG 主要风险	上市公司社会责任报告、定期公告和临时公告,监管部门和政府机构披露信息、新闻舆情、NGO、行业协会等	评级从最低至最高分为 CCC 到 AAA 七档	800 多家上市公司
华证	华证 ESG 评级涵盖一级指标 3 个、二级指标 14 个、三级指标 26 个,四级数据指标超过 130 个	根据企业所属行业对具体评估指标进行选择并划分相应权重	55%来自公司定期报告与临时公告,主要涉及资产质量、关联交易等数据;23%来自企业披露的社会责任报告等,主要涉及披露污染排放等环境议题、扶贫等社会议题;12%来自新闻媒体,对上市公司正负面事件进行跟踪;10%来自国家及地方监管部门,比如上市公司违法违规的公告	从 AAA 到 C 的九档评级,其中 BBB 及以上均为领先水平	A 股上市公司及债券主体评级数据
中央财经大学绿色金融国际研究院	包括定性指标、定量指标和负面信息及风险。其中,一级指标 3 个,二级指标 22 个,三级指标超 160 个	未说明	上市公司公开信息、扣分项数据来源于国家和各地方环保部门对企业的环保处罚公告以及各监管单位金融处罚公告、各上市企业在各主流媒体上的负面新闻报道	A+、A、A-、B+、B、B-、C+、C、C-、D+、D、D- 共十二个等级	上市公司

可以看出,我国相关机构的 ESG 评级体系大体相同,基本上是通过自上而下的分层方式,细化建立底层指标,根据行业特征和细分行业赛道赋予因子权重,同时根据公司过往表现定性或定量分析公司 ESG 表现,最后给出基于过往信息的评分。同时,部分评级机构会根据企业动态实时评估对企业产生实质性影响的事件,迅速调整企业 ESG 评分,保证 ESG 评级的时效性。

相较于国际 ESG 评级,我国 ESG 评级目标更加本土化,评级覆盖范围更广,目前针对国内 A 股和 H 股上市公司,以及其他非上市的发债企业均开展了

ESG 评级工作，旨在为权益类和固收类产品投资决策提供 ESG 评级分析参考。

3. ESG 政策提出的发展方向

我国在密切关注国际可持续发展合作方面以及国际 ESG 信息披露倡议和标准的同时，需要结合我国特色和我国目前发展阶段与主要挑战来制定后续 ESG 细化指标和评级体系。目前我国已发布的 ESG 有关政策文件如国务院国资委办公厅《央企控股上市公司 ESG 专项报告编制研究》、证券交易所"可持续发展报告（试行）"及财政部《企业可持续披露准则——基本准则（征求意见稿）》等显示出如表 5 所示的发展方向。

表5　国内 ESG 信息披露及评级关注方向

企业属性/行业	关注议题/方向
央企控股上市公司	E 维度:部分"碳排放"数据需要保密，范围一、范围二、范围三碳排放企业根据自身实际把握披露程度 S 维度:企业对我国经济发展至关重要，可披露"产业转型""乡村振兴与区域协同发展""'一带一路'及海外履责""行业特色及其他社会责任履行情况"等内容;保护中小企业供应商合法权益 G 维度:践行 ESG 管理理念是贯彻落实党的二十大精神的具体行动;新一轮深化国企改革行动可以利用 ESG 理念，践行"创新、协调、绿色、开放、共享"的新发展理念，以 ESG 视角保持战略定力，聚焦"两个途径"、发挥"三个作用"
金融、医疗、电力、通信、公用事业等行业	S 维度:鼓励金融、医疗、电力、通信、公用事业等行业披露企业产品和服务的可获得性(如普惠金融、普惠医疗等)
科技研究、技术开发等科技活动领域	S 维度:开展生命科学、人工智能等科技伦理敏感领域的科学研究、技术开发等活动的组织，应遵守科技伦理，开展科技伦理内外部培训及科普宣传等
全部行业	S 维度:践行创新驱动发展战略，提升创新能力和竞争力，在创新决策和实践中遵守科学伦理规范，尊重科学精神，发挥科学技术的正面效应，以科技创新成果及其应用推动发展新质生产力

三　ESG 评级行业发展趋势与行业自律

近年来上市公司 ESG 披露的数据、信息已可公开获得，ESG 信息的及时性、有效性、可靠性愈加受到企业披露方、投资方和利益相关方的重视，

ESG 信息的数字化、ESG 定量信息的统一、ESG 信息鉴证等需求逐渐浮出水面，被市场、监管方所关注。

（一）ESG 评级行业发展趋势

1. ESG 信息的数字化

欧盟在发布可持续金融、ESG 信息披露标准文本文件时，同步制定发布了相应的标准或指标的数字化（digitalization）制度，通过严密的命名制度、方法对可持续发展或 ESG 指标信息进行"贴标签"，为之后建立企业填报平台、监管统计平台及投资者构建投资组合提供便利。企业需要通过欧洲单一电子格式（European Single Electronic Format，ESEF）提交可持续发展报告，在报告中使用特定的技术（如 iXBRL）进行标记，以便报告能在欧洲单一接入点（The European Single Access Point，ESAP）上便捷地被访问和阅读，同时确保报告的可比性。

2024 年 4 月，国际可持续准则理事会（ISSB）发布可持续发展数字化分类方案，帮助企业按照 ISSB 准则编制的可持续信息进行数字化标记。该方案将助力投资者搜索、提取和比较与可持续相关的财务披露信息。可持续发展会计准则委员会（SASB）在 2021 年 8 月也发布了第一版《可持续发展会计准则数字化分类方案》（SASB Standards XBRL Taxonomy）（见表 6）。

表 6　ESG 信息披露标准数字分类标准

发布方	ESG 有关标准	配套数字化制度
欧盟	《欧盟可持续金融分类方案》（EU Taxonomy）	欧洲财务报告咨询组（EFRAG）发布 Article 8 XBRL Taxonomy，目前正在征求意见
	《欧洲可持续报告准则》（ESRS）	欧洲财务报告咨询组（EFRAG）发布 ESRS XBRL Taxonomy，因欧盟法律内部机制要求，征求意见期 2024 年 4 月 8 日到期后延期 1 年

续表

发布方	ESG 有关标准	配套数字化制度
国际可持续准则理事会	《国际财务报告准则S1号——可持续相关财务信息披露一般要求》、《国际财务报告准则S2号——气候相关披露》及其随附指南	《国际财务报告可持续披露数字化分类标准》(ISSB 数字化分类标准)
可持续发展会计准则委员会	《可持续发展会计准则数字化分类方案》	SASB Standards XBRL Taxonomy(2024 年版本正在制定中)

2. ESG 定量信息的统一

ESG 信息包括定量和定性信息，由于企业的规模、资源消耗、污染物排放等数值单位、统计公式不一致，即使为同一行业不同企业披露的 ESG 信息也难以快速比较。欧洲财务报告咨询组发布的《ESRS 数据点实施指南》(EFRAG IG 3 List of ESRS Data Points) 辅助说明了 ESRS 要求披露的数据，包括计算公式、单位、披露格式等。我国财政部发布的《企业可持续披露准则——基本准则（征求意见稿）》在第四章"披露要素"第二十五条指出，在指标和目标方面企业应披露设定某项指标的定义、计算指标的方法、关键假设、方法的局限性以及使用标的输入值或者参数等内容。

3. ESG 信息鉴证

目前企业披露可持续发展信息基本全由企业披露方自己承担责任，还无法像财务报告中的财务信息那样向市场、投资人传递真实性、可靠性，相关的监督、惩罚制度缺失。国内外部分企业在发布可持续发展报告时也同时发布第三方 ESG 信息审验或鉴证标准，如《国际鉴证业务准则第3000号（修订版）——除历史财务信息审计或审阅之外的鉴证业务》（ISAE 3000）、AA1000 标准、国际标准化组织（ISO）的 ISO 14064 系列温室气体标准等。此外，美国证券交易委员会发布的《上市公司气候数据信息披露规则》要求上市公司对温室气体排放量进行外部鉴证，欧盟《企业可持续发展报告指令》（CSRD）提出对企业可持续发展信息的有限鉴证要求，我国沪、深、北交所"可持续发展报告（试行）"鼓励有条件的上市公司聘请第三方机构对公司温室气体排放等数据进行核查或鉴证，发布鉴证或审验报告，说明"鉴证或审验范围、依据的标准、主要程序、方法和局限性、意见或结论等"内容。

（二）ESG 评级行业自律

在企业按照政策、标准披露 ESG 信息后，ESG 评级直接刻画了该企业的整体 ESG 表现、ESG 风险管理能力水平，而将 ESG 评级、评分结果纳入投资、信贷等资本市场其他领域会带来深远影响。目前全球尚未出台统一的 ESG 市场监管条例和举措，但受限于 ESG 数据收集难度、企业自主披露 ESG 信息等情况，ESG 数据、ESG 评级的潜在风险不容小觑。2021 年 11 月，国际证监会组织（IOSCO）发布了《关于 ESG 评级和数据产品服务商的报告》，其调研后发现 ESG 评级和数据产品服务商对 ESG 评级的定义缺乏明确性和一致性，ESG 评级的方法或数据不够透明；各家 ESG 评级机构所提供产品的覆盖面不统一，并且在收集某些行业或地理区域的信息上有各自优势；ESG 评级和数据产品服务商在为与该服务商密切相关的公司提供咨询服务时，存在潜在的利益冲突风险。对此，国际证监会组织提出了 10 条建议（见表 7）。

表 7　国际证监会组织对 ESG 评级和数据产品市场提出的建议

序号	内容
1	建议监管机构更加关注 ESG 评级、数据产品的使用,以及可能受管辖的 ESG 评级和数字产品供应商
2	ESG 评级和数据产品供应商可考虑采用书面记录发布高 ESG 评级和数据产品时使用的公开披露数据和信息来源,并确保遵循了透明、明确的方法学
3	ESG 评级和数据产品供应商可考虑采用书面政策及流程,确保评级决策是独立、不受政治或经济干预的,以及避免因供应商的组织结构、业务或财务活动或供应商内部高级职员的财务利益而产生的潜在利益
4	ESG 评级和数据产品供应商可考虑制定识别、避免或适当管理、减少、披露潜在利益冲突风险的措施,确保 ESG 评级、ESG 数据产品的独立性、客观性
5	ESG 评级和数据产品供应商应将 ESG 评级和 ESG 数据产品的公开披露和透明度置于优先考虑的地位,在确保供应商对专有信息、数据和方法保密的情况下披露 ESG 评级和 ESG 数据产品的方法学,以帮助使用者理解最终结果如何产生、任何潜在的利益冲突等内容

续表

序号	内容
6	ESG 评级和数据产品供应商可考虑实施书面政策和程序,以适当的方式处理和保护从任何实体或其代理人处收到或向其传达的与 ESG 评级和数据产品有关的所有非公开信息
7	市场参与者可对内部流程中使用的 ESG 评级和数据产品进行尽职调查,或收集、审查这些产品信息,避免过于依赖这些产品。尽职调查或信息收集与审查可包括了解该产品对什么内容进行评级或评估,如何评级或评估,以及该产品的使用目的和限制
8	ESG 评级和数据产品供应商可考虑改进其产品所涵盖的实体信息收集程序,从而提高供应商和这些实体的信息采购效率
9	在可行和适当的情况下,ESG 评级和数据产品供应商可考虑回应和解决其 ESG 评级和数据产品所涵盖的实体指出的问题,同时保证产品的客观性
10	受 ESG 评级和数据产品供应商评估的实体可考虑尽可能简化可持续相关信息的披露程序,并且遵守各辖区适用的监管规定和其他法律要求

作为国际证监会组织会员的众多国家证券监管机构获得启发与提醒,开始研究分析当地 ESG 数据与评级市场(见表 8)。英国金融行为监管局委托国际资本市场协会(ICMA)、国际监管战略小组(IRSG)联合发布《ESG 评级和 ESG 产品提供方行为准则》。若开展业务的国家或地区未出台类似行为准则,ESG 评级和数据产品供应商可申请签署该准则,自愿遵照执行,ESG 评级机构签署后 6 个月内要完成该准则规定的内容,ESG 数据产品供应商签署后要在 12 个月内完成。

香港证监会在 2023 年 10 月宣布支持和提倡为 ESG 评级和数据产品供应商制定一套由业界领导的自愿操守准则,并在 2024 年 5 月发布了《香港 ESG 评级和数据产品供应商自愿操守准则(草案)》,在 2024 年 6 月 17 日前向市场公开征询意见。

表 8 不同国家、地区 ESG 行业自律指南

国家/地区相关机构	发布日期	指南名称
日本金融厅	2022 年 12 月	《ESG 评估和数据提供商行为准则》
新加坡金融监管局	2023 年 12 月	《ESG 评级和数据产品提供方行为准则》
英国金融行为监管局	2023 年 12 月	《ESG 评级和 ESG 产品提供方行为准则》
香港证监会	2024 年 5 月	《香港 ESG 评级和数据产品供应商自愿操守准则(草案)》

四　ESG 评级方法

（一）方法学原理

ESG 评级方法[①]是由 ESG 评级模型和对受评主体 ESG 产生影响的相关外部因素两部分组成。该方法的运转逻辑首先是基于 ESG 量化评级模型并根据资源信息内容对受评主体进行评分，将 ESG 指标评分加权计算得到受评对象的 ESG 基础级别；其次，结合相关外部影响因素进行 ESG 基础级别的综合调整形成最终的评级结果（见图 2）。

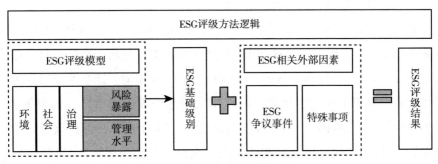

图 2　ESG 评级方法逻辑示意

（二）评级体系内容

ESG 评级模型根据环境、社会、治理三个维度中的重要 ESG 因子搭建指标体系，并通过对受评主体各指标的加权评分得到受评企业 ESG 风险综合评分结果，形成 ESG 基础级别。

1. ESG 评级指标构建

（1）借鉴国际 ESG 评级机构方法学

对第二部分国际主流 ESG 评级机构的方法学特点进行分析后发现，各

---

① 本报告所称 "ESG 评级方法" 除特殊说明之外，均指中诚信绿金 ESG 评级方法。

家机构在议题的选择方面，重点关注自然资源、污染减排、产品安全、员工的人权与发展、公司治理等方向，它们也是投资机构主要关注的议题。据此本报告可拟定本土 ESG 评级方法议题框架（见表9）。

表9　本土 ESG 评级方法议题框架

维度	关键议题
环境	气候变化、生物多样性、自然资源、污染和消耗、环境治理、供应链(环境风险)、水资源安全等
社会	人力资本、劳力标准、人权与社区、健康与安全、产品责任、利益相关者反对意见、社会机遇、供应链等
治理	公司治理、公司行为、反腐败、风险管理、财税透明度、股东回报、企业社会责任战略等

（2）基于 ESG 信息披露的相关指引

根据《上市公司社会责任指引》①、《上海证券交易所上市公司环境信息披露指引》②、《上市公司治理准则》③、《上海证券交易所上市公司自律监管指引第 14 号——可持续发展报告（试行）》④、《环境、社会及公司管治报告指引》⑤ 中关于环境、社会、治理相关信息的披露要求，以及根据 ISO 26000《社会责任指南》、全球报告倡议组织（GRI）《可持续发展报告标准（2021 年版）》、联合国全球契约组织《全球契约十项原则》、可持续发展会计准则委员会（SASB）的相关标准等指引文件，通过细化评级指标体系，可形成 ESG 评级指标体系（见图3）。

结合国内 ESG 信息披露现状和行业发展趋势，根据申万行业分类，可将 ESG 评级模型划分为不同的行业评级模型，并提取一级指标、二级指标和三级指标，全方位剖析企业 ESG 表现。具体指标设计内容如下。

• 公司治理维度

在公司治理维度方面，公司治理是现代企业管理的核心内容，其是影响

---

① 深圳证券交易所于 2006 年 9 月 25 日发布。

② 上海证券交易所于 2008 年 5 月 14 日发布。

③ 中国证监会于 2018 年 9 月 30 日发布修订版。

④ 上海证券交易所于 2024 年 4 月 12 日发布。

⑤ 香港联合交易所于 2019 年 12 月 18 日发布。

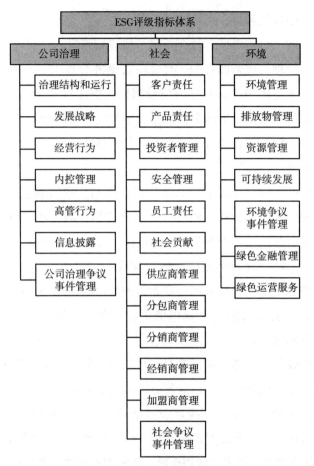

图 3 ESG 评级指标体系

企业绩效的重要因素之一。该维度从治理结构和运行、发展战略、经营行为、内控管理、高管行为、信息披露、公司治理争议事件管理 7 个一级指标综合分析企业的治理风险。重点针对实控人或控股股东性质、股份减持、产业链扩张、高管变动、关联交易、商业道德等风险因子通过定量计算与定性分析相结合的方式进行具体分析评价。

• 社会维度

在社会维度方面，应根据客户、投资者、员工、社区、供应商、公众等利益相关方重点关注的内容，梳理重要议题，侧重于分析受评主体在利益相

关方管理方面的现状和潜在风险因子。主要从客户责任、产品责任、投资者管理、安全管理、员工责任、社会贡献、供应商管理、分包商管理、分销商管理、经销商管理、加盟商管理、社会争议事件管理 12 个一级指标展开分析，并针对受评主体的产品安全与质量事件、供应商的 ESG 风险识别与管理、客户隐私保护与信息泄露事件、安全事件与管理成效等风险因子通过定量计算与定性分析相结合的方式进行具体分析评价。

● 环境维度

在环境维度方面，可基于"双碳"目标规划，聚焦绿色低碳转型发展，设置环境管理、排放物管理、资源管理、可持续发展、环境争议事件管理、绿色金融管理、绿色运营服务 7 个一级指标，覆盖了碳排放、能耗强度、水资源使用、污染物排放等绩效指标的量化评价，也包含了环境风险管控措施、环境保护和绿色创新技术相关专业培训等定性指标的分析评价，还包括了绿色低碳领域实践与创新（绿色低碳技术创新、绿色低碳供应链打造、绿色物流体系构建等）发展效果的综合分析。

此外，ESG 相关外部因素调整对评级结果的影响也非常明显，所谓 ESG 相关外部因素是指调整项中难以进行分类的但对企业可持续经营产生影响的因素的统称，而 ESG 相关外部因素调整是对受评主体 ESG 风险进行整体分析评价后的微调。如行业政策发生变动、环保标准趋严、严重负面舆情等重大影响性事件发生时，相关主体均会通过调整项对事件的影响程度进行评估。

2. 指标评分方法设计

指标类型可分为定量和定性两类，根据其含义和评分目的能确定其评分方法，覆盖受评主体对应指标的纵向表现和横向表现对比，可综合分析受评主体的 ESG 风险暴露情况和管理水平（见表 10）。

表 10　ESG 指标评分方法

指标类型	评分方法
定量指标	行业均值法、区间法等
定性指标	分级评分法、分类评分法等

此外，针对基于公开披露信息开展的 ESG 评级，考虑到目前缺乏统一的 ESG 信息披露规范，大部分企业（主要为公众公司）未能针对 ESG 关键指标信息进行全范围的核算与统计披露。因此，应在上述 ESG 评级指标体系的基础上引入未披露因子综合分析替代的评分方法，补充受评主体未统计信息的因子得分表现，提升 ESG 评级体系的全面性和评级结果的有效性。

3. 评级指标权重确立

基于以上 ESG 评级体系，通过集历史回测法、熵权法和层次分析法（AHP）三种方法于一体的复合赋权方法进行指标赋权。

历史回测法，即根据历史数据选择 E、S 和 G 维度对应指标的最佳权重，可分别选取企业短期的股价波动风险和长期的经营稳定性风险作为目标变量进行回测分析，将指标对企业长期影响程度作为判断依据，对指标的重要性进行赋权；熵权法，是一种客观的赋权方法，根据 E、S、G 指标的变异程度，用信息熵计算出各指标的熵值（对评级结果的影响），再通过熵值计算出指标的权重，一般行业特征指标的权重可通过熵权法确定；层次分析法（AHP），在上述两种赋权方法的基础上，根据企业 ESG 议题评分结果，从指标本身的重要程度和企业 ESG 管理现状两方面用 AHP 对指标进行调权，降低评分结果的偏差。

按照上述三种方法确定指标的权重，并根据行业特性，对特定行业的指标特征进行权重调整，可形成旨在反映行业特性的复合赋权方法。

五　企业 ESG 评级实践及提升建议

（一）中国上市公司 ESG 评级表现

1. 总体表现情况

截至 2024 年 6 月 30 日，A 股[①]和中资港股[②]（中资港股不含两地上市

[①]　本报告所指的 A 股是指在上海证券交易所、深圳证券交易所、北京证券交易所上市的股票。

[②]　本报告所指的中资港股是指在香港交易所上市的中资股，包括 H 股、红筹股、中资民营股。

企业①，以下同口径）上市公司6500家，包括A股公司5375家，港股公司1125家。披露可持续发展报告②的上市公司共计3160家，占比为48.62%，其中，A股有2165家公司披露，占比40.28%，港股有995家公司披露，占比88.44%。

根据中诚信绿金ESG Ratings数据库统计，对披露ESG信息的公司进行ESG评级，其中6337家上市公司的ESG评级结果整体呈正态分布趋势。相较于2022年ESG评级，2023年上市公司获评A级别及以上的数量明显增长，占比为20.20%，反映出我国上市公司日益重视ESG信息披露的趋势；B~BBB级别的公司数量相应减少，占比为79.61%，BB级别公司数量仍为最多，占比38.90%（见图4）。

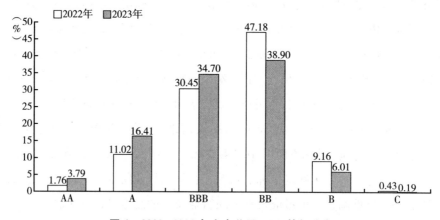

图4 2022~2023年上市公司ESG等级分布

资料来源：中诚信绿金ESG Ratings数据库。

分行业来看，ESG平均得分最高的5个行业为银行、公用事业、非银金融、钢铁、煤炭，而平均得分最低的5个行业为商贸零售、综合、传媒、房地产、计算机。选取上述10个行业进行对比分析，银行业和非银金融行业上市公司ESG整体表现良好，其中，银行业A级别及以上占比59.3%，公用事业、钢铁、煤炭行业公司整体向上发展，A级别及以上公司占比均突破

---

① 两地上市企业是指同时在A股和香港交易所上市的企业。

② 包括ESG报告、环境信息披露报告、可持续发展报告和社会责任报告等。

30%。这些行业中中央国有企业和地方国有企业属性比重较高，对于 ESG 政策关注度较其他属性的企业相对更高，且公用事业行业上市公司多为发电、燃气供应企业，其开展各类新能源发电、供热、天然气供应等业务与国家绿色低碳产业转型方向密切相关，与行业 ESG 议题高度契合，呈现出的 ESG 评级水平较高；而钢铁、煤炭属于高污染行业，基于《企业环境信息依法披露管理办法》的披露要求，这两个行业中的企业在污染物排放、防治设施运行等方面建立的管理措施较为完备，披露内容较为完整，同行业可比信息较为一致，同时对业内 ESG 维度表现优异与否更具有鉴别性，整体 ESG 级别水平较高。而在 ESG 平均得分低段的行业中，综合、商贸零售行业涉及的公司业务多元，披露的信息和数据较为分散，但整体 ESG 评级水平有一定提升，已无上市公司被评为 C 级。房地产、计算机行业 BB 级别及以下的上市公司数量分布较多，占比均超过 60%，A 级别及以上的上市公司分布最少，行业整体对 ESG 的关注有待加强（见图 5）。

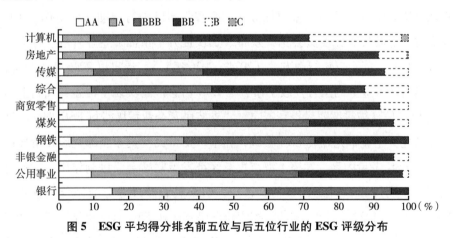

图 5 ESG 平均得分排名前五位与后五位行业的 ESG 评级分布

资料来源：中诚信绿金 ESG Ratings 数据库。

分公司属性来看，国务院国资委要求央企控股上市公司"到 2023 年实现央企控股上市公司 ESG 报告披露全覆盖"，以及在 2024 年 2 月三大交易所发布的上市公司"可持续发展报告（试行）（征求意见稿）"释放的明确政策信号下，披露 ESG 报告的上市公司尤其是央企控股上市公司数量增

多，同时上市公司日渐重视 ESG 信息披露的质量和获得的 ESG 级别。从图 6 中可以看出①，中央国有企业属性的上市公司获得 AA 评级、A 评级的占比明显增高，地方国有企业属性公司 A 评级、AA 评级的数量同样呈现增长趋势。外资企业属性的上市公司获得最优评级比重超过了其他类型公司群组，并在 2023 年评级中比重进一步提高，可反映出含有外资的上市公司内部具有更为丰富的 ESG 相关制度及管理工作的累积经验，并且其对我国证券交易所要求披露可持续发展报告的政策导向具有一定关注。

相较于 2022 年的评级，2023 年获得 ESG 评级的民营企业数量增长了 238 家，其中九成以上为 2023～2024 年新上市公司，未披露 ESG 报告或 ESG 公开信息有限导致这些公司处于低评级（89%公司被评为 BBB 级及以下），反映出企业 ESG 综合表现中等、ESG 治理水平一般。民营企业在我国 A 股市场中已占六成以上，但在公司治理、风险防控、可持续发展方面的工作尚存在很多不足，如何引导民营企业重视 ESG 管理将是未来推动我国资本市场健康有序发展的一项重要任务，上海和苏州已先行推动这项工作。2024 年 3 月，上海市商务委员会正式发布《加快提升本市涉外企业环境、社会和治理（ESG）能力三年行动方案（2024—2026 年）》，提出以 2026 年为目标，力争具有涉外业务的国有控股上市公司 ESG 信息披露实现全覆盖，民营上市企业 ESG 信息披露率明显提高，同时"支持民营企业积极践行 ESG 理念。推动民营龙头企业率先开展 ESG 实践，在本市支持民营企业总部发展政策文件中加入 ESG 考量因素。发挥上海市民营经济发展联席会议机制作用，加强对民营企业践行 ESG 理念的宣传和推广，引导具有涉外业务的民营企业增强 ESG 意识，积极参与 ESG 实践，探索建立民营企业 ESG 激励机制"等。2024 年 5 月，苏州市工商联、市委金融办、市发改委、市国资委、市市场监管局等

---

① 此处公司属性按如下标准划分，中央国有企业是实际控制人为中央机构或中央机构控股的企业；地方国有企业是实际控制人为地方政府、地方国资委的企业；民营企业是实际控制人为中国籍个人的企业，部分中外合资企业分类归为民营企业；其他企业包括实际控制人为高等院校、社会团体或实际控制人信息不明确的企业；外资企业是指依照我国有关法律规定，在我国境内设立的由外国投资者独自投资经营的企业；集体企业是指部分劳动群众集体拥有生产资料的所有权，共同劳动并实行按劳分配的经济组织。

5 部门联合发布《构建民营企业 ESG 生态体系相关重点工作的实施方案》，提出建立民营企业 ESG 数字化生态平台，科学设定企业在平台上录入的数据要素，在平台上导入 ESG 评级服务机构，培育发展苏州 ESG 市场良好生态，在工商联信息化平台上开设民营企业 ESG 数字化生态平台端口等举措。

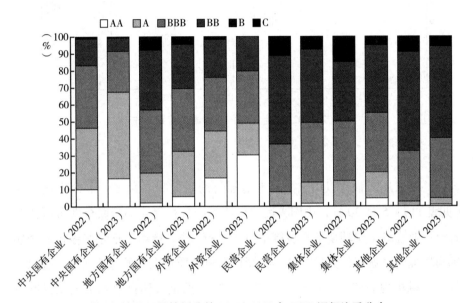

图6 按公司属性划分的 2022~2023 年 ESG 评级比重分布

资料来源：中诚信绿金 ESG Ratings 数据库。

2. 环境维度表现情况

从环境维度评级情况来看，6337 家上市公司中 C 级占比最高，达到 45.23%，A 级及以上占比为 4.86%（见图 7），相较 2022 年的 2.7% 进一步提升，环境维度等级分布变化趋向于高等级的增加。

分行业来看，银行业平均得分仍然保持最高（见图 8），监管机构继续加强对发展绿色金融和转型金融的重视程度，在绿色金融领域探索实践的城商行和农商行数量也不断攀升。2024 年 3 月，中国人民银行等 7 部门发布《关于进一步强化金融支持绿色低碳发展的指导意见》，提出未来 5 年要基本构建国际领先的金融支持绿色低碳发展体系，不断健全环境信息披露等内

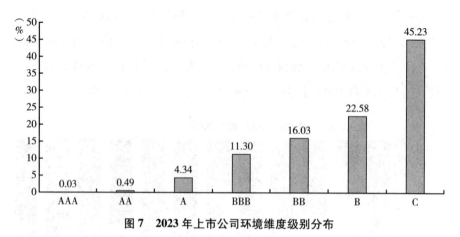

图7　2023年上市公司环境维度级别分布

资料来源：中诚信绿金 ESG Ratings 数据库。

容，并要求从"强化以信息披露为基础的约束机制"角度开展两方面工作（见表11）；5月30日，中国人民银行江苏省分行等4部门联合发布《江苏省银行业金融机构环境信息披露指引（试行）》，指出要把做好银行业金融机构环境信息披露作为推动江苏省绿色金融高质量发展的重要抓手，按照央行《金融机构碳核算技术指南（试行）》和温室气体排放相关国家标准及指南披露自身经营碳排放核算和投融资碳排放核算情况。

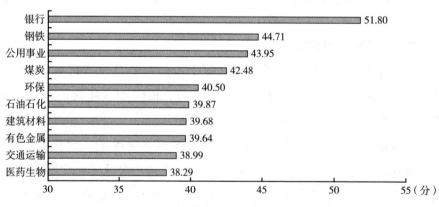

图8　环境维度一级行业平均得分

资料来源：中诚信绿金 ESG Ratings 数据库。

表 11　《关于进一步强化金融支持绿色低碳发展的指导意见》强调的两方面工作

要求	具体内容
推动金融机构和融资主体开展环境信息披露	分步分类探索建立覆盖不同类型金融机构的环境信息披露制度，推动相关上市公司、发债主体依法披露环境信息。制定完善上市公司可持续发展信息披露指引，引导上市公司披露可持续发展信息。健全碳排放信息披露框架，鼓励金融机构披露高碳资产敞口和建立气候变化相关风险突发事件应急披露机制。定期披露绿色金融统计数据
不断提高环境信息披露和评估质量	研究完善金融机构环境信息披露指南。鼓励信用评级机构建立健全针对绿色金融产品的评级体系，支持信用评级机构将环境、社会和治理（ESG）因素纳入信用评级方法与模型。推动重点排污单位、实施强制性清洁生产审核的企业、相关上市公司和发债企业依法披露的环境信息、碳排放信息等实现数据共享。发挥国家产融合作平台作用，建立工业绿色发展信息共享机制，推动跨部门、多维度、高价值绿色数据对接

　　2023 年末通过的新版《公司法》新增规定"公司从事经营活动，应当充分考虑公司职工、消费者等利益相关者的利益以及生态环境保护等社会公共利益，承担社会责任。国家鼓励公司参与社会公益活动，公布社会责任报告"。首次在基本原则中从社会公共利益角度明确了公司的环境保护义务，要求公司承担生态环境保护主体责任，将公司与生态环境保护直接联系起来。目前生态环境部、中国证监会对重污染企业的环保信息披露更为关注，而对其他行业公司的环境信息尚不强制要求披露，披露指标内容、结构多为鼓励性质，随着上市公司发布可持续发展报告数量的逐步增多，按行业划分的具体环境信息要求将在未来更加清晰。

　　从一级指标细分来看，环境维度主要衡量企业环境管理体系、水污染物管理、大气污染物管理、危险废物管理、一般废物管理、水资源管理、能源管理、绿色发展、气候风险管理等方面的表现。从图 9 可以看出，2023 年环境维度一级指标中环境管理（包括环境管理体系、环境风险管控、环境知识培训、环保投入等内容）平均得分仍然高于其他一级指标，较多公司建立并披露了与环境相关的管理制度和组织架构，相较于 2022 年环境管理指标平均分数，整体箱体上升近 10 分。其次为可持续发展、排放物管理的指标得分在 2023 年有一定程度提升，资源管理、绿色金融管理极端大的异常值明显减少，表明更多的上市公司正在强化资源管理、绿色金融管理工作并实现完整披露。绿色金融管理为银行业、非银金融行业的特有一级指标，包含了证券、保险、租赁、资产管理、信托、金融控股等参与多元金融的上市公司，箱体增长说明了更多公司获得了这项指标的较高分数。

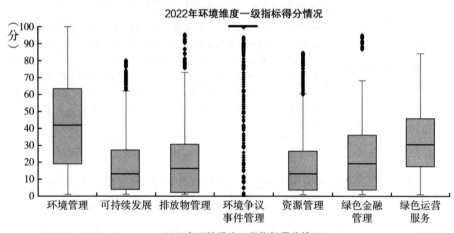

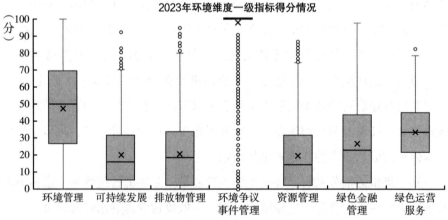

图 9　2022~2023 年环境维度一级指标得分分布

注：①箱线图中箱子中间的线代表数据的中位数，叉号代表平均数。箱子的上下底，分别是数据的上四分位数（Q3）和下四分位数（Q1），箱子的高度在一定程度上反映了数据的波动程度。上下边缘代表了该组数据的最大值和最小值。箱子外部的点为数据中的"异常值"。下同。

②环境争议事件管理指标为扣分项，由争议事件严重程度、发生时间、罚金金额等因素决定。如图该指标中位数为 100，表示多数公司未发生争议事件。

资料来源：中诚信绿金 ESG Ratings 数据库。

3. 社会维度表现情况

从社会维度评级情况来看，6337 家上市公司中社会维度 BBB 评级仍为最多，占比 32.7%，比 2022 年评级占比 31.8% 增长 0.9 个百分点，A 级及以上占比 36.10%，比 2022 年评级占比 27.1% 增长明显。相较 2022 年社会维度等级分布，2023 年 A 级及以上评级与 BBB 评级比重差距缩小，企业承担社会责任意识进一步增强（见图 10）。

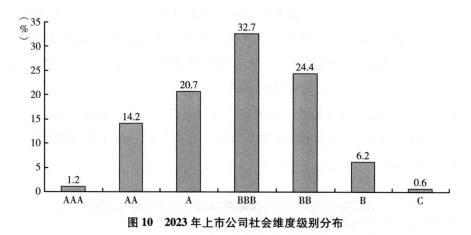

图 10　2023 年上市公司社会维度级别分布

资料来源：中诚信绿金 ESG Ratings 数据库。

分行业来看，银行业在众多行业中社会维度表现领先（见图 11），不同规模的银行（见图 12）作为资金提供方在政策驱动下为"三农"、中小微企业提供资金支持，同时非银金融行业提供的金融相关产品、服务在日常经营中受到强监管，并且定期上报监管机构的统计数据较为规范，社会维度数据披露比较严谨和统一。非银金融行业包括证券、保险、多元金融行业公司，2023 年 11 月中国证券业协会发布了《2022 年度证券公司履行社会责任情况报告》，该报告涵盖 140 家证券公司的业务实践和案例，从行业协会角度提出证券公司践行社会责任的方向和路径；2023 年 12 月，中国保险行业协会发布《保险机构环境、社会和治理信息披露指南》，明确了披露框架的设计原则以及 ESG 三维度的内涵，该指南的附录部分针对保险行业高质量发展需求，梳理确定三维度定性定量相

结合的关键指标，进一步提高了 ESG 信息披露水平；国家金融监督管理总局 2024 年 4 月发布《关于推动绿色保险高质量发展的指导意见》，要求保险公司将 ESG 因素纳入保险资金投资流程、提升绿色保险 ESG 风险管理能力，5 月发布《关于银行业保险业做好金融"五篇大文章"的指导意见》，指出银行业保险业要落实中央金融工作会议精神做好科技金融、绿色金融、普惠金融、养老金融、数字金融"五篇大文章"，围绕发展新质生产力，切实把"五篇大文章"落地落细，未来 5 年银行保险机构环境、社会和治理（ESG）表现持续提升。电力设备行业包括电池、电机、电网设备、风电设备、光伏设备和其他电源设备行业，根据中诚信绿金 2022~2023 年社会维度的总体评分情况（见表 12），发现 2023 年有 75.51% 的电力设备行业上市公司评分均上升，我国新能源发电设备出口贸易增多可能是公司加强对产品质量、安全管理、员工管理等社会维度信息披露的重要原因。

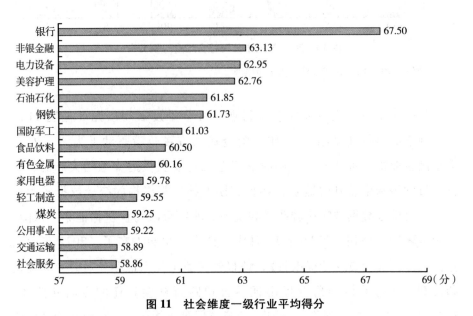

图 11 社会维度一级行业平均得分

资料来源：中诚信绿金 ESG Ratings 数据库。

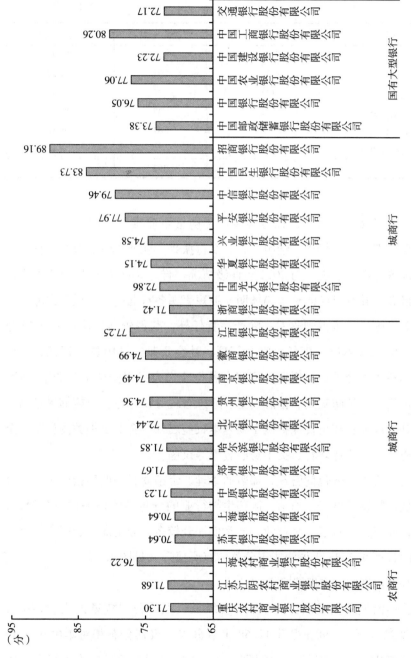

图 12　社会维度部分银行得分

资料来源：中诚信绿金 ESG Ratings 数据库。

表 12　电力设备行业 2022~2023 年社会维度得分

单位：家，%

二级行业	2023 年评分提升	公司总数	提升占比
电池	83	113	73.45
电机	14	21	66.67
电网设备	101	133	75.94
风电设备	21	27	77.78
光伏设备	53	67	79.10
其他电源设备	24	31	77.42
总计	296	392	75.51

从一级指标细分来看，社会维度主要衡量企业客户权益保障、产品质量、安全管理、劳工管理、纳税贡献、乡村振兴、就业贡献、股东责任、供应商管理等方面的表现。与 2022 年评级情况一样，2023 年产品责任平均得分仍为最高，并且对应的整个箱体明显缩短表明各行业的产品质量保障、投诉管理等措施进一步得到落实；除产品责任外，获得较高平均得分（40 分及以上）的依次为员工责任、安全管理、社会贡献，其中员工责任、安全管理指标整体得分进一步提升，国家在各行业大力提倡安全生产的重要性，关注人员安全、消防安全、信息安全、应急管理等议题是企业能够平稳高效经营的基础保障；在负责保护员工的基本权益之外，企业更加关注员工与企业的沟通反馈、职业教育、员工身心健康等议题。

分销商管理、分包商管理、加盟商管理、经销商管理四项指标平均得分依然较低，特别是电子、通信、医药生物行业的分包商管理平均得分较低，由于分包商模式分布于多个行业，异常值评分较多；分销商、加盟商、经销商模式的管理在 2023 年评级中得分整体有所提升（见图 13）。

4. 公司治理维度表现情况

从公司治理维度级别情况来看，A 级及以上的公司数量占比 56.48%，相较于 2022 年的 43.90% 提升 12.58 个百分点，级别分布相对集中在 A 和 BBB 两个级别，占比 71.70%（见图 14），上市公司在治理维度评级上整体

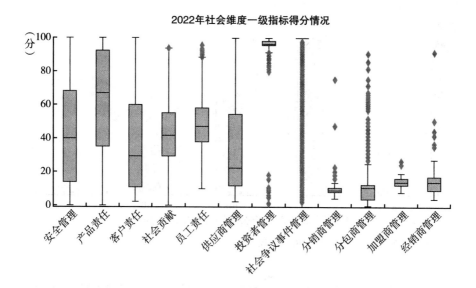

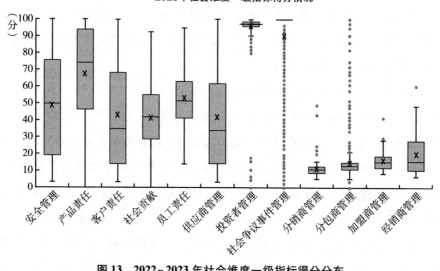

图 13　2022~2023 年社会维度一级指标得分分布

注：社会争议事件管理指标为扣分项，由争议事件严重程度、发生时间、罚金金额等因素决定大小。如图该指标中位数为 100，表示多数公司未发生争议事件。

资料来源：中诚信绿金 ESG Ratings 数据库。

进一步提升，2023 年已无 C 评级企业。

分行业来看，在公司治理维度，各个行业的得分均高于 55 分，整体表

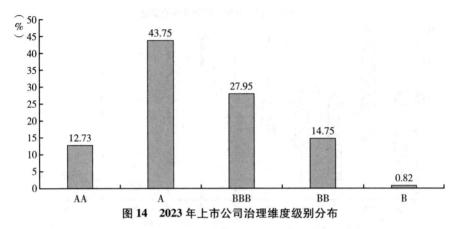

图14 2023年上市公司治理维度级别分布

资料来源：中诚信绿金 ESG Ratings 数据库。

现优于环境维度和社会维度，这表明自上而下推动的顶层治理能更有效地解决企业治理中的内部问题，有利于加强合规管理、完善风险控制流程，建立跨部门、跨职能领域的 ESG 管理工作综合机制，便于站在公司全局的角度优化完善业务流程（见图15）。

在众多行业中银行业公司治理表现仍排名首位，非银金融、国防军工、煤炭、交通运输行业相较于2022年公司治理表现进一步提升，这些行业企业属性以央企和地方国有企业控股为主，在新一轮国企改革深化提升行动、建立健全上市公司绩效评估机制、推动上市公司加强 ESG 建设等改革举措下，结合国务院国资委办公厅2023年7月发布的规范央企控股上市公司 ESG 信息披露的要求，以披露促管理，公司治理所需的战略、制度、流程逐步完善。

从一级指标细分来看，治理维度主要从公司发展战略、高管行为、经营行为、内控管理、信息披露、治理结构和运行、公司治理争议事件管理等方面进行衡量。其中，2023年信息披露指标得分较为集中，相较于2022年得分有所提高，透明合规的信息披露将为公司在与利益相关方沟通，尤其涉及出口贸易时建立 ESG 管理机制奠定可信基础。内控管理、公司治理争议事件管理这两项指标得分处于较高水平并且相较于2022年得分变动微小，企业的内控管理整体表现较好，且不同行业之间上市公司的差异较小。一级指

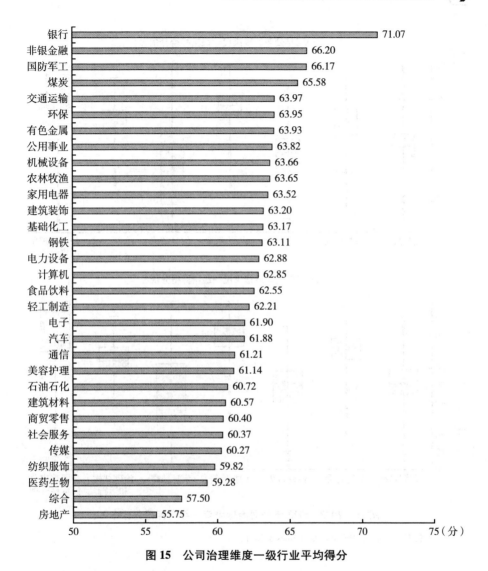

图 15　公司治理维度一级行业平均得分

资料来源：中诚信绿金 ESG Ratings 数据库。

标发展战略的得分中等，评分分布较为集中，其指标内容主要包括发展现状、战略规划、产业投资和 ESG 管理等内容，前两项内容在上市公司年报中均有披露，而不同行业的产业投资、ESG 管理差异较大，导致披露出现极高和极低的异常值（见图 16）。

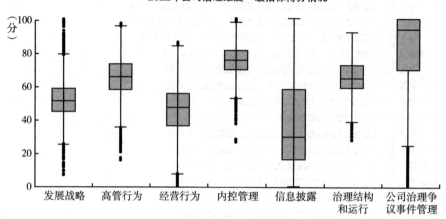

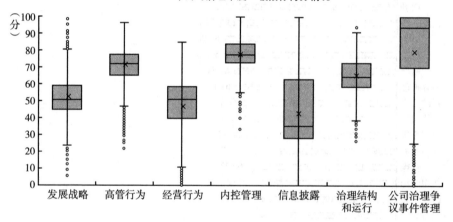

图16　2022~2023年公司治理维度一级指标得分分布

资料来源：中诚信绿金 ESG Ratings 数据库。

整体而言，加强风险管理及内部控制，建立与自身适当、科学的公司治理结构，以及市场化经营机制和法律合规制度以适应行业发展，将 ESG 影响、风险、机遇整体融入公司治理体系，可有效推动 ESG 管理、监督工作的开展，提高公司整体决策及运营效率，为公司创造稳定经济效益，实现可持续高质量发展奠定基础。

5. ESG 评级变动

本报告将中诚信绿金 ESG Ratings 数据库中具有 2022~2023 年两年 ESG 评级记录的 5958 家上市公司作为 ESG 评级分布样本展开分析（见表 13）。本报告发现 A 股、中资港股公司 ESG 评级目前以升调等级为主（表 13 中加粗部分以下的左下角区域，表示 2023 年评级高于 2022 年评级的公司占比），即同一家上市公司在 2023 年获得了优于 2022 年的 ESG 评级，这与我国大力推动 ESG 信息披露的有关政策、证券交易所要求直接相关，同时上市公司也日益关注自身 ESG 等级并加强内部 ESG 管理，ESG 信息完整性和质量均在提升；表 13 中加粗部分也代表同一公司在 2022~2023 年 ESG 评级的稳定率，其中 AA 等级（87.50%）表示"企业 ESG 综合表现优秀，ESG 治理水平很高，ESG 风险很低"、BB 等级（67.25%）表示"企业 ESG 综合表现欠佳，ESG 治理水平较低，ESG 风险较高"。2022~2023 年两年均获评 BB 等级的上市公司为 1881 家，在整体 ESG 评级样本中占比最大，一定程度上反映了我国上市公司在 ESG 管理方面普遍面临的挑战和困境，需要更长时间细化、优化 ESG 信息披露工作。

表 13 2022~2023 年上市公司 ESG 等级变化情况

单位：%

2022 年评级	2023 年评级										
	AA	AA⁻	A⁺	A	A⁻	BBB⁺	BBB	BBB⁻	BB	B	C
AA	**87.50**	12.50									
AA⁻	26.51	**51.81**	14.46	3.61	2.41	1.20					
A⁺	4.69	35.16	**39.84**	17.97	1.56	0.78					
A	1.06	19.37	30.63	**35.21**	10.92	1.06	1.41	0.35			
A⁻	0.79	5.12	12.60	37.01	**25.98**	13.39	3.54	0.79	0.79		
BBB⁺	0.30	2.13	5.79	22.26	23.48	**29.27**	14.02	1.22	1.52		
BBB	0.29	1.15	4.04	7.36	11.40	22.22	**39.54**	11.54	2.31	0.14	
BBB⁻		0.25	1.11	3.44	3.32	6.88	36.61	**32.92**	15.23	0.25	
BB		0.07	0.21	1.39	1.79	2.22	6.97	16.52	**67.25**	3.54	0.04
B				0.19	0.57	0.76	0.95	2.28	45.73	**48.58**	0.95
C								11.54	42.31	26.92	**19.23**

（二）中国上市公司 ESG 评级提升建议

1. 准确识别自身不足，提升 ESG 管理水平

上市公司应根据其业务特点，有效识别自身 ESG 重要性议题和内外部利益相关方，依据自身不足，在公司内部实施针对性改善措施。

企业要建立健全 ESG 组织管理架构，明确各层级、各岗位的 ESG 责任，为企业开展 ESG 工作提供保障。同时，将可持续发展理念融入公司运营和管理过程中，探索符合公司产品、服务特色的 ESG 管理实施路径和载体，促使公司 ESG 理念、战略规划等落到实处、产生实效。

2. 进行 ESG 利益相关者内外部有效沟通

公司应深刻认识与内外部利益相关方沟通的重要价值，不断提升沟通、反馈机制运行的效率。在日常运营中公司一方面要与投资者、股东、员工等重要利益相关方就 ESG 事宜进行沟通，努力在沟通过程中赢得利益相关方的理解、认同和支持；另一方面需要加强与供应商、客户以及地区政府、行业协会等方面的联动，尤其对与自身有进出口原料采购、产品贸易往来业务的公司，需要加强在可持续发展方面的沟通与交流，帮助识别公司在价值链上的重要 ESG 影响、风险与机遇，并及时进行披露。

3. 有效进行 ESG 信息披露

上市公司应主动学习并了解 ESG 主流评级要求、指标内容、评级流程与回应方法，并与自身 ESG 信息披露现状进行对比梳理，进而在可持续发展报告中有意识地完善披露内容。公司需要重视与 ESG 评级机构、ESG 数据产品供应商的沟通，及时了解资本市场 ESG 政策动向，更好地回应 ESG 评分、评级诉求，针对不同 ESG 评级机构的评级逻辑，对评级结果进行有针对性的诊断解读。

披露的信息需要覆盖当地政府或交易所相关规则要求，同时应考虑主流 ESG 评级中关注的指标，有针对性地满足合规要求及评级指标要求。必要时可单独编制环境和社会相关报告，如编制环境信息披露报告、气候信息披露报告等。重点回应评级机构关注议题，通过结构化的 ESG 报告回应评级机构需求。另外，公司应有效利用互联网和移动端等平台，及时发布、更新 ESG 战略、政策及优秀案例信息，使公司 ESG 信息传播更便捷、深入。

六　总结

作为连接我国与国际资本市场的具有重要意义的沟通合作桥梁，ESG 市场的发展对于我国经济、金融、进出口贸易、供应链具有重要影响。上市公司率先践行 ESG 理念、开展 ESG 信息披露、参与 ESG 评级，对于我国各类型企业促进可持续发展、履行社会责任发挥了排头兵的作用。ESG 代表的可持续发展与我国现阶段经济绿色低碳转型发展、高质量发展的目标相一致，并且与 2024 年《政府工作报告》提出的首项政府工作任务"加快发展新质生产力"相一致。实践 ESG 理念是推进新质生产力发展的重要手段，也与我国"创新、协调、绿色、开放、共享"的新发展理念高度契合。

在探索形成我国 ESG 信息披露指标的新发展阶段，如何构建符合中国国情的 ESG 评级体系是未来几年的工作重点和市场需要，ESG 评级体系建设工作任重道远，包括纳入碳排放数据、设置生物多样性指标、完善公司治理制度等，与此同时相配套的监管政策、法规需要更新、完善。上市公司实行注册制改革以来，持续以强化信息披露为核心，促进企业经营优化、价值提升，ESG 信息披露将加速带动未来我国 ESG 评级市场的发展，帮助企业摆脱"传统经济增长方式、传统生产力发展路径"，实现"完善现代化产业体系、发展绿色生产力、形成新型生产关系，畅通教育、科技、人才的良性循环"，将新质生产力转化为我国经济发展的新动能、助推器。

参考文献

中国证券业协会：《证券公司服务高水平科技自立自强实践报告（2019—2023）》（2023 年）。

《2022 年度证券公司履行社会责任情况报告》，东方财富网，2023 年 11 月 17 日，https：//caifuhao. eastmoney. com/news/20231117172629984515090。

伦敦证券交易所集团（LSEG）ESG 量级矩阵，见 https：//www. lseg. com. cn/zh/data‒analytics/sustainable‒finance/esg‒scores#global‒coverage。

"Environmental, Social and Governance Scores from LSEG," https：//www. lseg. com. cn/content/dam/data‒analytics/en_ us/documents/methodology/lseg‒esg‒scores‒methodology. pdf.

Abstract

Annual Report on Development of ESG Investment in CHINA (2024) continues the research perspective of promoting the integration of ESG investment and real industries, focusing on the important role of ESG investment in promoting the development of new quality productivity. This report points out that promoting the development of new quality productivity is an important mission of ESG investment; Although there has been some differentiation in the development of international ESG investment, the basic trend remains unchanged; Domestic ESG investment has made positive progress, and the report provides a specialized systematic review of the development situation and challenges of ESG investment in China. At the same time, based on last year's standards, this report continues the industry selection criteria that are relatively stable but also subject to changes. It focuses on analyzing industries such as energy and electricity, oil and gas, agriculture, ESG funds, and finance, introducing the development of ESG investment in related industries, analyzing problems, and making recommendations. In the special section, this report specifically introduces the value and application of supply chain fintech in the ESG investment system, which is a typical manifestation of the integration and development of ESG investment and new quality productivity.

The report points out that ESG investment, as an innovative investment concept and strategy, is injecting strong impetus into the development of new quality productivity with its unique advantages. The combination of ESG investment and new quality productivity is becoming an important force in promoting economic development. Firstly, ESG investment focuses on environmental, social, and corporate governance factors, which are highly aligned

with the development concept of new quality productivity. New quality productivity emphasizes innovation as the core, promoting the development of the economy towards high-quality and sustainable direction. ESG investment guides the flow of funds to environmentally friendly and socially responsible enterprises, promotes the optimal allocation of resources, drives the green transformation of industries, and provides strong support for the development of new quality productivity. For example, in the energy sector, ESG investments encourage companies to increase their research and application of clean energy, promote the optimization of energy structure, and improve energy utilization efficiency, which is a concrete manifestation of new energy productivity in the energy field. Secondly, ESG investment also focuses on social factors, such as employee rights and community development, which helps to create a favorable social environment and provide a stable social foundation for the development of new quality productivity. Again, the improvement of corporate governance can enhance the decision-making efficiency and innovation capability of enterprises, further stimulating the potential of new quality productivity. The combination of ESG investment and new quality productivity will inject new impetus into the sustainable development of the economy, promoting society to move towards a greener, more harmonious, and innovative direction.

From 2023 to 2024, the scale of ESG investment in China continues to grow, with various institutions actively participating and product types constantly enriching, indicating that ESG concepts are gradually being widely recognized by the market. At the same time, ESG information disclosure is becoming increasingly popular, and a policy standard system is being established, providing strong support for ESG investment. The effectiveness of ESG investment is also constantly emerging, especially in helping companies control investment risks and achieve dual carbon goals. Companies with good ESG performance often have stronger financial stability and sustainable development capabilities, bringing sustainable returns to investors. In addition, ESG investment also promotes the development of green industries, bringing positive social impact and brand effects. There are some new trends in domestic ESG investment, including the continuous growth of investment scale, continuous innovation of investment tools, formation of mainstream investment strategies, initial establishment of ecology, and further improvement of information disclosure quality and efficiency; At the same time, the development of ESG investment in China still faces some challenges, such as the need to improve laws and regulations, the urgent need to unify evaluation standards, the lack of ESG data in some enterprises, and the shortage of ESG professionals. This article elaborates on specific cases and proposes countermeasures and suggestions. The future development of ESG investment in China will mainly focus on several directions, including reshaping business logic, relying on AI technology to promote ESG investment development, aligning domestic ESG investment with international standards, achieving diversified development of ESG investment issues, and further popularizing ESG investment education.

The report analyzed the ESG investment situation in key industries. ESG investment in the energy and power industry has accelerated the industry's transformation, and energy and power companies generally regard ESG investment as an important tool to promote industry transformation, with " greenhouse gas emissions" and " green technologies, products, and services" as important ESG issues. The oil and gas industry is more actively embracing ESG concepts, innovating ESG practices in governance, strategy, financing, management, and empowerment to enhance ESG performance. The ESG investment value in the agricultural sector is highlighted, and investors should pay more attention to the ESG value accounting data of enterprises, guiding the flow of funds to agricultural enterprises with high-quality sustainable development prospects. ESG funds are playing an increasingly important role in sustainable development, and this trend will continue to grow; Although ESG funds have weak short-term returns, they have performed well in long-term returns.

To further promote the development of ESG investment, it is necessary to further improve the construction of ESG system and promote the application of technology. By increasing the application of supply chain financial technology, with the support of enterprises located near the center of the supply chain network, and by influencing suppliers upwards and distributors downwards, as well as strengthening ESG governance within the enterprise itself, it is not only beneficial for the ESG investment of the entire industry chain enterprises, but also helps the

overall development of new quality productivity in the industry chain. At the same time, high attention should be paid to the construction and application of ESG ratings. The ESG information disclosure level and ESG rating performance of listed companies in China have significantly improved compared to 2022; Listed companies need to pay attention to domestic and international ESG policy requirements and information disclosure standards, identify their own shortcomings, and strengthen their data collection capabilities. Regulatory authorities at all levels, stock exchanges, ESG rating agencies, ESG data providers, and other parties need to leverage their respective advantages to continuously build ESG rating indicators and systems with Chinese characteristics, making ESG investment a new channel to promote sustainable economic and trade cooperation between China and the international community.

Keywords: ESG Investment, New Quality Productive Forces, ESG funds, ESG Ratings, Supply Chain Fintech

Contents

Abstract: This report focuses on the important role of ESG investment in
the development of new quality productive forces, which is driven by innovation
and characterized by creativity, integration and sustainability, while ESG
investment takes into full consideration of the environmental, social and
governance performance of enterprises in investment decision-making. ESG
investment has the same connotation as new quality productive forces by promoting
scientific and technological innovation, industrial upgrading, strengthening risk
management and cultivating innovative talents. ESG investment in foreign countries
has diverged, with tighter regulation in Europe and a shaky trend in the U. S., but
the basic trends of standardized disclosure and sustainable investment remain
unchanged. China's ESG investment has made positive progress in terms of scale
growth, but also faces challenges such as imperfect laws and regulations. In terms of
industry, ESG investment in power, oil and gas, and agriculture is crucial, and
supply chain finTech plays an important role in the ESG investment system. In
order to promote the development of ESG investment, it is necessary to strengthen
the construction of related systems, including improving laws and regulations,
establishing unified evaluation standards, and strengthening supervision.

Keywords: ESG Investment, New Quality Productive Forces, Supply Chain
FinTech

投资蓝皮书

B.2　The Situation and Challenges of ESG Investment
Development in China

Zhang Wangyan , Wang Weipeng and Wu Hao / 017

Abstract: This article comprehensively and systematically elaborates on the situation and challenges faced in the development of ESG investment in China, including the current status, effectiveness, latest trends, existing problems, and future prospects of the ESG investment field, providing reference for practitioners and researchers in the ESG investment field. The article summarizes the current situation of ESG investment in China and finds that the scale of ESG investment in China continues to grow, various institutions actively participate, and product types continue to enrich, indicating that ESG concepts are gradually being widely recognized by the market. At the same time, the ESG information disclosure mechanism is becoming increasingly popular, and the policy standard system has been preliminarily established, which also provides strong support for ESG investment. This article also found that ESG investment can help control investment risks, promote high-quality development of enterprises, and assist in achieving the "dual carbon" goals. Enterprises with good ESG performance often have stronger financial stability and sustainable development capabilities, bringing sustainable returns to investors. In addition, ESG investment also promotes the development of green industries, bringing positive social impact and brand effects. Domestic ESG investment has the trend of continuously increasing investment scale, continuous innovation of investment tools, formation of mainstream investment strategies, initial establishment of ecology, and further improvement of information disclosure quality and efficiency, revealing the future direction of ESG development. However, domestic ESG investment still faces some challenges, such as the need to improve laws and regulations, the urgent need to unify evaluation standards, the lack of ESG data in some enterprises, and the shortage of ESG professionals. In the future, ESG investment will face some new changes, such as reshaping business logic, AI technology promoting ESG investment development, domestic ESG investment aligning with international standards, diversified development of ESG investment issues, and further popularization of ESG investment education. These provide theoretical ideas for the subsequent development of ESG investment in China.

Keywords: ESG Investment, ESG Information Disclosure, ESG Investment Products

Ⅱ   Industrial Reports

B.3   ESG Investment Development Report on the Energy

and Power Industry

Song Haiyun, Feng Xinxin, Xiao Hanxiong and Zhang Xiaoxuan / 041

Abstract: From the perspective of ESG investment in the energy and power industry, the proportion of A-share power companies disclosing ESG information exceeds 70% and is showing an increasing trend year by year. There are significant differences in the rating standards and results of various rating agencies for enterprises, and some agencies have not fully covered the ESG evaluation of listed companies in the energy and power industry. From the perspective of ESG ratings and stock price fluctuations in the energy and power industry, companies with higher ESG ratings may not necessarily be favored by the market, but companies with lower ESG ratings are more likely to experience a decline in stock prices. Foreign energy and power companies such as Enel, E. ON, and EDF have accumulated rich experience in ESG practices. Domestic energy and power companies are also continuously strengthening their ESG system construction, and China Resources Power and other A-share listed companies have made beneficial explorations. This report believes that the ESG investment trend in the energy and power industry is: firstly, accelerating the transformation of the energy and power industry, continuously promoting the optimization and adjustment of power structure, and continuously increasing the proportion of clean energy; secondly, the energy and power industry generally regards ESG investment as an important

tool to promote industry transformation; thirdly, the energy and power industry regards " greenhouse gas emissions" and " green technologies, products, and services" as important ESG issues, which have had a related impact on enterprises.

Keywords: Energy and Power Industry, ESG Investment, ESG

B.4   ESG Investment Development on the Oil and Gas Industry

Wang Zhen, Xing Yue and Luo Xinting / 055

Abstract: In recent years, ESG concept has profoundly changed development environment of the oil and gas industry. Firstly, the ESG investment market continues to grow in size, and sustainable development projects are more favored. Secondly, ESG environment climate change has become the focus, and there is an urgent need for strategic adjustment and transformation. Thirdly, ESG regulatory policies continue to be introduced in an orderly manner, and disclosure and evaluation standards tend to be unified. Fourthly, ESG promotes the deepening development of green finance, and further expands financing channels for low-carbon transformation. ESG practice of oil and gas industry is being deepened continuously for facing challenges and opportunities. Oil and gas industry is racing to promote energy transition, undertake social responsibility, improve corporate governance and follow ESG information disclosure standards. Looking forward, China's oil and gas industry should take the initiative to embrace the concept of ESG, innovate ESG practice and improve ESG performance, so as to establish the image of ESG leader.

Keywords: Oil and Gas Industry, Climate Change, Energy Transition, Green Finance, ESG Information Disclosure

B. 5 ESG Development Report on the Fund

Management Industry (2024)

Zhao Zhengyi, *Guo Yixin and Lin Qizhen* / 100

Abstract: At present, the global ESG fund market is developing rapidly, and although there is a lack of a unified definition, ESG themes are generally reflected through asset selection and allocation. Overseas markets have strengthened supervision over the investment behavior of fund managers, while there is no unified certification standard for ESG fund products in China. The number and scale of overseas ESG funds continue to grow, with Europe and United States leading the way, and Asia, especially China, playing an important role in the regional market. ESG integration and stewardship strategies are becoming mainstream, with institutional investors dominating, but individual investor interest is also growing. Since 2008, domestic ESG funds have been gradually developing, and institutions such as Industrial Bank have performed prominently in the field of ESG. The number and scale of domestic ESG funds have increased, but the downturn in the equity market has affected the scale and number of new issuances. Equity funds dominate, active funds dominate in equity, and fixed income products have increased attention. Pan-ESG theme funds are mature, and environmental protection theme funds are particularly prominent. Domestic ESG funds are dominated by individual investors, with better long-term returns, but weaker short-term returns. The positive changes on the policy side, the target side, the strategy side and the investor side indicate the future development of the ESG fund industry. The practical side will be deeply integrated into investment practice to enhance the long-term risk-adjusted rate of return.

Keywords: Sustainable Finance, Responsible Investment, ESG Funds, Carbon Neutrality Fund, Green Financial Products

B.6　Agricultural ESG Investment Development Report（2024）

Yin Gefei, Zuo Yuchen, Deng Wenjie, Jia Li and Lu Jie / 140

Abstract: The report studies the basic ESG situation, ESG requirements, and ESG performance of listed agricultural enterprises, and conducts quantitative analysis of ESG value of listed agricultural enterprises. The results show that agriculture has broad prospects for development and is favored by the capital market. There is a positive correlation between the ESG performance and investment income of listed agricultural enterprises, and enterprises with better ESG governance, more friendly environmental impact, and more outstanding contributions to society are more likely to receive the attention and recognition of the capital market, and investors tend to obtain more stable and sustainable investment returns. It is recommended that investors pay attention to corporate ESG value accounting data to better guide the flow of funds to agricultural enterprises with high-quality and sustainable development prospects.

Keywords: Agriculture, Listed Companies, ESG Investment, ESG Value Quantification

B.7　Report on the Development of ESG Fund Products（2024）

Research Group / 178

Abstract: This report deeply discusses the rise, development and practice of ESG (Environmental, Social and Governance) fund products in the financial industry, first reviews the origin and evolution of the concept of ESG in the financial sector, emphasizing the role of ESG in resource allocation, market pricing and risk management; analyzes the definition, characteristics and market performance of ESG fund products in detail, points out that ESG funds can provide long-term stable returns and reduce investment risks, and further discusses the evolution of ESG fund products, including the global development trend, especially after China has put forward the goal of "carbon peak and carbon neutrality". At the same time, the report also covers the methods and practices of fund ESG evaluation, including quantitative and qualitative evaluation methods, and how to improve the transparency of ESG information disclosure through evaluation. The report argues that ESG funds are playing an increasingly important role in global sustainable development, and predicts that this trend will continue to grow.

Keywords: Resource Allocation, Climate-themed Funds, ESG Fund Products, Financial Industry

Ⅲ Special Reports

B. 8 The Value and Application of Supply Chain

FinTech in the ESG Investment System

Tong Zeheng, Chen Jia and Huang Liquan / 227

Abstract: In recent years, ESG investments have gained increasing attention. Similar to how corporate ESG reports focus on overall ESG governance and performance, ESG investments are primarily based on corporate ESG reports and ESG ratings. This article, based on the perspective and practice of the corporate supply chain ecosystem, analyzes the value and application of supply chain FinTech in the ESG investment system. The study suggests that by increasing the application of supply chain Fin Tech, with the support of companies located at the center of the supply chain network, it is possible to exert upward influence on suppliers, downward influence on distributors, and strengthen ESG governance within the company. This not only benefits ESG investments of the entire industrial chain, but also contributes to the overall development of the industrial chain's new productive forces.

Keywords: Supply Chain, FinTech, ESG Investments, New Quality Productive Forces

B.9　Research on ESG Rating Systems and Analysis of Companies'
ESG Performance

Gao Weitao, Zhou Meiling, Li Yue and Li Zongcai / 256

Abstract：The sustainability report that showcases a company's performance in environmental protection, social responsibility, and corporate governance continues to receive widespread attention and support, and is regarded by the market as the company's "second financial report". ESG rating, as a tool for quickly measuring a company's ESG management level and ESG risk, plays a positive complementary role in loan credit, investment, internal management, and other scenarios. Based on recent ESG policy trends and regulatory requirements both domestically and internationally, ESG disclosure indicators are becoming more refined and rigorous, and companies are increasingly focusing on their own ESG performance. This article takes listed companies as the research subject and conducts rating performance analysis based on the CCXGF ESG rating method and the latest ESG data from the ESG Ratings database in 2023. Research has found that the ESG information disclosure level and ESG rating performance of listed companies in China have significantly improved compared to 2022; Listed companies need to pay attention to domestic and international ESG policy requirements and information disclosure standards, identify their own shortcomings and strengthen data collection capabilities, benchmark excellent companies in the industry, improve ESG management level, and promote the development of new quality productivity in China. In addition, regulators at all levels, stock exchanges, ESG rating agencies, ESG data providers, and other parties need to leverage their respective advantages to continuously build ESG rating indicators and systems with Chinese characteristics, making ESG a new channel for promoting sustainable economy and trade cooperation between China and the international community.

Keywords：ESG Rating System, Listed Companies, ESG Rating Performance, ESG Rating Development

社会科学文献出版社

皮 书

智库成果出版与传播平台

✤ 皮书定义 ✤

皮书是对中国与世界发展状况和热点问题进行年度监测，以专业的角度、专家的视野和实证研究方法，针对某一领域或区域现状与发展态势展开分析和预测，具备前沿性、原创性、实证性、连续性、时效性等特点的公开出版物，由一系列权威研究报告组成。

✤ 皮书作者 ✤

皮书系列报告作者以国内外一流研究机构、知名高校等重点智库的研究人员为主，多为相关领域一流专家学者，他们的观点代表了当下学界对中国与世界的现实和未来最高水平的解读与分析。

✤ 皮书荣誉 ✤

皮书作为中国社会科学院基础理论研究与应用对策研究融合发展的代表性成果，不仅是哲学社会科学工作者服务中国特色社会主义现代化建设的重要成果，更是助力中国特色新型智库建设、构建中国特色哲学社会科学"三大体系"的重要平台。皮书系列先后被列入"十二五""十三五""十四五"时期国家重点出版物出版专项规划项目；自2013年起，重点皮书被列入中国社会科学院国家哲学社会科学创新工程项目。

皮书网

（网址：www.pishu.cn）

发布皮书研创资讯，传播皮书精彩内容
引领皮书出版潮流，打造皮书服务平台

栏目设置

◆ **关于皮书**
何谓皮书、皮书分类、皮书大事记、
皮书荣誉、皮书出版第一人、皮书编辑部

◆ **最新资讯**
通知公告、新闻动态、媒体聚焦、
网站专题、视频直播、下载专区

◆ **皮书研创**
皮书规范、皮书出版、
皮书研究、研创团队

◆ **皮书评奖评价**
指标体系、皮书评价、皮书评奖

所获荣誉

◆ 2008 年、2011 年、2014 年，皮书网均
在全国新闻出版业网站荣誉评选中获得
"最具商业价值网站"称号；
◆ 2012 年，获得"出版业网站百强"称号。

网库合一

2014 年，皮书网与皮书数据库端口合
一，实现资源共享，搭建智库成果融合创
新平台。

皮书网

"皮书说"
微信公众号

权威报告·连续出版·独家资源

皮书数据库
ANNUAL REPORT(YEARBOOK)
DATABASE

分析解读当下中国发展变迁的高端智库平台

所获荣誉

- 2022年，入选技术赋能"新闻+"推荐案例
- 2020年，入选全国新闻出版深度融合发展创新案例
- 2019年，入选国家新闻出版署数字出版精品遴选推荐计划
- 2016年，入选"十三五"国家重点电子出版物出版规划骨干工程
- 2013年，荣获"中国出版政府奖·网络出版物奖"提名奖

皮书数据库

"社科数托邦"
微信公众号

成为用户

　　登录网址www.pishu.com.cn访问皮书数据库网站或下载皮书数据库APP，通过手机号码验证或邮箱验证即可成为皮书数据库用户。

用户福利

- 已注册用户购书后可免费获赠100元皮书数据库充值卡。刮开充值卡涂层获取充值密码，登录并进入"会员中心"—"在线充值"—"充值卡充值"，充值成功即可购买和查看数据库内容。
- 用户福利最终解释权归社会科学文献出版社所有。

数据库服务热线：010-59367265
数据库服务QQ：2475522410
数据库服务邮箱：database@ssap.cn
图书销售热线：010-59367070/7028
图书服务QQ：1265056568
图书服务邮箱：duzhe@ssap.cn

社会科学文献出版社 皮书系列
SOCIAL SCIENCES ACADEMIC PRESS (CHINA)

卡号：233174594355
密码：

S 基本子库
UB DATABASE

中国社会发展数据库（下设 12 个专题子库）

紧扣人口、政治、外交、法律、教育、医疗卫生、资源环境等 12 个社会发展领域的前沿和热点，全面整合专业著作、智库报告、学术资讯、调研数据等类型资源，帮助用户追踪中国社会发展动态、研究社会发展战略与政策、了解社会热点问题、分析社会发展趋势。

中国经济发展数据库（下设 12 专题子库）

内容涵盖宏观经济、产业经济、工业经济、农业经济、财政金融、房地产经济、城市经济、商业贸易等 12 个重点经济领域，为把握经济运行态势、洞察经济发展规律、研判经济发展趋势、进行经济调控决策提供参考和依据。

中国行业发展数据库（下设 17 个专题子库）

以中国国民经济行业分类为依据，覆盖金融业、旅游业、交通运输业、能源矿产业、制造业等 100 多个行业，跟踪分析国民经济相关行业市场运行状况和政策导向，汇集行业发展前沿资讯，为投资、从业及各种经济决策提供理论支撑和实践指导。

中国区域发展数据库（下设 4 个专题子库）

对中国特定区域内的经济、社会、文化等领域现状与发展情况进行深度分析和预测，涉及省级行政区、城市群、城市、农村等不同维度，研究层级至县及县以下行政区，为学者研究地方经济社会宏观态势、经验模式、发展案例提供支撑，为地方政府决策提供参考。

中国文化传媒数据库（下设 18 个专题子库）

内容覆盖文化产业、新闻传播、电影娱乐、文学艺术、群众文化、图书情报等 18 个重点研究领域，聚焦文化传媒领域发展前沿、热点话题、行业实践，服务用户的教学科研、文化投资、企业规划等需要。

世界经济与国际关系数据库（下设 6 个专题子库）

整合世界经济、国际政治、世界文化与科技、全球性问题、国际组织与国际法、区域研究 6 大领域研究成果，对世界经济形势、国际形势进行连续性深度分析，对年度热点问题进行专题解读，为研判全球发展趋势提供事实和数据支持。

法律声明